高等职业教育系列教材

岗课赛证融通 ｜ 产学研创融合

光伏发电工程技术 第2版

主　编｜詹新生　张江伟
副主编｜尹　慧　张玉健
参　编｜夏淑丽　李美凤　孙爱侠
主　审｜桑宁如

机械工业出版社
CHINA MACHINE PRESS

本书面向光伏工程技术岗位，按照光伏工程技术专业标准、学生认知规律和职业成长规律，融入 1+X 光伏电站运维（中级）职业技能等级证书、光伏电子工程的设计与实施职业技能大赛的相关知识和技能，按照"基础—进阶—高级"的递进关系组织内容。本书主要内容包括光伏发电系统的组成及案例分析，光伏发电系统的设计基础，某校园 3.6kW 离网光伏发电系统设计、施工与运行维护，家用 3kW 分布式光伏发电系统设计、施工与运行维护，10MW 集中式光伏发电系统设计、施工与运行维护。

本书可作为高等职业院校光伏工程技术及相关专业的教材，还可供光伏发电技术的相关从业人员参考使用。

本书配有微课视频，扫描二维码即可观看。本书还配有电子课件，需要的教师可登录机械工业出版社教育服务网（www.cmpedu.com）免费注册，审核通过后下载，或联系编辑索取（微信：13261377872；电话：010-88379739）。

图书在版编目（CIP）数据

光伏发电工程技术/詹新生，张江伟主编．—2 版．—北京：机械工业出版社，2024.2（2025.1 重印）
高等职业教育系列教材
ISBN 978-7-111-74825-0

Ⅰ．①光⋯　Ⅱ．①詹⋯②张⋯　Ⅲ．①太阳能发电-工程技术-高等职业教育-教材　Ⅳ．①TM615

中国国家版本馆 CIP 数据核字（2024）第 021573 号

机械工业出版社（北京市百万庄大街 22 号　邮政编码 100037）
策划编辑：和庆娣　　　　　　　责任编辑：和庆娣
责任校对：龚思文　李　婷　　　责任印制：常天培
固安县铭成印刷有限公司印刷
2025 年 1 月第 2 版第 2 次印刷
184mm×260mm・15.5 印张・382 千字
标准书号：ISBN 978-7-111-74825-0
定价：65.00 元

电话服务　　　　　　　　　　网络服务
客服电话：010-88361066　　　机　工　官　网：www.cmpbook.com
　　　　　010-88379833　　　机　工　官　博：weibo.com/cmp1952
　　　　　010-68326294　　　金　书　网：www.golden-book.com
封底无防伪标均为盗版　　机工教育服务网：www.cmpedu.com

Preface 前 言

光伏发电是一种绿色、清洁、可再生的能源，在助力"双碳"目标实现的过程中有很大作用。

本书是为了满足高等职业教育发展的要求，提升光伏工程技术类专业学生的光伏发电理论知识、实践操作技能和综合素质，助力国家"双碳"目标实现而编写的。

本书的编写具有以下特色。

1）本书为职业教育国家在线精品课程配套教材，相关教学资源丰富，便于在教学过程中将纸质教材、在线课程及其他线上线下教育资源有机衔接起来。

2）充分体现立体化、新形态教材的特点。本书配套的微视频、动画和知识链接等资源均通过二维码在书中呈现，扫描二维码即可获取，便于随时随地学习。

3）岗课赛证融通，助力培养能工巧匠。本书面向光伏工程技术岗位，按照光伏工程技术专业标准、学生认知规律和职业成长规律，融入1+X光伏电站运维（中级）职业技能等级证书、光伏电子工程的设计与实施职业技能大赛的相关知识和技能，由简单到复杂设计了5个教学项目（其中3个为真实项目案例），按照"基础—进阶—高级"的递进关系组织内容。

4）体现"任务引领"的职业教育教学特色。本书改变传统教材按章节编写的方式，采用"项目-任务"的模式组织教学内容，让学生带着问题去学习，提高学生的学习动力；本书还将实践操作（任务实施）和理论知识学习有机结合起来，便于进行理论和实践相结合的一体化教学。

5）教学内容新，编入光伏发电的新技术、新工艺和新规范。本书将最新的太阳能电池、光伏组件技术和工艺、光伏逆变器技术等编入书中，并且把最新的光伏发电系统设计理念一并融入书中。

6）本书图文并茂，以图代文、以表代文，以符合学生认知规律，提高可读性。

7）本书坚持立德树人的根本任务，恰当融入课程思政内容。将节能环保、工匠精神、民族自信和爱国主义教育等思政元素融入专业课程教学内容。

本书由徐州工业职业技术学院教师和浙江瑞亚能源科技有限公司工程技术人员共同编写。詹新生、张江伟任主编，尹慧、张玉健任副主编，夏淑丽、李美凤、孙爱侠参编。书中光伏电子工程的设计与实施职业技能大赛相关内容、光伏电站运维（中级）职业技能等级证书相关内容等由桑宁如提供技术支持。孙爱侠绘制了电路图、示意图，并优化了仿真图、实物图等，此外还剪辑处理了相关视频。

本书在编写过程中得到了徐州工业职业技术学院的领导、同事及浙江瑞亚能源科技有限公司领导、相关技术人员的大力支持。在本书编写的过程中，编者还参考了常州天合光能股份有限公司、阳光电源股份有限公司、固德威技术股份有限公司生产的光伏组件、逆变器和汇流箱等光伏产品的手册，还参阅了大量的相关文献，在此一并向这些文献的作者表示衷心的感谢。

由于编者水平有限，书中不足之处在所难免，诚望广大读者提出宝贵意见，以便进一步修改和完善。

编 者

二维码资源清单

序号	名称	图形	页码	序号	名称	图形	页码
1	物质按导电性能分类		2	11	光伏发电系统的分类		9
2	共价键结构		2	12	离网光伏发电系统的组成		14
3	本征半导体		2	13	离网光伏发电系统的工作过程		16
4	杂质半导体		3	14	并网光伏发电系统的组成		18
5	PN结的形成		4	15	直流防雷汇流箱（动画）		19
6	能带		5	16	直流配电柜（动画）		19
7	太阳能电池的工作原理		5	17	交流配电柜（动画）		21
8	太阳能电池的工作原理（动画）		6	18	500kW并网光伏发电系统的工作过程		21
9	太阳能电池等效电路		6	19	徐州工业职业技术学院1.5MW光伏发电系统示范项目		22
10	我国太阳能资源分布		8	20	光伏发电系统设计的内容和原则		25

二维码资源清单

（续）

序号	名称	图形	页码	序号	名称	图形	页码
21	光伏发电系统设计考虑的因素		26	31	热斑效应及预防		52
22	太阳辐射的计量及峰值日照时数		28	32	铅酸蓄电池的结构		57
23	太阳能电池片的结构		30	33	铅酸蓄电池的充电控制		60
24	主流及新型太阳能电池简介		36	34	普通铅酸蓄电池充放电控制电路		62
25	太阳能电池片的主要技术参数		40	35	基于UC3906的铅酸蓄电池充电器电路		64
26	光伏组件的结构		41	36	蓄电池的主要技术参数		67
27	光伏组件的制作工序		44	37	蓄电池的型号命名		70
28	光伏组件的技术参数		47	38	光伏控制器工作原理		73
29	双面光伏组件		48	39	串联型控制器工作原理		74
30	光伏阵列（动画）		51	40	并联型控制器工作原理		75

V

(续)

序号	名称	图形	页码	序号	名称	图形	页码
41	多路控制型控制器工作原理		76	51	光伏逆变器的基本电路结构		90
42	脉宽调制型控制器工作原理		76	52	光伏逆变器基本电路工作原理		90
43	智能型控制器工作原理		77	53	雷电的基本形式及危害		104
44	MPPT控制技术原理		78	54	雷电的防护设备		104
45	MPPT控制技术的常用方法		78	55	离网光伏发电系统的设计原则及步骤		126
46	最大功率点跟踪型光伏控制器		80	56	蓄电池容量的计算		127
47	光伏控制器的主要技术参数		83	57	光伏阵列（组件）容量的计算		133
48	光伏逆变器（动画）		87	58	光伏控制器的选型		140
49	光伏逆变器的功能		88	59	离网逆变器的选型		141
50	光伏逆变器的分类		88	60	3.6kW离网光伏发电系统设计		146

二维码资源清单

（续）

序号	名称	图形	页码	序号	名称	图形	页码
61	MC4 接头的制作		164	69	光伏电站选址		196
62	分布式光伏发电系统简介		169	70	光伏组件的选型		199
63	典型分布式光伏电站结构		170	71	光伏阵列排布设计		201
64	并网逆变器的选型		175	72	直流汇流设计		203
65	组串式逆变器		175	73	集中式逆变器		204
66	微型逆变器		176	74	交流配电柜选型		209
67	光伏组件安装（动画）		183	75	光伏电站中变压器的选型		211
68	家用 3kW 分布式光伏发电系统运行维护		188				

目 录

前言
二维码资源清单

项目 1　光伏发电系统的组成及案例分析 …………………………………………… 1

任务 1.1　太阳能电池的工作原理分析 ………… 1
　1.1.1　半导体的基础知识 …………… 2
　1.1.2　太阳能电池的工作原理 ……… 4
　1.1.3　太阳能电池等效电路 ………… 6
　1.1.4　光伏发电的优缺点 …………… 7
　1.1.5　我国太阳能资源 ……………… 8
任务 1.2　光伏发电系统的分类及案例分析 ………… 9
　1.2.1　光伏发电系统的分类 ………… 9
　1.2.2　离网光伏发电系统的组成及案例分析 ……………………… 14
　1.2.3　并网光伏发电系统的组成及案例分析 ……………………… 17
习题 …………………………………………… 23

项目 2　光伏发电系统的设计基础 …………………………………………………… 24

任务 2.1　光伏发电系统的总体设计 …………… 24
　2.1.1　光伏发电系统设计的内容 …… 25
　2.1.2　光伏发电系统设计的原则 …… 25
　2.1.3　光伏发电系统设计考虑的因素 …………………………… 26
　2.1.4　太阳辐射的计量及峰值日照时数 …………………………… 28
任务 2.2　认识太阳能电池片和光伏组件 ………… 29
　2.2.1　太阳能电池片的识别与测试 ………………………………… 30
　2.2.2　光伏组件的识别与测试 ……… 41
任务 2.3　蓄电池的结构、充放电控制与测试 ………… 56
　2.3.1　铅酸蓄电池的结构及原理分析 …………………………… 57
　2.3.2　铅酸蓄电池的充电控制 ……… 60
　2.3.3　铅酸蓄电池充放电控制电路分析 …………………………… 62
　2.3.4　蓄电池的主要技术参数 ……… 67
　2.3.5　蓄电池的型号命名 …………… 70
任务 2.4　光伏控制器的功能、分类、电路结构与测试 ………… 72
　2.4.1　光伏控制器的功能、分类 …… 73
　2.4.2　光伏控制器电路结构及工作过程 …………………………… 73
　2.4.3　光伏阵列最大功率点跟踪（MPPT）控制技术 …………… 77
　2.4.4　光伏控制器电路案例 ………… 81
　2.4.5　光伏控制器的主要技术参数 ………………………………… 83
任务 2.5　光伏逆变器的功能、分类、工作原理与测试 ………… 87

2.5.1	光伏逆变器的功能、分类…… 87		2.7.1	设计原则 …………………… 117
2.5.2	光伏逆变器电路工作原理…… 90		2.7.2	电站级别 …………………… 117
2.5.3	光伏逆变器电路案例………… 93		2.7.3	设计方案应考虑的问题 …… 117
2.5.4	光伏逆变器的主要技术参数 ………………………… 94		2.7.4	光伏电站并网技术 ………… 118
			2.7.5	光伏发电系统接入电压等级 ……………………… 121
任务 2.6	**防雷及光伏阵列支架的设计** ………………………… 103		2.7.6	光伏发电系统接入电网方式 ……………………… 121
2.6.1	光伏发电系统的防雷设计 … 103		**习题**	………………………………… 123
2.6.2	光伏阵列支架的设计 ……… 109			
任务 2.7	**光伏电站的并网设计** …… 116			

项目 3　某校园 3.6kW 离网光伏发电系统设计、施工与运行维护 …… 125

任务 3.1	**3.6kW 离网光伏发电系统设计** ………………………… 125		3.2.5	光伏控制器安装 …………… 153
			3.2.6	离网逆变器安装 …………… 155
3.1.1	离网光伏发电系统的设计原则及步骤 ……………… 126		**任务 3.3**	**3.6kW 离网光伏发电系统运行维护** ………………… 157
3.1.2	离网光伏发电系统的设计过程 ……………………… 126		3.3.1	光伏发电系统运行前检查 … 158
			3.3.2	光伏发电系统运行前测试 … 158
3.1.3	3.6kW 离网光伏发电系统设计 ………………………… 146		3.3.3	光伏发电系统运行操作 …… 160
			3.3.4	光伏发电系统停机操作 …… 161
任务 3.2	**3.6kW 离网光伏发电系统施工** ………………………… 149		3.3.5	光伏发电系统运行性能测试 ……………………… 161
3.2.1	光伏阵列支架安装 ………… 150		3.3.6	光伏发电系统维护 ………… 162
3.2.2	光伏组件安装 ……………… 151		3.3.7	光伏发电系统常见故障及排除 ……………………… 162
3.2.3	防雷汇流箱安装 …………… 152		**习题**	………………………………… 163
3.2.4	蓄电池安装 ………………… 153			

项目 4　家用 3kW 分布式光伏发电系统设计、施工与运行维护 …… 168

任务 4.1	**家用 3kW 分布式光伏发电系统设计** ………………… 168			系统的设计 ………………… 173
			4.1.3	家用 3kW 分布式光伏发电系统设计 ………………… 179
4.1.1	分布式光伏发电简介 ……… 169			
4.1.2	家用屋顶分布式光伏发电		**任务 4.2**	**家用 3kW 分布式光伏发**

IX

电系统施工 …………………… 182
 4.2.1 光伏组件安装 …………… 183
 4.2.2 光伏逆变器安装 ………… 184
 4.2.3 双向电能表连接 ………… 187
任务 4.3 家用 3kW 分布式光伏
    发电系统运行维护 ………… 188

 4.3.1 系统运行 ………………… 189
 4.3.2 系统停机 ………………… 189
 4.3.3 系统能效分析 …………… 190
 4.3.4 系统维护 ………………… 191
 4.3.5 系统常见故障检修 ……… 192
习题 ……………………………… 192

项目 5 10MW 集中式光伏发电系统设计、施工与运行维护 … 195

任务 5.1 10MW 集中式光伏发电
    系统设计 …………………… 195
 5.1.1 光伏电站选址 …………… 196
 5.1.2 光伏阵列排布设计 ……… 199
 5.1.3 直流汇流设计 …………… 203
 5.1.4 并网逆变器选型 ………… 204
 5.1.5 交流配电柜选型 ………… 209
 5.1.6 光伏电站中变压器的选型 … 211
 5.1.7 计算机监控系统设计 …… 212
 5.1.8 接地及防雷系统设计 …… 214
 5.1.9 10MW 集中式光伏发电系统
    设计过程 ………………… 214

任务 5.2 10MW 集中式光伏发电系统
    施工 ………………………… 222
 5.2.1 光伏阵列支架安装 ……… 222
 5.2.2 光伏组件安装 …………… 227
 5.2.3 直流汇流箱安装 ………… 228
 5.2.4 光伏逆变器安装 ………… 229
 5.2.5 升压变压器的安装 ……… 231
任务 5.3 10MW 集中式光伏发电
    系统运行维护 ……………… 231
 5.3.1 系统调试前检测 ………… 232
 5.3.2 系统调试 ………………… 233
 5.3.3 系统运行 ………………… 233
 5.3.4 系统维护 ………………… 233
习题 ……………………………… 236

参考文献 …………………………………………………………………………… 237

项目 1　光伏发电系统的组成及案例分析

能源是人类社会赖以生存的基础之一，也是经济和社会发展的重要因素。随着世界经济的快速发展，人类对能源的需求越来越大。目前，世界各国大多以石油、天然气和煤炭等化石燃料作为主要能源，但化石燃料的大规模开发利用，既迅速消耗着地球的宝贵资源（化石燃料不可再生，迟早要枯竭），同时又影响气候变化，造成生态环境的严重问题，威胁着人类的可持续发展。随着科学技术的进步，人类对可再生能源尤其是水能、风能、太阳能、生物质能等的认识不断深化。20世纪70年代以来，可再生能源的开发利用日益受到重视，其技术水平不断提高，产业规模持续扩大，成为世界能源领域的一大亮点，呈现出良好的发展前景。太阳能是由太阳中的氢元素经过聚变而产生的一种能源，它在一般情况下可以认为是取之不尽、用之不竭的，也是目前人类可以依赖的能源之一。太阳能的利用有光热转换和光电转换两种方式。光电转换即光伏发电，把太阳能转换成电能。我国在光伏发电技术领域取得的成果在全球处于领先位置，光伏发电的装机规模、发电量均位列全球第一。2023年2月17日，国家能源局发布了《2022年光伏发电建设运行情况》。2022年我国光伏发电系统新增装机8740.8万千瓦，累计装机39204万千瓦。其中，集中式光伏发电系统新增装机3629.4万千瓦，分布式光伏发电系统新增装机5111.4万千瓦。

2020年9月22日，国家主席习近平在第七十五届联合国大会一般性辩论上发表重要讲话，中国将提高国家自主贡献力度，采取更加有力的政策和措施，二氧化碳排放力争于2030年前达到峰值，努力争取2060年前实现碳中和。这也就是"双碳"目标。碳排放峰值指一个经济体（地区）二氧化碳的最大年排放值，而碳中和指的是将一定时间内直接或间接产生的温室气体排放总量，通过植树造林、节能减排等形式抵消，实现温室气体"净零排放"。

"双碳"目标的提出是中国主动承担应对全球气候变化责任的大国担当。中国历来重信守诺，将以新发展理念为引领，在推动高质量发展中促进经济社会发展全面绿色转型，脚踏实地落实上述目标，为全球应对气候变化作出更大贡献。"双碳"目标是加快生态文明建设和实现高质量发展的重要抓手。"双碳"目标对我国绿色低碳发展具有引领性、系统性，可以带来环境质量改善和产业发展的多重效应。着眼于降低碳排放，有利于推动经济结构绿色转型，加快形成绿色生产方式，助推高质量发展。

任务 1.1　太阳能电池的工作原理分析

任务目标

1. 能力目标

1）能阐述半导体的特性。

2）能阐述 N 型和 P 型半导体的形成过程及特性。
3）能阐述 PN 结的形成过程及特性。
4）能阐述太阳能电池的工作原理。
5）能说明太阳能电池等效电路的组成。

2. 知识目标

1）了解物体按导电性能的分类、我国太阳能资源的分布情况和太阳能发电的优缺点。
2）理解本征半导体的概念和共价键结构。

3. 素质目标

1）培养学生利用网络查阅资料的能力。
2）培养主动学习的能力。

相关知识

为了更好地理解太阳能电池的工作原理，首先介绍半导体的基础知识。

1.1.1 半导体的基础知识

在自然界中，物质根据电阻率的大小被分为 3 类。电阻率为 $10^{-6} \sim 10^{-3}\Omega\cdot cm$ 的称为导体，如铜、银、铝和铁等；电阻率为 $10^{-3} \sim 10^{8}\Omega\cdot cm$ 的称为半导体，如锗、硅、砷化镓及大多数的金属氧化物和金属硫化物；电阻率为 $10^{8} \sim 10^{20}\Omega\cdot cm$ 的称为绝缘体，如玻璃、橡胶和塑料等。半导体具有热敏特性、光敏特性，也可以掺入杂质，使之具有多种特性。利用半导体的光敏性可制成光电二极管、光电晶体管及光敏电阻等；利用半导体的热敏特性可制成各种热敏电阻；利用半导体的掺杂特性可制成各种不同性能、不同用途的半导体器件，如二极管、晶体管、场效应晶体管等。另外，半导体材料具有很强的光生伏特效应（简称光伏效应）。所谓光伏效应是指物体吸收光能后，其内部能传导电流的载流子的分布状态和浓度会发生变化，由此产生出电流和电动势的效应。太阳能电池就是利用半导体材料的光伏效应，把光能直接转化成电能的。

微视频
物质按导电性能分类

1. 共价键结构

在电子元器件中，使用最多的材料是硅和锗，硅和锗都是 4 价元素，其原子的最外层有 4 个电子，称为价电子。每个原子的 4 个价电子不仅受自身原子核的束缚，而且会分别与周围相邻的 4 个原子发生联系：它们一方面围绕自身的原子核运动，另一方面也时常出现在相邻原子的最外层电子轨道上。这样，相邻的原子就被共有的价电子联系在一起，称为共价键结构，如图 1-1 所示。

微视频
共价键结构

2. 本征半导体

纯净的半导体称为本征半导体。在温度为 0K（相当于 -273.15℃）时，每一个原子的价电子均被共价键所束缚，不能自由移动。这样，本征半导体中虽有大量的价电子，但没有自由电子，此时半导体是不导电的。在温度升高或受到光辐射时，半导体共价键中的价电子并不像绝缘体共价键中的价电子那样依然无法自由移动，当半导体的价电子从外界获得一定

微视频
本征半导体

的能量后，其中少数价电子便可挣脱共价键的束缚成为自由电子，并在共价键中留下一个空位，称为空穴，如图 1-2 所示。此时原子因失掉价电子成为阳离子而带正电，或者也可以说空穴带正电。如果有一个自由电子从共价键中释放出来，就必定留下一个空穴。所以本征半导体中自由电子和空穴总是成对地出现，称为电子-空穴对。

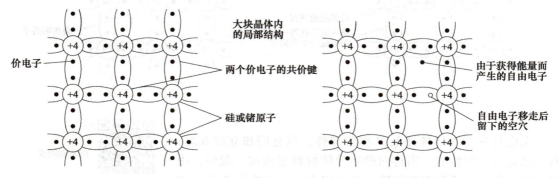

图 1-1 硅或锗的共价键结构　　　图 1-2 本征半导体产生电子-空穴对示意图

一旦出现空穴，附近共价键中的价电子就能比较容易地填补进来，而在这个价电子原来的位置上就会出现一个新的空穴，其他价电子又可转移到这个新的空穴上。就这样不断填补，相当于空穴在运动一样。为了与自由电子的运动区别开来，把这种价电子的填补运动称为空穴运动。因此也可将空穴看成一种带正电的载流子，它所带的电荷量与电子相等，符号相反。由此可见，本征半导体中存在两种载流子，即自由电子和空穴。本征半导体在外加电场作用下，两种载流子的运动方向相反，而形成的电流方向相同。

在本征半导体中，自由电子与空穴是同时产生且数目相等的。自由电子在运动过程中若与空穴相遇，则会填补空穴，此时一个电子-空穴对即消失，这个过程叫作复合。在一定条件下，本征半导体中同一时刻产生的电子-空穴对和复合的电子-空穴对数量相等，达到动态平衡，而电子-空穴对也由此维持一定的数目。

导体中只有自由电子，而半导体中存在自由电子和空穴两种载流子，这也是导体与半导体导电方式的不同之处。

3. P 型半导体

在本征半导体（由硅或锗制成）中掺入 3 价元素硼后，由于硼的价电子只有 3 个，它的 3 个价电子分别与相邻的 3 个硅或锗原子的价电子组成共价键后仍然缺少一个价电子，所以很容易吸引相邻硅或锗原子上的价电子而产生空穴，这就使得半导体中的空穴增多，导电能力增强，这种半导体主要依靠空穴来导电，故称为空穴型半导体或 P 型半导体，如图 1-3 所示。在 P 型半导体中，空穴是多数载流子，自由电子是少数载流子。

微视频
杂质半导体

4. N 型半导体

在本征半导体中掺入 5 价元素磷后，由于磷原子中有 5 个价电子，它们与相邻的 4 个硅或锗原子的价电子组成共价键后，仍留下一个剩余价电子。这个价电子不受共价键的束缚，只受自身原子核的吸引，而这种吸引比较弱，所以这个价电子在室温下就可以被激发为自由电子，同时杂质原子也变成带正电荷的阳离子。因此在这种半导体中，自由电子数远大于空穴数。由于这种半导体主要靠自由电子导电，故称为电子型半导体或 N 型半导体，如图 1-4 所示。在 N 型半导体中，电子是多数载流子，空穴是少数载流子。

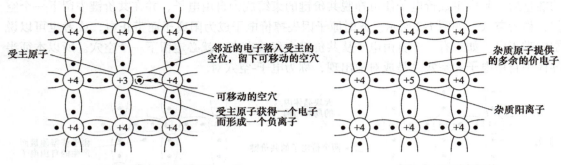

图 1-3 P 型半导体　　　　　　　　　图 1-4 N 型半导体

5. PN 结

无论是 N 型半导体还是 P 型半导体，当它们独立存在时，对外都是呈电中性的。当将两种半导体材料连接在一起时，由于两侧的自由电子和空穴的浓度相差很大，因此它们会产生扩散运动，由浓度高的地方向浓度低的地方扩散，即自由电子从 N 区向 P 区扩散，空穴从 P 区向 N 区扩散。扩散到 P 区的自由电子会与空穴复合而消失，扩散到 N 区的空穴也会与自由电子复合而消失。复合的结果是在交界处两侧出现了不能移动的正负两种杂质离子组成的空间电荷区，这个空间电荷区称为 PN 结。PN 结的形成示意图如图 1-5 所示。由于在交界处左侧出现了阴离子区，在右侧出现了阳离子区，因此形成了一个由 N 区指向 P 区的内电场（又称为势垒电场）。内电场的产生对 P 区和 N 区中多数载流子的相互扩散运动起阻碍作用。同时，在内电场的作用下，P 区中的少数载流子（自由电子）和 N 区中的少数载流子（空穴）则会越过交界面向对方区域运动，这种在内电场作用下少数载流子的运动称为漂移运动。漂移运动使空间电荷区重新变窄，削弱了内电场强度。多数载流子的扩散运动和少数载流子的漂移运动最终会达到平衡，使 PN 结的宽度确定。

微视频
PN结的形成

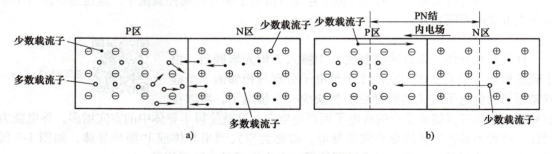

图 1-5 PN 结的形成示意图

a）多数载流子的扩散运动　b）PN 结中的内电场与少数载流子的漂移运动

1.1.2　太阳能电池的工作原理

按照固体理论，晶体中的所有电子都具有一定的能量，每个电子具有的能量对应于能量坐标上的一个能级，能级从低到高依次排列。由于原子的内层电子受原子核束缚力较强，一般不参与导电，所以重点研究其最外层的价电子的能量状态。晶体中大量的电子按能级分布组成密集的能级带，称为能带。其中"价带"能级最低，"导带"能级最高。在温度为绝对零度时，绝大多数固态物质的价电子都被"冻结"充满于价带中，而价电子处于价带的物质呈现不导电的高电阻状态。随着温度升高和光辐射的作用，这些原本被"冻结"的价电子接收了外界的能量，便可跃迁到较高的能级中。处于导电状态的能级区域称为导带。导带与价带之间的区域称为禁带。研究表明，固体中电子的能量不是连续取值的，所以能带也并不连续。要导电就要有自由电子存在，因此自由电子存在的能带称为导带（能导电）。被束缚的电子要成为自由电子，就必须获得足够能量从而跃迁到导带，这个能量的最小值就是禁带宽度，单位是电子伏特（eV）。如硅的禁带宽度为 1.12eV，锗的禁带宽度为 0.66eV，砷化镓的禁带宽度为 1.46eV。一般情况下，禁带非常窄的物质是导体，反之是绝缘体。各种物质内在结构的不同，决定了它们各自的能带也不同。绝缘体、半导体和导体的能带图如图 1-6 所示。

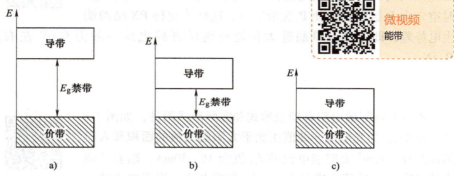

图 1-6 绝缘体、半导体和导体的能带图
a) 绝缘体禁带非常宽 b) 半导体禁带较窄 c) 导体无禁带

绝缘体禁带非常宽，在常温下，其绝大多数价电子都被束缚在价带中，不能参与导电，只有获得比禁带宽度对应的能量更高的能量，价电子才可跃迁到其导带中参与导电。导体无禁带，其价带和导带连接在一起，价电子可轻易进入导带，作为自由电子参与导电。在常温下，导体中的价电子几乎都会进入导带中。半导体禁带较窄，其特点是，处于价带中的价电子只要获得超过禁带宽度的能量即可跃迁到导带成为自由电子。

光生伏特效应简称为光伏效应，指光照使不均匀半导体或半导体与金属组合结构的不同部位之间产生电位差的现象。其工作原理如下：当光照射到半导体表面时，半导体内部 N 区和 P 区中原子的价电子受到光子的冲击，通过光辐射获取到超过禁带宽度 E_g 的能量，脱离共价键的束缚从价带激发到导带，由此在半导体材料内部产生出很多处于非平衡状态的电子-空穴对。这些被光激发的自由电子和空穴，或自由碰撞，或在半导体中复合恢复到平衡状态。其中复合过程对外不呈现导电作用，属于光伏电池能量的自身损耗部分。因此，要实现光电转换的目的，就必须在自由电子和空穴复合之前把它们分开，这种分离作用靠 PN 结空间电荷区的内电场来实现。

PN 结光生伏特效应的示意图如图 1-7 所示，当电子-空穴对在空间电荷区产生后，立即被内电场分离，自由电子被推向 N 区，空穴被推向 P 区。在 N 区中的电子-空穴对向 PN 结扩散时，一旦达到空间电荷区的边界，就立即受到内电场的作用，

空穴被推入P区，而自由电子则被留在N区。P区中的自由电子则同样先扩散，后在内电场的作用下被推入N区，而空穴则留在P区。因此，在P区出现了过剩的空穴，在N区出现了过剩的自由电子，如此便在PN结两侧形成了正负电荷的积累，产生与内电场方向相反的光生电动势，也就是光生伏特效应。将半导体做成太阳能电池并外接负载后，光电流从P区经负载流至N区，负载即得到功率输出，太阳能便转换成电能。

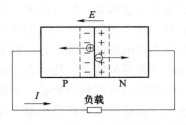

图1-7　PN结光生伏特效应的示意图

从上以分析可知，太阳能电池的关键就在PN结上，PN结就像一堵墙，阻碍着自由电子和空穴的移动。当太阳能电池受到阳光照射时，电子接收光能，向N区移动，使N区带负电，同时空穴向P区移动，使P区带正电。这样才使得PN结两端产生电势差，即电压。单晶硅太阳能电池的开路电压一般为0.6V左右，工作电压约为0.5V。

1.1.3　太阳能电池等效电路

太阳能电池等效电路有理想形式和实际形式两种，如图1-8所示，图中I_{ph}为光电流，此值正比于太阳能电池的面积和入射光的辐照度。$1cm^2$太阳能电池的I_{ph}值为16~30mA，随着环境温度的升高，I_{ph}的值会略有上升。I_D为暗电流，当光电流的一部分流经负载R_L时，会在负载两端建立起端电压U，但这个电压反过来又正向偏置了PN结，因此会引起一股与光电流方向相反的暗电流I_D。暗电流方向与光电流方向相反，会抵消部分光电流。I_L为太阳能电池输出的负载电流。U_{OC}为太阳能电池的开路电压，是把太阳能电池置于$100mW/cm^2$的光照下，且太阳能电池输出端开路（$R_L \to \infty$）时所测得的输出电压值。太阳能电池的开路电压与入射光辐照度的对数成正比，与环境温度成反比，与太阳能电池面积的大小无关。温度每上升1℃，U_{OC}值下降2~3mV，此值可用高内阻的直流毫伏计测量。R_L为电池的负载电阻。R_s为串联电阻，一般小于1Ω，主要由半导体材料的体电阻、金属电极与半导体材料的接触电阻、扩散层横向电阻以及金属电极本身的电阻4部分组成，其中扩散层横向电阻是串联电阻的主要形式。R_{sh}为旁路电阻，一般为几千欧，主要由太阳能电池表面污染、半导体晶体缺陷引起的边缘漏电及空间电荷区内的复合电流等原因产生。

R_s和R_{sh}均为硅太阳能电池本身的固有电阻，相当于电池的内阻。一个理想的太阳能电池，因为串联的R_s很小、并联的R_{sh}很大，所以进行理想电路计算时，可将二者忽略不计而作为理想的太阳能电池看待，其等效电路只相当于一个电流为I_{ph}的恒流源与一个二极管并联，如图1-8a所示。此外，硅太阳能电池等效电路理论上还应包含由PN结形成的结电容和其他分布电容，但由于太阳能电池是直流设备，没有高频交流分量，因此可将这些电容忽略不计。

因此，流过负载的电流为

$$I_L = I_{ph} - I_d = I_{ph} - I_0 \left[e^{qU/(AkT)} - 1 \right] \tag{1-1}$$

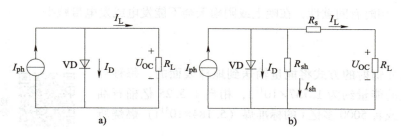

图 1-8　太阳能电池等效电路
a) 理想形式　b) 实际形式

式中　I_0——反向饱和电流,是在黑暗中通过 PN 结的少数载流子的空穴电流和自由电子电流的代数和;

U——等效二极管端电压;

q——电子电量,$q = 1.6 \times 10^{-19}$ C;

T——热力学温度;

k——玻耳兹曼常数,$k = 1.38 \times 10^{-23}$ J/K;

A——二极管曲线因数,取值为 1~2。

1.1.4　光伏发电的优缺点

1. 光伏发电的主要优点

1) 太阳能几乎取之不尽,用之不竭。地球表面接受的太阳辐射的总能量,是目前全球能源需求的 1 万倍,理论上只要在全球 4%的沙漠安装光伏发电系统,就可以满足全球能源的需要。

2) 应用范围广。太阳能在地球上分布广泛,只要有光照的地方,就可以使用光伏发电系统,不受地域、海拔等因素的限制。

3) 太阳能处处可得到,不必远距离运输,可避免长距离输电线路的损失。

4) 不用燃料,运行成本很低。

5) 几乎无机械转动部分,操作、维护简单,运行稳定可靠。一套光伏发电系统只要有太阳就能发电,加之光伏发电系统现在均采用自动控制技术,已基本不用人工操作。

6) 发电过程中不易产生有污染的废弃物,是理想的清洁能源。

7) 光伏发电系统建设周期短,方便灵活,可以根据负载的增减,任意添加或减少光伏阵列,避免浪费。

8) 太阳能电池生产资料丰富。地壳中硅元素的储量仅次于氧元素,位列地壳中所有元素储量的第 2 位。

9) 能量回收期短,能量增值效应明显。

2. 光伏发电的主要缺点

1) 能量密度低。尽管太阳投向地球的能量总和极其巨大,但由于地球表面积也很大,致使单位面积上能够直接获得的太阳的能量很小。

2) 占地面积大。太阳能的能量密度低,使得光伏发电系统的占地面积很大,1MW 光伏发电站的占地面积约需 1 万 m²。

3）地面应用时有间歇性,在晚上或阴雨天会不能发电或发电量减少。

1.1.5 我国太阳能资源

太阳是以光辐射的方式将能量输送到地球表面的,每秒钟投射到地球上的能量约为 $1.757×10^{17}$ J,相当于 5.25 亿桶石油燃烧的能量,或者 5000 多亿 t 的标准煤（$5.184×10^{11}$ t）燃烧所发出的热量。

微视频
我国太阳能资源分布

我国太阳能资源分布的主要特点是:太阳能的高值中心和低值中心都处在北纬 22°~35°这一带,其中青藏高原是高值中心,四川盆地是低值中心;西部地区太阳年辐射总量高于东部地区,而且除西藏和新疆外,基本上是南部低于北部;南方多数地区云、雾、雨多,且在北纬 30°~40°地区,太阳能资源随纬度变化的规律与一般情况下太阳能资源随纬度变化的规律相反,不是随着纬度的增加而减少,而是随着纬度的增加而增加。按接受太阳辐照量的大小,我国大致上可分为 5 类地区。

(1) 1 类地区　全年日照时数为 3200~3300h,辐照量在 (670~837)×10^4 kJ/(cm²·a)。相当于 225~285kg 标准煤燃烧所发出的热量。主要包括青藏高原、甘肃北部、宁夏北部和新疆东南部等地。这是我国太阳能资源最丰富的地区。

(2) 2 类地区　全年日照时数为 3000~3200h,辐照量在 (586~670)×10^4 kJ/(cm²·a),相当于 200~225kg 标准煤燃烧所发出的热量。主要包括河北西北部、山西北部、内蒙古南部、宁夏南部、甘肃中部、青海东部、西藏东南部和新疆南部等地。此类地区为我国太阳能资源较丰富地区。

(3) 3 类地区　全年日照时数为 2200~3000h,辐照量在 (502~586)×10^4 kJ/(cm²·a),相当于 170~200kg 标准煤燃烧所发出的热量。主要包括山东、河南、河北东南部、山西南部、新疆北部、吉林、辽宁、云南、陕西北部、甘肃东南部、广东南部、福建南部、江苏北部、安徽北部、天津、北京和台湾西南部等地。

(4) 4 类地区　全年日照时数为 1400~2200h,辐照量在 (419~502)×10^4 kJ/(cm²·a)。相当于 140~170kg 标准煤燃烧所发出的热量。主要包括长江中下游、福建、浙江和广东的一部分地区,其春夏季多阴雨,秋冬季太阳能资源还可以。

(5) 5 类地区　全年日照时数约 1000~1400h,辐照量在 (335~419)×10^4 kJ/(cm²·a)。相当于 115~140kg 标准煤燃烧所发出的热量。主要包括四川、贵州、重庆等地。此类地区是我国太阳能资源最少的地区。

1~3 类地区的全年日照时数大于 2000h,辐射量高于 502kJ/(cm²·a),是我国太阳能资源丰富或较丰富的地区,其面积较大,约占全国陆地总面积的 2/3 以上,具有利用太阳能的良好条件。4、5 类地区虽然太阳能资源条件较差,但仍有一定的利用价值。

任务实施

1）阐述 PN 结的形成过程。
2）阐述太阳能电池的工作原理。
3）阐述说明太阳能发电的优缺点。
4）说明所在地属于太阳能资源的哪类地区。

任务1.2 光伏发电系统的分类及案例分析

任务目标

1. 能力目标

1) 能阐述光伏发电系统的分类及具体应用。
2) 能说明离网和并网光伏发电系统的各组成部分及作用。
3) 能分析离网和并网光伏发电系统的工作过程。
4) 能识别离网和并网光伏发电系统中的主要设备(部件)。

2. 知识目标

掌握光伏发电系统的分类及应用。

3. 素质目标

1) 培养学生利用网络查阅资料的能力。
2) 培养学生主动学习的能力。

相关知识

1.2.1 光伏发电系统的分类

光伏发电系统是利用太阳能电池的光伏效应将太阳辐射直接转换成电能的发电系统。

光伏发电系统根据不同的标准有不同的分类方法,用户可以根据实际需求选择合适类型的光伏发电系统。

1. 按光伏发电系统接入公共电网的方式分类

按光伏发电系统接入公共电网的方式不同可分为离网光伏发电系统和并网光伏发电系统。

(1) 离网光伏发电系统 离网光伏发电系统也叫独立光伏发电系统,如图1-9所示,它是将入射的太阳辐射能直接转换为电能,不与公共电网连接的发电系统。离网光伏发电系统主要由光伏阵列(组件)、光伏控制器和储能装置组成,若要为交流负载供电,则还需要配置离网逆变器。通常将离网光伏发电系统建设在远离电网的偏远地区或作为野外移动式便携电源,也可作为通信信号电源、太阳能路灯电源使用。

(2) 并网光伏发电系统 并网光伏发电系统中的光伏阵列(组件)产生的

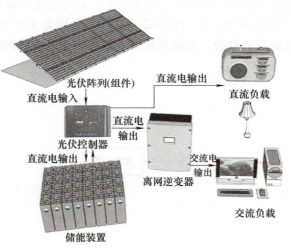

图1-9 离网光伏发电系统

直流电在经过并网逆变器转换成符合公共电网要求的交流电之后将直接接入公共电网，如图 1-10 所示。

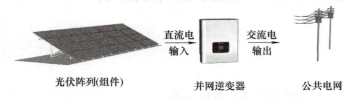

图 1-10　并网光伏发电系统

并网光伏发电系统直接将电能输入电网，免除了储能装置，也省掉了储能装置储能和释放的过程，可以充分利用光伏阵列（组件）所发的电能，从而减小了能量的损耗，降低了系统的成本。但是并网光伏发电系统中需要专用的并网逆变器，以保证输出的电能满足公共电网对电压、频率等指标的要求，因为逆变器效率的问题，还是会有部分的能量损失。

2. 按是否有储能装置分类

按光伏发电系统是否有储能装置可分为带储能装置系统和不带储能装置系统。

离网光伏发电系统一般带有储能装置，以蓄电池储能为主，如图 1-9 所示；并网光伏发电系统一般不带储能装置，依靠公共电网进行储能调节。

图 1-11 所示为不带储能装置的光伏水泵系统，它直接利用光伏阵列（组件）发电，通过最大功率点跟踪以及变换、控制等装置驱动电动机来带动水泵，将水从地下深处抽至地面，供农田灌溉或人畜饮用。

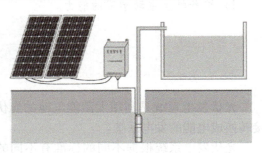

图 1-11　光伏水泵系统

3. 按负载形式不同分类

按离网光伏发电系统负载形式不同可分为直流系统、交流系统和交直流混合系统。如果负载为直流负载则为直流系统；负载为交流负载则为交流系统；负载为交直流混合负载则为交直流混合系统。图 1-12~图 1-15 分别为无蓄电池的直流光伏发电系统、有蓄电池的直流光伏发电系统、交流光伏发电系统、交直流混合光伏发电系统。

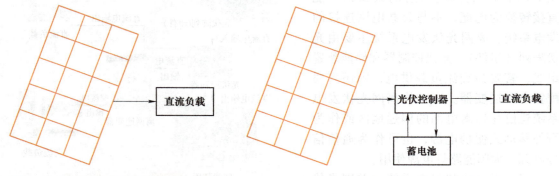

图 1-12　无蓄电池的直流光伏发电系统　　　　图 1-13　有蓄电池的直流光伏发电系统

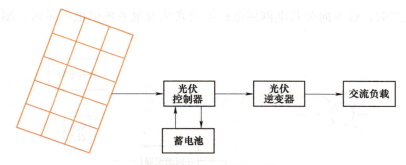

图 1-14　交流光伏发电系统

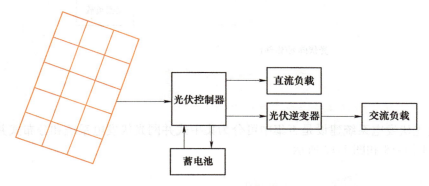

图 1-15　交直流混合光伏发电系统

4. 按系统装机容量的大小分类

按系统装机容量的大小分类的情况如下：

1）小型系统，即装机容量小于 1MW 的光伏发电系统。
2）中型系统，即装机容量在 1~30MW 之间的光伏发电系统。
3）大型系统，即装机容量大于 30MW 的光伏发电系统。

5. 按并网光伏发电系统向公共电网送电的方式分类

按并网光伏发电系统向公共电网送电的方式分有逆流并网光伏发电系统和无逆流并网光伏发电系统。

有逆流并网光伏发电系统如图 1-16 所示。当光伏发电系统发出的电能充裕时，可将剩余的电能送入公共电网；当光伏发电系统提供的电能不足时，由公共电网向负载供电。因为向公共电网送电时与由公共电网供电时的电能流转方向相反，所以称为有逆流并网光伏发电系统。

无逆流并网光伏发电系统如图 1-17 所示。当此类光伏发电系

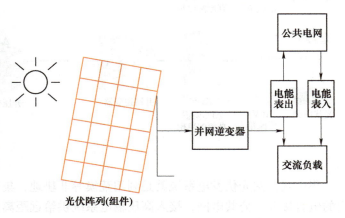

图 1-16　有逆流并网光伏发电系统

统即使发电充裕时,也不向公共电网供电;但当光伏发电系统供电不足时,则由公共电网供电。

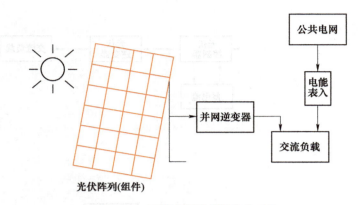

图 1-17　无逆流并网光伏发电系统

6. 按并网光伏发电系统建设是否集中分类

按并网光伏发电系统建设是否集中可分为集中式并网光伏发电系统和分布式并网光伏发电系统,如图 1-18 和图 1-19 所示。

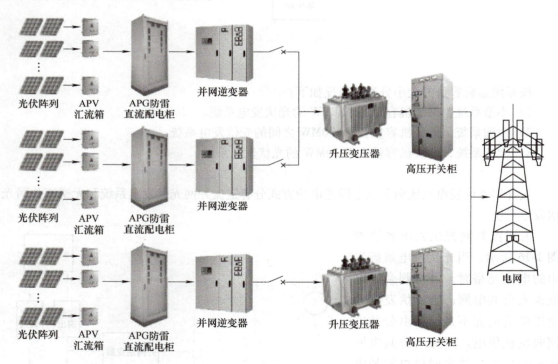

图 1-18　集中式并网光伏发电系统

集中式并网光伏发电系统就是利用荒漠等非耕地,集中建设的大型光伏发电系统,其发出的电直接并入公共电网,接入高压输电系统供给远距离负载使用。这类光伏发电系统一般见于国家级电站,主要特点是将所发电能直接输送到公共电网,由公共电网统一调配向用户

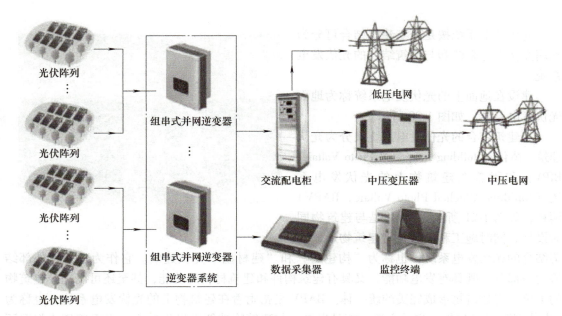

图 1-19 分布式并网光伏发电系统

供电。

（1）主要优点

1）选址更加灵活，光伏阵列出力稳定性有所增加，削峰作用明显。

2）运行方式较为灵活，相对于分布式并网光伏发电系统可以更方便地进行无功和电压控制，易实现公共电网频率调节。

3）建设周期短，环境适应能力强，不需要水源供给、燃煤运输等原料保障，运行成本低，便于集中管理，受到的空间限制小，很容易实现扩容。

（2）主要缺点

1）需要依赖长距离输电线路送电入公共电网，因此输电线路的损耗、电压跌落和无功补偿等问题将会凸显。

2）大容量的集中式并网光伏发电系统由多台变换装置组合实现，这些装置的协同工作需要进行统一管理，因此在技术上提出了更高要求。

3）为保证公共电网安全，大容量的集中式光伏接入需要有 LVRT（低电压穿越）等技术支持，这些技术往往与电力孤岛存在冲突。

4）电站投资大、占地面积大。

分布式并网光伏发电是区别于集中式并网光伏发电的建设方法，此类系统一般建在用户侧，所生产的电力主要自用。它具有容量小、电压等级低、接近负载、对公共电网影响小等特点，可以应用在工业厂房、公共建筑以及居民住房屋顶上。分布式并网光伏发电系统充分利用了太阳能广泛存在的特点，避免了集中建设的场地限制因素，具有建设灵活的特点。在分布式并网光伏发电系统中，白天不用的电力可以通过逆变器出售给当地的公共电网，夜晚需要用电时，再从公共电网中购回。

7. 按是否与建筑结合分类

光伏发电系统按是否与建筑结合可分为地面光伏发电系统和与建筑结合的光伏发电系统。

建设在地面上的光伏发电系统称为地面光伏发电系统，如图 1-20 所示。

与建筑结合的光伏发电系统又分为光伏建筑一体化（Building Integrated Photo Voltaic，BIPV）和附着在建筑物上的光伏发电系统（Building Attached Photo Voltaic，BAPV）两种，如图 1-21 所示。BIPV 是与建筑物同时设计、同时施工和安装并与建筑物形成完

图 1-20　地面光伏发电系统

美结合的光伏发电系统，也称为"构建型"和"建材型"光伏建筑。它作为建筑物外部结构的一部分，既具有发电功能，又具有建筑构件和建筑材料的功能，甚至还可以提升建筑物的美感，与建筑物形成完美的统一体。BAPV 是指附着在建筑物上的光伏发电系统，也称为"安装型"光伏建筑。它的主要功能是发电，与建筑物功能不发生冲突，也不破坏或削弱原有建筑物的功能。

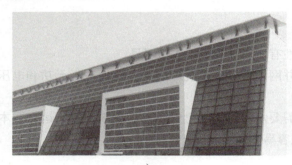

a)　　　　　　　　　　　　　　　　　　b)

图 1-21　与建筑结合的光伏发电系统
a) BIPV　b) BAPV

1.2.2　离网光伏发电系统的组成及案例分析

1. 离网光伏发电系统的组成

离网光伏发电系统通常由光伏阵列或组件（太阳能电池板或太阳能电池组件）、光伏控制器、储能装置组成，若要为交流负载供电，还需要配置离网逆变器，如图 1-22 所示。

微视频
离网光伏发电系统的组成

（1）光伏阵列（组件）　光伏组件是由太阳能电池片串联后封装而成的，是光伏发电系统的核心部分，其作用是将光能转换成电能，是能量转换的器件。由于一块光伏组件提供的电压和功率是一定的，当发电电压及容量较大时就需要将多块光伏组件串、并联后构成光伏阵列。光伏组件一般分为晶硅光伏组件和薄膜光伏组件两种，晶硅光伏组件又分单晶硅、多

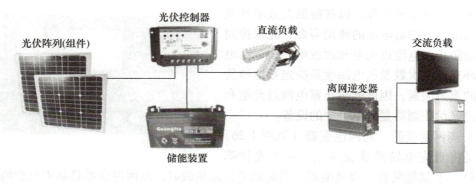

图 1-22　离网光伏发电系统的组成

晶硅两种，市场常用的是晶硅光伏组件。常用光伏组件如图 1-23 所示。

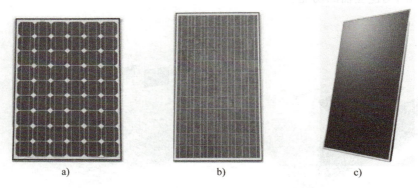

图 1-23　常用光伏组件

a）单晶硅光伏组件　b）多晶硅光伏组件　c）薄膜光伏组件

（2）储能装置　储能装置的作用是储存光伏阵列（组件）受光照时发出的电能，并可随时向负载供电。光伏发电系统对所用储能装置的基本要求是：使用寿命长、深放电能力强、充电效率高、维护少或免维护、工作范围宽、价格低廉。光伏发电系统一般选用铅酸蓄电池、胶体蓄电池作为储能装置，也可以选用三元锂电池、磷酸铁锂电池，但造价会略高一些。常用储能装置如图 1-24 所示。

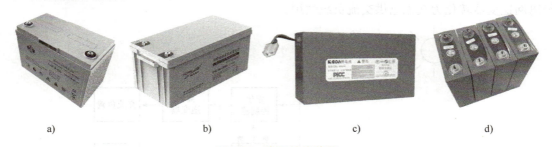

图 1-24　常用储能装置

a）铅酸蓄电池　b）胶体蓄电池　c）三元锂电池　d）磷酸铁锂电池

（3）光伏控制器　光伏控制器（见图 1-25）的作用是使光伏阵列（组件）和储能装置

高效、安全、可靠地工作,以获得最大效率并延长作为储能装置的蓄电池的使用寿命,光伏控制器能自动防止蓄电池过充电和过放电。由于蓄电池的循环充放电次数及放电深度是决定蓄电池使用寿命的重要因素,因此能防止蓄电池过充电和过放电的光伏控制器是必不可少的设备。

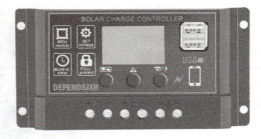

图 1-25　光伏控制器

(4) 离网逆变器　离网逆变器(见图 1-26)的作用是将直流电转换成交流电。由于光伏阵列(组件)和储能装置是直流电源,当负载是交流负载时,离网逆变器是必不可少的。

(5) 光伏控制逆变一体机　在中小型离网光伏发电系统中有时还会选择光伏控制逆变一体机,如图 1-27 所示。光伏控制逆变一体机集成了充放电控制和逆变转换功能,可实现光伏控制器和离网逆变器的功能。

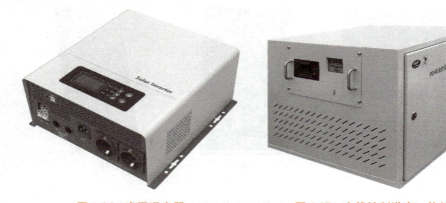

图 1-26　离网逆变器　　　　图 1-27　光伏控制逆变一体机

2. 离网光伏发电系统的工作过程

离网光伏发电系统原理框图如图 1-28 所示,其工作原理如下:白天在太阳光的照射下,光伏阵列(组件)产生的直流电流通过光伏控制器,一部分传送到离网逆变器转化为交流电,一部分对储能装置进行充电;当阳光不足时,储能装置通过光伏控制器向离网逆变器送电,经离网逆变器转化为交流电供交流负载使用。

微视频
离网光伏发电系统的工作过程

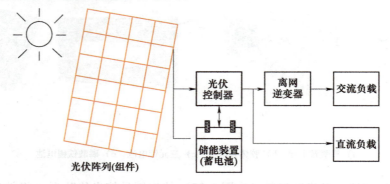

图 1-28　离网光伏发电系统原理框图

3. 离网光伏发电系统的应用案例

离网光伏发电系统广泛应用于偏僻山区、无电区、海岛、通信基站和路灯等场所，常见的应用有太阳能交通灯、太阳能路灯、太阳能草坪灯等。下面以太阳能路灯为例说明离网光伏发电系统的具体应用。

太阳能路灯系统主要由含驱动的 LED 光源、光伏组件、蓄电池（包括蓄电池保温箱）、路灯控制器、路灯灯杆（含基础）及辅料线材等几部分构成，如图 1-29 所示。太阳能路灯可全自动工作，不用铺设线缆，不用交流供电，不产生电费，采用直流供电和控制。太阳能路灯系统具有稳定性高、寿命长、发光效率高、安装维护简便、安全性高、节能环保及经济实用等优点。可广泛应用于城市主/次干道、小区、工厂、旅游景点及停车场等场所。

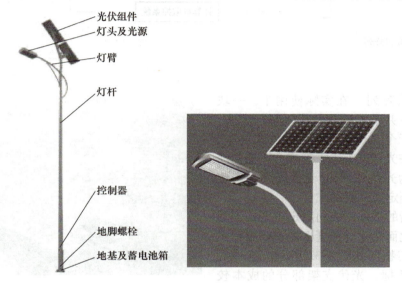

图 1-29 太阳能路灯系统

太阳能路灯系统一般选用晶硅光伏组件，LED 光源一般选用大功率 LED 构成，路灯控制器一般放置在路灯灯杆内，具有光控、时控、过充过放保护及反接保护功能，更高级的路灯控制器还具备四季调整亮灯时间、半功率、智能充放电等功能，蓄电池可采用阀控式铅酸蓄电池、胶体蓄电池或者锂电池等储存电能，一般放置于地下或专门的蓄电池保温箱中。

太阳能路灯系统工作原理如下：白天太阳能路灯系统在路灯控制器的控制下，光伏组件经过太阳光的照射，吸收光能并转换成电能，白天光伏组件向蓄电池充电，晚上蓄电池提供电力给 LED 光源，实现照明功能。

1.2.3 并网光伏发电系统的组成及案例分析

与公共电网相连接且共同承担供电任务的光伏发电系统称为并网光伏发电系统，也称为并网光伏电站。它是光伏发电进入大规模商业化发电阶段并成为电力工业组成部分的重要发展方向，也是当今世界上光伏发电技术发展的主流趋势。下面以集中式并网光伏发电系统为例说明其组成、工作过程及案例分析。

1. 并网光伏发电系统的组成

并网光伏发电系统主要由光伏阵列、直流防雷汇流箱、直流配电柜、并网逆变器、交流配电柜、变压器和计算机监控系统等组成，如图 1-30 所示。

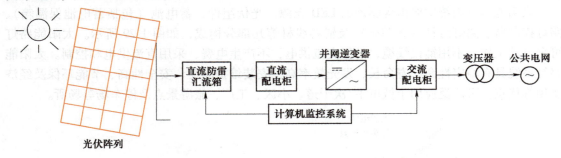

图 1-30 并网光伏发电系统的组成

（1）光伏阵列　在实际使用中，一块光伏组件往往并不能满足使用现场的要求，因此常将若干个光伏组件按一定方式（串、并联）组装在光伏支架上，形成太阳能电池方阵（也称为光伏阵列）。光伏阵列的安装方式可分为固定式和跟踪式。

固定式指的是阵列朝向固定不变，不随太阳位置变化而变化。混凝土柱基础固定式光伏阵列的实物图如图 1-31 所示。这种安装方式简单快捷，光伏支架部分的成本较低，但由于光伏阵列固定不动，不能随太阳的移动而转动，无法保证获取到最大的太阳光辐射，所以发电量相对偏低。其优点是抗风能力强，安装容易，工作可靠，造价低。

图 1-31 混凝土柱基础固定式光伏阵列的实物图

跟踪式光伏阵列的机电或液压装置可使光伏阵列随着太阳的高度和方位角的变化而移动，在接近全日照过程中让太阳光线与光伏阵列垂直，由此提高光伏阵列的发电能力。与固定式相比，在相同日照条件下，跟踪式光伏阵列的效率提高可达 20%~30%。跟踪式光伏阵列按照旋转轴的个数可分为单轴跟踪系统（见图 1-32）和双轴跟踪系统（见图 1-33）。单轴跟踪系统只能围绕一个旋转轴旋转，光伏阵列只能跟随太阳运行的方位角或者高度角两者之

图 1-32 单轴跟踪系统

图 1-33 双轴跟踪系统

一变化。双轴跟踪系统可沿两个旋转轴旋转，能同时跟随太阳运行的方位角与高度角变化。但也存在结构复杂、造价相对较高、维护成本高等问题。

（2）直流防雷汇流箱 在光伏发电系统中，为了减少光伏阵列与逆变器之间的连线，方便维护，提高可靠性，一般在光伏阵列与逆变器之间增加直流防雷汇流箱，其实物图和电路图如图1-34所示。用户可以将一定数量、规格相同的光伏组件串联起来，组成一个个光伏阵列，然后再将若干个光伏阵列并联接入直流防雷汇流箱，在直流防雷汇流箱内汇流后，通过直流断路器与逆变器配套使用，构成完整的光伏发电系统，实现与公共电网并网。为了提高系统的可靠性和实用性，在直流防雷汇流箱里配置了光伏发电专用的直流避雷器、直流熔断器和断路器等。

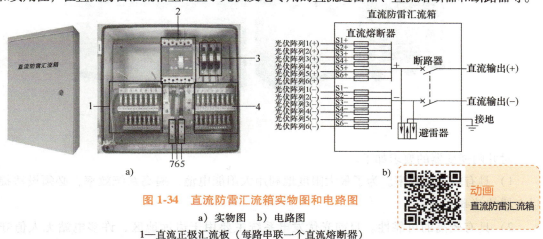

图1-34 直流防雷汇流箱实物图和电路图
a）实物图 b）电路图
1—直流正极汇流板（每路串联一个直流熔断器）
2—断路器 3—避雷器 4—直流负极汇流板（每路串联一个直流熔断器）
5—直流负极汇流输出 6—接地端 7—直流正极汇流输出

（3）直流配电柜 直流配电柜主要将直流防雷汇流箱输出的直流电流进行再次汇流，然后接到逆变器上。直流配电柜主要包括直流输入断路器、避雷器、防反二极管和电压表等，其实物图、接线图和原理图如图1-35所示。

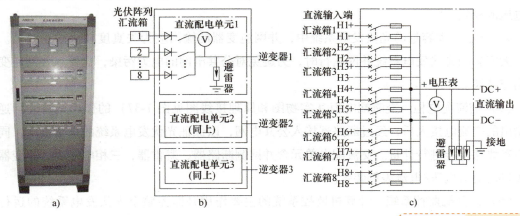

图1-35 直流配电柜实物图、接线图和原理图
a）实物图 b）接线图 c）原理图

(4) 并网逆变器　并网逆变器的作用是将直流电流转化为与电网同频、同相的正弦波电流，并送入公共电网。并网逆变器的实物图如图1-36所示。

图1-36　并网逆变器的实物图

对并网逆变器的要求如下。

1) 具有较高的效率。为了最大限度地利用太阳能电池，提高系统效率，必须设法提高逆变器的效率。

2) 具有较高的可靠性。目前光伏发电系统主要用于边远地区，许多电站无人值守和维护，这就要求并网逆变器具有合理的电路结构和严格的元器件筛选，并要求并网逆变器具备各种保护功能，如输入直流极性反接保护、交流输出短路保护以及过热和过负载保护等。

3) 直流输入电压有较宽的适应范围。太阳能电池的端电压随负载和日照强度的变化而变化，这就要求并网逆变器必须在较大的直流输入电压范围内保证正常工作，并保证交流输出电压的稳定。

4) 在中、大容量的光伏发电系统中，并网逆变器的输出应为失真度较小的正弦波。当中、大容量的光伏发电系统并网运行时，为避免对公共电网的电力污染，也要求并网逆变器输出正弦波。

(5) 交流配电柜　交流配电柜（实物图和原理接线图见图1-37）的作用是将并网逆变器输出的交流电接入后，经过断路器接入公共电网，以保证光伏发电系统的正常供电，同时还能对线路电能进行计量。交流配电单元含并网侧断路器、避雷器、三相电能表、逆变器并网接口及交流电压/电流表等装置。

(6) 计算机监控系统　计算机监控系统的主要作用是监控整个光伏发电系统的运行状况（包括光伏阵列的运行状态、并网逆变器的工作状态、光伏发电系统的工作电压和电流等数据），还可以根据需要将相关数据直接发送至互联网，以便远程监控光伏发电系统的运行情况。

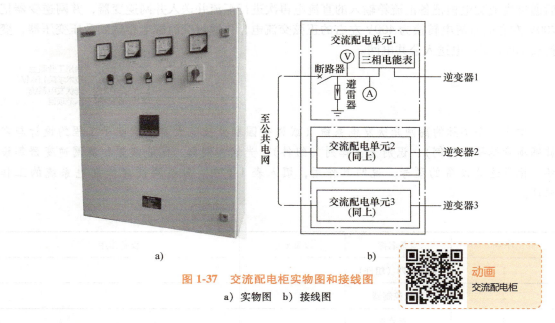

图 1-37 交流配电柜实物图和接线图
a）实物图 b）接线图

2. 并网光伏发电系统的工作过程

由图 1-30 所示的光伏发电系统的组成可知，光伏阵列将太阳能转换成直流电能，通过直流防雷汇流箱的一次汇流和直流配电柜的二次汇流，再经并网逆变器将直流电转换成交流电，根据并网光伏发电系统接入电网的相关技术规定的系统容量，确定系统接入公共电网的电压等级，最终由变压器升压后，接入公共电网。

3. 500kW 并网光伏发电系统案例分析

500kW 并网光伏发电系统示意图如图 1-38 所示。系统由若干个光伏组件构成组件串，再由组件串构成子阵列，最后由子阵列构成 500kW 的光伏阵列，先通过直流防雷汇流箱汇流，然

图 1-38 500kW 并网光伏发电系统示意图

后通过直流配电柜把各汇流箱输入的直流电再次进行汇流并送入并网逆变器,并网逆变器把700V 左右的直流电转换为 400V 左右的正弦交流电,再通过交流配电柜送到升压变压器,变换成 10kV 交流电送入公共电网。

任务实施

微视频
徐州工业职业
技术学院1.5MW
光伏发电系统
示范项目

1. 认识离网光伏发电系统

结合一个实际的离网光伏发电系统(或以全国职业技能大赛光伏电子工程的设计与实施赛项竞赛平台为例),识别光伏阵列(组件)、光伏控制器、储能装置和离网逆变器等设备,记下这些设备的型号,说明其作用,填入表 1-1 中。分析离网光伏发电系统的工作原理。

表 1-1 离网光伏发电系统

序号	设备名称	设备型号	设备作用
1	光伏阵列(组件)		
2	光伏控制器		
3	储能装置		
4	离网逆变器		

2. 认识并网光伏发电系统

结合一个实际的并网光伏发电系统(或以全国职业技能大赛光伏电子工程的设计与实施赛项竞赛平台为例),识别光伏阵列(组件)、并网逆变器和双向电能表等设备,记下该设备的型号,说明其作用,填入表 1-2 中。分析并网光伏发电系统的工作原理。

表 1-2 并网光伏发电系统

序号	设备名称	设备型号	设备作用
1	光伏阵列(组件)		
2	并网逆变器		
3	双向电能表		

3. 到光伏发电站参观学习

到光伏发电站参观学习,做好以下工作。

1)通过多种媒介搜集要参观的光伏发电站的相关资料。
2)听取光伏发电站工程技术人员介绍的发电站基本情况和并网发电的基础知识。
3)在光伏发电站识别以下设备(或部件):光伏阵列(固定式、跟踪式)、直流防雷汇流箱、并网逆变器、交/直流配电柜和计算机监控系统等,说明其作用,记下其型号和主要技术参数,并拍下相关照片。
4)撰写学习报告,重点写参观光伏发电站的收获和体会。

习题

1. 什么是本征半导体、N型半导体、P型半导体？
2. 简述PN结的形成过程。
3. 什么是导带和禁带？
4. 简述太阳能电池的工作原理。
5. 光伏发电系统的分类是怎样的？
6. 简述离网光伏发电系统的组成及工作过程。
7. 简述并网光伏发电系统的组成及工作过程。
8. 光伏阵列的安装方式是什么？各有什么特点？
9. 并网光伏发电系统中，光伏阵列、直流防雷汇流箱、并网逆变器和交/直流配电柜的作用各是什么？

项目 2　光伏发电系统的设计基础

光伏产业链如图 2-1 所示，其上游为原材料，主要包括高纯度晶体硅材料的生产，单晶硅和多晶硅的制造，以及硅棒、硅锭和硅片的生产；中游分为两大部分，即太阳能电池片及光伏组件；下游为光伏产业的应用领域，即主要用来发电。本项目主要介绍太阳能电池片、光伏组件和光伏发电系统各部分的相关知识，为光伏发电系统的设计打好基础。

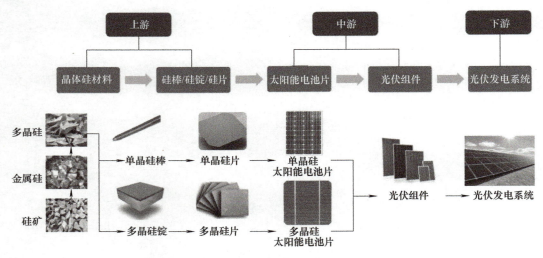

图 2-1　光伏产业链

任务 2.1　光伏发电系统的总体设计

 **任务目标**

1. 能力目标

1）能画出光伏发电系统的实用设计流程图。
2）能阐述光伏发电系统的设计内容及设计时应考虑的问题。

2. 知识目标

1）了解太阳能辐照量的计算。
2）理解光伏阵列方位角、倾角、最长连续阴雨天数和峰值日照系数的概念。
3）掌握光伏发电系统的设计内容和设计原则。

3. 素质目标

培养学用结合、理论联系实际的优良学风。

相关知识

要建成一个高效、完善、可靠的光伏发电系统，需要进行一系列的科学设计，如系统容量设计、系统电气和机械设计等，任何一个环节考虑不周，都可能导致系统无法正常工作。

2.1.1 光伏发电系统设计的内容

一般来说，光伏发电系统的设计分为软件设计和硬件设计，其中软件设计先于硬件设计。

软件设计包括负载用电量的计算、光伏阵列辐照量的计算、光伏组件容量与蓄电池容量的计算及两者之间的相互匹配的优化设计、光伏阵列倾角的计算、系统运行情况预测和经济效益分析等内容。硬件设计包括光伏组件和蓄电池的选型、光伏阵列支架的设计、逆变器的设计和选型、光伏控制器的设计和选型、防雷接地与配电设备和低压配电线路的设计与选型等。

图 2-2 所示为离网光伏发电系统的设计内容。

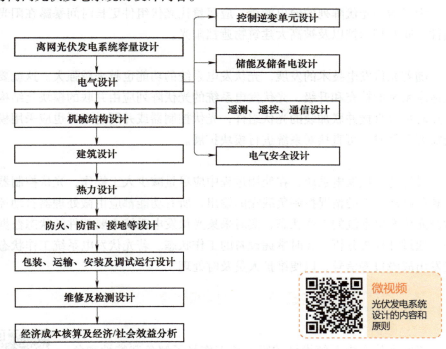

图 2-2 离网光伏发电系统的设计内容

2.1.2 光伏发电系统设计的原则

1. 成本原则

对于离网光伏发电系统，要在充分满足用户负载用电的情况下，尽量减少光伏阵列及蓄电池的容量，以达到可靠性和经济性的最佳组合。应避免盲目追求低成本或高可靠性的倾向，纠正片面强调经济效益、随意减小系统容量的做法。

2. 科学原则

光伏发电系统和相关产品要根据负载的要求和当地的气象及地理条件（如纬度、太阳辐照量和最长连续阴雨天数等），进行专门的优化设计。

3. 安全原则

设计光伏发电系统要考虑防雷接地、系统安全隐患等方面的问题。如对所有电气设备（包括光伏阵列、逆变器、接线箱和配电柜等）的金属外壳均应进行等电位连接，并连接到建筑物的接地体上。光伏发电系统直流侧应采用避雷器等手段来防止雷电的电磁感应和雷电侵入造成的过电压等。

4. 可靠原则

并网光伏发电系统必须考虑与公共电网的完美结合与兼容。系统应采用高可靠性、高电能质量且技术成熟的并网逆变器，结合完善的保护措施来提高光伏发电系统的供电可靠性和输出电能质量，从而避免对公共电网造成负面影响。

5. 高效原则

为了增加光伏阵列的输出能量，应尽量让光伏组件更长时间暴露在阳光下，且避免光伏组件之间互相遮挡以及被高大建筑物遮挡阳光。

6. 可扩展性

随着光伏发电技术的发展，光伏发电系统的功能也越来越强大。这就要求光伏发电系统能适应系统的扩充和升级，光伏发电系统的光伏阵列应由并联的模块化结构组成，在系统需扩充时可以直接并联加装的光伏组件；光伏控制器或并网逆变器也应采用模块化结构，在系统需要升级时，可直接对系统进行模块扩展。

7. 智能化

设计的光伏发电系统，在使用过程中应尽量减少人工操作，光伏控制器可以根据光伏组件和蓄电池容量的情况控制负载端的输出，所有功能都应由微处理器自动控制，还应能实时检测光伏发电系统的工作状态，实时采集光伏发电系统主要部件的状态数据并上传至控制中心，通过计算机分析，实时掌握设备的工作状态。若光伏发电系统工作状态发生异常，则应能发出故障报警信号，以便维护人员及时处理。

2.1.3 光伏发电系统设计考虑的因素

1. 负载的特性和用电特点

离网光伏发电系统设计的第一项工作是了解负载特性和负载的用电特点。负载特性从以下方面考虑：①负载是直流负载还是交流负载，如是交流负载还要考虑逆变器的设计。②负载是冲击性负载（如电动机、电冰箱等）还是非冲击性负载（如电热水器、直流电灯等），如是冲击性负载，在容量设计和设备选型时，应留有合理余量。③从负载使用时间的角度考虑，仅在白天使用的负载，多数可以由光伏组件直接供电，不需要考虑蓄电池的配备；对于

微视频
光伏发电系统
设计考虑的因素

在晚上使用的负载,蓄电池的容量就是设计时应着重考虑的因素。

2. 光伏阵列的方位角和倾角

光伏阵列的方位角是阵列的垂直面与正南方向的夹角(设定向东偏为负角度,向西偏为正角度),方位角和高度角如图2-3所示。一般情况下,光伏阵列朝向正南(即阵列垂直面与正南的夹角为0°)时,光伏阵列发电量是最大的。在偏离正南(北半球)30°时,光伏阵列的发电量将减少10%~15%;在偏离正南(北半球)60°时,光伏阵列的发电量将减少20%~30%。但是,在晴朗的夏天,太阳辐照量的最大时刻是在中午稍后,因此应将光伏阵列的方位稍微向西偏一些,以便在午后时刻获得最大发电功率。在不同的季节,光伏方阵的方位稍微向东或向西偏一些都有获得最大发电功率的时候。光伏阵列的设置场所会受到许多条件的制约,如果要将方位角调整到一天中负载峰值时刻与发电峰值时刻一致,可参考

方位角 = (24小时制的一天中负载峰值时刻 - 12) × 15 + (经度数值 - 116)

对于地球上的某个地点,太阳高度角(或仰角)是指太阳光的入射方向和地平面之间的夹角,从专业上讲,太阳高度角是指某地太阳光线与该地作垂直于地心的地表切线的夹角。

倾角是光伏阵列平面与水平地面的夹角,如图2-4所示。光伏阵列接收太阳总辐照量达到最大值(即光伏阵列一年中发电量最大)时的倾角,称为最佳倾角。根据几何原理,欲使阳光垂直射在光伏阵列上,则倾角应为

倾角 = 90° - 高度角

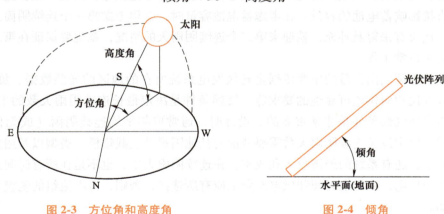

图2-3 方位角和高度角   图2-4 倾角

离网光伏发电系统的最佳倾角按照可在最低辐射度月份让光伏阵列受到较大辐照量来选取。推荐让倾角在当地纬度的基础上再增加5°~15°,纬度越高的地区,增加得越多。可根据具体情况,如总体装机量、风压和雪压等因素,进行综合考虑或优化。

并网光伏发电系统的光伏阵列最佳倾角按照使全年发电量(或辐照量)最优来选取。倾角等于当地纬度时可基本使全年在光伏阵列表面上的太阳辐照量达到最大,因而全年发电量也最大。

光伏水泵系统的光伏阵列最佳倾角按照夏天发电量(或辐照量)最优来选取。倾角等于当地纬度减小5°~15°时可常使夏天在光伏阵列表面上的太阳辐照量达到最大,因而发电量也最大。

特殊情况：对于安装在屋顶上的光伏阵列，其倾角就等于屋顶的倾角；对于安装在建筑物正面的光伏方阵，其倾角等于90°。

以上所述为方位角、倾角与发电量之间的关系，具体在设计某一个光伏阵列的方位角和倾角时，还应进一步与实际情况结合起来综合考虑。

3. 阴影对发电量的影响

一般情况下，在计算发电量时，是在光伏阵列上完全没有阴影的前提下的。因此，如果光伏阵列不能被太阳光直接照到，那么就只有散射光用来发电，此时的发电量比无阴影时要减少10%~20%。针对这种情况，要对理论计算值进行校正。如果阴影影响长期存在，除了影响发电量外，产生的热斑效应达到一定程度后，光伏组件上的焊点可能熔化并毁坏栅线，从而导致整个光伏组件的报废。

光伏发电系统设计之初，就要特别考虑地势差异，如远处的山脉、树木或建筑物可能存在的阴影，以及前后光伏阵列的间距可能带来的阴影等。在系统安装时要特别注意设备选型，同等条件下可以关注逆变器最大功率点跟踪（Maximum Power Point Tracking，MPPT）路数，争取最大程度减少阴影带来的影响。系统安装完成后，要定期巡视光伏阵列，清洁、清除其表面及周边的各类固定遮挡物，切莫忽视遮挡带来的影响。

4. 最长连续阴雨天数

最长连续阴雨天数是指需要蓄电池向负载维持供电的最长天数，也称为系统自给天数。在连续阴雨天气期间，光伏阵列几乎不能发电，只能靠蓄电池供电，因此，最长连续阴雨天数的大小直接影响蓄电池的容量。在考虑蓄电池容量时，必须考虑第一个连续阴雨天使蓄电池放电后，还没有来得及补充，就迎来第二个连续阴雨天的情况，系统要保证在第二个连续阴雨天内仍可正常工作。

确定最长连续阴雨天数的主要依据是光伏发电系统所在的地区的光照数据、负载规模、负载类型以及用户对供电可靠性的要求等。气候条件是决定最长连续阴雨天数的主要因素，调查和分析当地气候条件是非常重要的。设计时，通常取年平均连续阴雨（或无日照）天数作为依据。确定最长连续阴雨天数需要考虑的其他因素是负载规模、类型以及用户对供电可靠性的要求，还有系统的经济投入和成本。在连续阴雨天中，也不是在所有时间内均向系统的全部负载供电，在供电时间和供电对象上应有所选择，否则，蓄电池组的规模和投资将会大大增加。

对于非重要用户或带有风力发电机的光伏/风力互补系统，最长连续阴雨天数的选择范围为2~3天。对于没有备用电源的重要负载（如移动通信的设备电源），可定为5~7天。

2.1.4 太阳辐射的计量及峰值日照时数

1. 太阳辐射的计量

在单位时间内，太阳以辐射形式发射的能量称为太阳辐射功率，单位为瓦（W）；太阳投射到单位面积上的辐射功率称为辐射度或辐照度，单位为瓦/平方米（W/m^2）。该物理量通常表征的是太阳辐射的瞬时强度。而在一段时间内，太阳投射到单位面积上的辐射能量称为辐

微视频
太阳辐射的计量及峰值日照时数

照量,单位为千瓦时/[平方米·年(或月、日)]。该物理量表征的是辐射的总量,通常测量累积值。

对于太阳辐射的能量,在不同的资料中,有时可以看到不同的单位制,其换算关系为

$$1kW·h/m^2 = 3.6MJ/m^2 = 100mW·h/cm^2$$

在光伏发电的测量与计算中,最方便的单位应该取千瓦(kW)和千瓦时(kW·h),面积的单位尽量统一取平方米(m^2)。对不同资料来源的数据要先换算再计算,从而避免许多计算错误。

2. 峰值日照时数

要了解平均日照数和峰值日照时数,先要了解日照时间和日照时数的概念。

(1) 概念

1)日照时间是指太阳光在一天当中从日出到日落的实际照射时间。

2)日照时数是指某个地点,一天当中太阳光达到一定的辐照度(一般以气象台测定的120W/m^2为标准)时直到小于此辐照度所经过的时间。日照时数小于日照时间。

3)平均日照时数是指某地的一年或若干年的总日照时数的平均值。

4)峰值日照时数是将当地的太阳辐照量折算成标准测试条件下(1000W/m^2)的时数,即一段时间内的辐照度积分总量相当于辐照度为1000W/m^2的光源所持续照射的时间,其单位为小时(h)。如某地某天的日照时间是9h,但不可能在这9h中太阳的辐照度都是1000W/m^2,而是无从弱到强、再从强到弱变化的,若把太阳的辐照量折算成1000Wh/m^2,则这天的峰值日照时数就是3.6h。对光伏发电系统的发电量,一般都采用平均峰值日照时数作为参考值。

(2) 换算 有关换算关系如下。

如果斜面辐照量的单位是MJ/m^2,就有

$$峰值日照时数 = A/(3.6 \times 365) \tag{2-1}$$

式中 A——倾斜面上的年总辐照量,单位为MJ/m^2;

3.6——单位换算系数,1kW·h = 1000×3600J = 3.6×10^6J = 3.6MJ。

例如:某地光伏阵列的年辐照量为6207MJ/m^2,则年峰值日照时数为

$$6207 \div 3.6 \div 365 = 4.72(h)$$

任务实施

以项目3中的3.6kW离网光伏发电系统为例,画出设计流程图,并说明设计内容、思路及应考虑的问题。

任务目标

1. 能力目标

1)能识别太阳能电池片、光伏组件的基本结构。

2)能阐述光伏组件的制作工序。

3) 能对太阳能电池片、光伏组件进行测试。

2. 知识目标

1) 了解太阳能电池片、光伏组件的分类。
2) 了解太阳能电池片的内部结构。
3) 理解太阳能电池片、光伏组件的测试条件及主要技术参数。
4) 理解太阳能电池片的光照度特性和温度特性。

3. 素质目标

1) 培养自主学习能力。
2) 培养团队协作精神及集体意识。
3) 培养实事求是、精益求精的精神。
4) 了解我国最新太阳能电池片、光伏组件技术的情况及在全球的地位,培养学生的民族自豪感和自信心。

相关知识

2.2.1 太阳能电池片的识别与测试

太阳能电池片是光伏发电的核心部件,其技术路线和工艺水平直接影响光伏组件的发电效率和使用寿命。太阳能电池片位于光伏产业链中游,是通过将单晶硅或多晶硅片加工处理得到的可以将太阳的光能转化为电能的半导体薄片。太阳能电池片是构成光伏组件的最小单元。

1. 太阳能电池片的外部结构

常用的太阳能电池片有单晶硅型和多晶硅型两种,其外形如图 2-5 所示。传统的电池片从外观上看,单晶硅太阳能电池片和多晶硅太阳能电池片的区别为是否有倒角,单晶硅太阳能电池片有倒角,而多晶硅太阳能电池片是一个正方形。多晶硅太阳能电池片表面有大面积的大理石花纹,而单晶硅太阳能电池片表面是细小而均匀的颗粒。单晶硅太阳能电池片表面多为褐色或黑色,多晶硅太阳能电池片表面多为蓝色。

微视频
太阳能电池片的结构

太阳能电池片的结构如图 2-6 所示。正面是电池片的负极,上面有细栅线、主栅线和减反射膜;背面是电池片的正极,有铝背场和背电极等。

2. 太阳能电池片的内部结构

太阳能电池片以硅片为衬底,根据硅片的差异区分为 P 型电池和 N 型电池,如图 2-7 和图 2-8 所示。两种电池的发电原理无本质差异,都是依据 PN 结进行光生载流子分离。在 P 型半导体材料上扩散磷元素,形成 N+/P 型结构的太阳能电池片即为 P 型电池;在 N 型半导体材料上扩散硼元素,形成 P+/N 型结构的太阳能电池片即为 N 型电池。P 型电池和 N 型电池的比较见表 2-1。

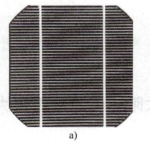
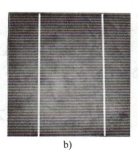

图 2-5 太阳能电池片外形图
a) 单晶硅太阳能电池片 b) 多晶硅太阳能电池片

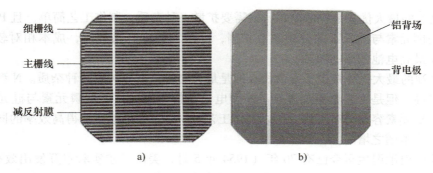

图 2-6 太阳能电池片的结构图

a) 正面 b) 背面

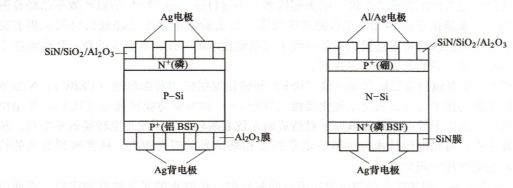

图 2-7 P 型电池　　　　　　　　图 2-8 N 型电池

表 2-1 P 型电池和 N 型电池的比较

项目	P 型电池	N 型电池
掺杂物分凝系数	P：0.35	B：0.8
硅锭均匀性	低	高
硅片得率	低	高
典型 CZ 单晶少子寿命	100~1000μs	20~30μs
功率衰减	小：在发射区（B-O 对）	大：在基区（B-O 对）
发射区制备	扩硼（难）	扩磷（容易）
背场制备	扩磷（难）	铝背场（容易）
前表面钝化	Al_2O_3	SiN_x、SiO_2
前表面钝化技术	ALD、PECVD（难）	PECVD（容易）
背表面钝化	SiN_x、SiO_2	Al_2O_3
背表面钝化技术	PECVD（容易）	ALD、PECVD（难）
前栅线电极	Ag	Ag
背栅线电极	Ag	Al
同等技术电池效率	高	低
工艺复杂性	高	低
成本	高	低

P 型电池的最大优势是扩散简单，只需要扩散一种杂质，制作工艺简单，且 P 型电池制作时掺入的硼元素与硅元素的分凝系数相当，分散均匀度容易控制，成本相对较低，但 P 型电池存在最高电池效率的瓶颈。

N 型电池的最大优势是少子寿命长，但是最大劣势是需要扩散两种杂质。N 型电池效率可以做得更高，但是工艺也更加复杂。N 型电池需掺入磷元素，但磷元素与硅元素相溶性差，拉棒时磷元素容易分布不均，所以制作工艺复杂。N 型电池在获得高效率的同时增加了工艺难度，成本随之增高。

首个光伏电池诞生至今已有 70 年（1954 年 5 月，美国贝尔实验室开发出效率为 6% 的单晶硅太阳能电池，这是世界上第一个有实用价值的太阳能电池）历史。到 2019 年，单晶钝化发射极和背面电池（PERC）成为光伏行业的主流技术，其良好的光电转换效率表现成为推动光伏发电与传统能源"平价"的关键因素。不过目前业内 PERC 的量产效率已经普遍超过 23%，越来越接近其 24.5% 左右的理论极限，而实验室记录也已经较长时间未再有突破。因此业界都已纷纷将重点投向对新一代主流电池技术的开发，各企业的新一代电池技术也相继亮相市场，它们的路线不尽相同。

P 型电池主要包括常规铝背场电池（BSF）和钝化发射极和背面电池（PERC）；N 型电池目前较主流的技术为隧穿氧化层钝化接触（TOPCon）和本征薄膜异质结（HJT）。N 型电池主要通过自由电子导电，且硼氧原子对造成的光致衰减较少，因此光电转换效率更高。从提效原理来看，可将电池技术分为减少电学损失和减少光学损失两类。从光照到电流的传输，太阳能电池片中间会经历：

1）光学损失，即光在太阳能电池片前表面被反射、长波长的光未被有效吸收、正面电极造成的光线阻挡等。

2）电学损失，即自由电子和空穴在复合中心复合、金属电极和金属栅线与半导体接触产生额外电阻等。

光学、电学损失都会减少光电转换效率。为了降低光学损失，可通过增加减反射层（沉积 SiN_x 原理）、陷光层（制绒原理）或将正面金属栅线放到背面（IBC 电池原理）。为了降低电学损失，可进行场钝化或化学钝化处理，即通过提高硅片质量或改善金属和半导体接触方式来减小载流子的复合速率，提高载流子寿命，当前主要采用的方法有：选择性发射极（SE 技术原理）、氧化硅+多晶硅（TOPCon 电池隧穿层原理）、本征非晶硅+掺杂非晶硅（HJT 电池原理）或富氢介质膜（HJT 电池本征富氢非晶硅膜原理）。

3. 太阳能电池片的尺寸

光伏硅片的尺寸（边长的大小）直接影响太阳能电池片和光伏组件的尺寸。当前光伏硅片有 5 种主流尺寸，分别为 156.75mm、158.75mm、166mm、182mm 和 210mm。大尺寸光伏硅片通过增大面积，放大光伏组件的尺寸，从而摊薄各环节加工成本。从原理上来说，光伏硅片的尺寸越大越好，然而结合产业链配套情况，光伏硅片的尺寸又存在上限。对于大尺寸的选择，目前市场上已形成 182mm 和 210mm 两大阵营。

太阳能电池片的尺寸也主要指的是其边长的大小，目前太阳能电池片的主要尺寸有 M2(156mm)、G1(158mm)、M6(166mm)、M10(182mm) 和 G12(210mm) 等。M 跟 G 区别在于光伏硅片的形状，G 开头的是正方片，M 开头的是倒角片，也就是正方片切掉四个角。比如说 M10 即边长为 182mm 的倒角片。目前主流太阳能电池片的尺寸、效率和功率见表 2-2。

表 2-2 目前主流太阳能电池片的尺寸、效率和功率表

型号	M2 单晶		G1 方单晶		M6 圆单晶		M10 圆单晶		G12 圆单晶	
尺寸/mm	156.75（倒角）		158.75（直角）		166（倒角）		182（倒角）		210（直角）	
面积/mm²	24432		25210		27415		33015		44096	
序号	效率（%）	功率/W	效率（%）	功率/W	效率（%）	功率/W	效率（%）	功率/W	效率（%）	功率/W
1	22.5	5.50	22.7	5.72	23.0	6.30	23.2	7.65	23.2	10.23
2	22.4	5.47	22.6	5.70	22.9	6.27	23.1	7.62	23.1	10.18
3	22.3	5.45	22.5	5.67	22.8	6.25	23.0	7.59	23.0	10.14
4	22.2	5.42	22.4	5.64	22.7	6.22	22.9	7.56	22.9	10.09
5	22.1	5.40	22.3	5.62	22.6	6.20	22.8	7.52	22.8	10.05
6	22.0	5.37	22.2	5.59	22.5	6.17	22.7	7.49	22.7	10.00
7	21.9	5.35	22.1	5.57	22.4	6.14	22.6	7.46	22.6	9.96
8	21.8	5.33	22.0	5.54	22.3	6.11	22.5	7.42	22.5	9.92
9	21.7	5.30	21.9	5.52	22.2	6.09	22.4	7.39	22.4	9.87
10	21.6	5.28	21.8	5.49	22.3	6.06	22.3	7.36	22.3	9.83
11	21.5	5.25	21.7	5.47	22.0	6.03	22.2	7.33	22.2	9.79
12	21.4	5.23	21.6	5.44	21.9	6.00	22.1	7.29	22.1	9.74
13	21.3	5.20	21.5	5.42	21.8	5.95	22.0	7.26	22.0	9.70

注：由于太阳能电池片生产厂家不同、档位各有不同，以上信息仅供参考。

4. 太阳能电池的分类

（1）按所用材料分类 太阳能电池按所用材料可分为硅太阳能电池和化合物太阳能电池两大类，如图 2-9 所示。硅太阳能电池还可分为晶体硅太阳能电池和非晶体硅太阳能电池。目前晶体硅太阳能电池仍然占据光伏发电市场的主要份额。

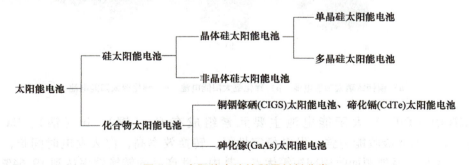

图 2-9 太阳能电池按所用材料分类

自 1954 年贝尔实验室发明世界上第一块硅基太阳能电池之后，光伏产业诞生了单晶硅和多晶硅两大阵营。不同的工艺，演化出不同的技术路线。单晶硅与多晶硅的区别在于它们的原子结构排列，单晶硅的原子结构是有序排列的，多晶硅的原子结构是无序排列的。这主要是由它们的加工工艺决定的，多晶硅多采用浇注法生产，就是直接把硅料倒入坩埚中熔化并成型；而单晶硅是采取西门子法改良直拉生产的，直拉过程是一个原子结构重组的过程。

单晶硅的转换效率更高,但是拉棒环节成本也很高;多晶硅转换效率比单晶硅低,但铸锭成本低,很长时间里"性价比"更胜一筹。而单晶硅与多晶硅的拉锯战,在 2016 年出现了实质性的转折点,由此以后单晶硅产品的市场占有率开始逐年上扬,随着多次拉晶、增大装料量、快速生长、金刚线切割以及薄片化等技术的大规模产业化应用,单晶硅片生产成本也大幅下降,同时以 PERC 为代表的高效电池技术对单晶硅产品转换效率的提升效果明显。2019 年,单晶硅太阳能电池产品已占据市场的主流。

非晶体硅太阳能电池是薄膜状太阳能电池中最成熟的产品(非晶薄膜电池如图 2-10 所示),非晶体硅太阳能电池虽然在转换效率方面略逊于晶体硅太阳能电池,但其制造成本低廉、能耗小,这是晶体硅太阳能电池所不能比的。非晶体硅薄膜与晶体硅片相比,结构有很大的差别。晶体硅片中的硅原子排列很规则(形成晶体),非晶体硅薄膜中的硅原子排列很不规则,是一种无序的状态,因此这种状态称为非晶体。从光电转换效率看,现在的非晶体硅太阳能电池的能量转化率可达到 13%~16%,低于晶体硅太阳能电池的转换效率。

图 2-10 非晶体硅太阳能电池

化合物太阳能电池指不是用单一元素半导体材料制成的太阳能电池。化合物太阳能电池主要包括铜铟镓硒太阳能电池、碲化镉太阳能电池和砷化镓太阳能电池等,其实物图如图 2-11 所示。

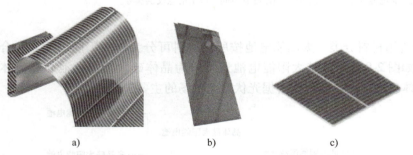

图 2-11 化合物太阳能电池的实物图
a) 铜铟镓硒太阳能电池 b) 碲化镉太阳能电池 c) 砷化镓太阳能电池

铜铟镓硒(CIGS)太阳能电池主要元素组成有 Cu(铜)、In(铟)、Ga(镓)、Se(硒),其具有光吸收能力强,发电稳定性好、转换效率高,白天发电时间长,发电量高,生产成本低以及能源回收周期短等优点。其中一些产品的转换效率达到 19.64%,但其商用转换效率约为晶体硅太阳能电池的 50%。由于铟和硒都是比较稀有的元素,因此,这类电池的发展又必然受到限制。

碲化镉(CdTe)太阳能电池是一种以 P 型 CdTe 和 N 型 Cd 的异质结为基础的薄膜太阳能电池。第一个碲化镉太阳能电池是由 RCA 实验室于 1976 年在 CdTe 单晶上镀上 In 的合金制得的,其光电转换效率为 2.1%。1982 年,Kodak 实验室用化学沉积法在 P 型的 CdTe 上制备了一层超薄的 CdS,构造出了效率超过 10% 的异质结 P-CdTe/N-CdS 薄膜太阳能电池。

这是现阶段碲化镉太阳能电池的原型。20世纪90年代初，碲化镉太阳能电池已实现了规模化生产，但市场发展缓慢，市场份额一直徘徊在1%左右。CdTe与太阳光谱非常匹配，最适合于光电能量转换，是一种良好的光伏材料，具有很高的理论效率（28%），一直被光伏界看重，是技术上发展较快的一种太阳能电池。目前碲化镉太阳能电池在实验室中获得的最高光电转换效率已达到17.3%。其商用模块的转换效率也达到了10%左右。但由于镉有剧毒，会对环境造成严重的污染，因此，它并不是晶体硅太阳能电池最理想的替代。

砷化镓（GaAs）半导体材料的能隙与太阳光谱的匹配性较好。与硅太阳电池相比，三结砷化镓太阳电池具有转换效率高、可靠性高、耐高温、抗辐照能力强等优点。2021年时，砷化镓（GaAs）太阳能电池的实验室最高转换效率已达到68.9%，商用转换效率可达40%以上。但由于其生产成本较高，目前主要用于遥感、气象和科学试验等卫星，及各空间轨道飞行器。

（2）按构造分类　太阳能电池按构造可分为块（片）状和薄膜状两种，如图2-12所示。块（片）状太阳能电池又可分为单晶硅太阳能电池、多晶硅太阳能电池以及其他太阳能电池。薄膜状太阳能电池又可分为非晶体硅太阳能电池和化合物太阳能电池。

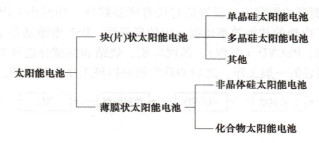

图2-12　太阳能电池按构造分类

在单晶硅和多晶硅太阳能电池中真正用来发电的只是硅片表面附近很少的一部分，离表面很远的部分并不直接参与发电。为了尽量节约硅材料，有效降低生产成本，人们开发了薄膜状太阳能电池。薄膜状太阳能电池是利用薄膜技术将很薄的半导体光电材料铺在非半导体的衬底上而构成的太阳能电池，它可大大减少半导体材料的消耗（薄膜厚度以μm计），从而大大降低太阳能电池的成本。目前商业化的薄膜状太阳能电池主要有非晶体硅薄膜、CIGS薄膜和CdTe薄膜状太阳能电池。

（3）按衬底材料进行分类　太阳能电池按衬底材料进行分类可以分成P型电池和N型电池，如图2-13所示。

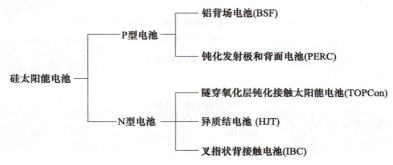

图2-13　太阳能电池按衬底材料分类

P 型电池制作工艺相对简单，成本较低，主要是 BSF 电池和 PERC 电池。2015 年之前，BSF 电池占据 90% 的市场份额。2016 年之后，PERC 电池接棒起跑，其转换效率从原来的不到 20% 提升到 23%，到 2020 年，PERC 电池在全球市场中的占比已经超过 85%，目前以双面 PERC 电池为主。2021 年，PERC 电池市场份额占比高达 91.2%，2022 年也有 85% 左右。

由于 PERC 电池理论转换效率极限为 24.5%，导致 PERC 电池效率很难再有大幅度的提升，并且它未能彻底解决以 P 型硅片为基底所产生的光衰现象，这些因素使得 P 型电池很难有进一步的发展。与传统的 P 型电池相比，N 型电池具有转换效率高、双面率高、温度系数低、无光衰、弱光效应好和载流子寿命更长等优点。N 型电池分为 TOPCon、HJT 和 IBC 三种，它们的转换效率均可达到 25.5% 以上。

5. 主流及新型太阳能电池简介

（1）BSF 电池　BSF 电池（Aluminum Back Surface Field）也叫铝背场电池，是太阳能电池技术的基础，它是在晶体硅太阳能电池 PN 结制造完成后，通过在硅片的背光面沉积一层铝膜，制备 P+ 层，从而形成铝背场。设置铝背场有诸多好处，如减小表面复合率和增加对长波的吸收等，但 BSF 电池的转换效率也有一定的局限性。BSF 电池制作工序如图 2-14 所示，包括制绒、扩散制结、PECVD（沉积）、丝网印刷、烧结和测试分选环节。BSF 电池的制作工序是太阳能电池制备的一般工序，之后的升级都是以该工序为基础的。

微视频
主流及新型太阳能电池简介

图 2-14　BSF 电池制作工序

（2）PERC 电池　目前主流的太阳能电池是 PERC（Passivated Emitter Rear Cell）电池，也叫钝化发射极和背面电池。它在 BSF 电池基础上加入了背面钝化层（背面钝化是 BSF 电池成为 PERC 电池所增加的主要工序，见图 2-15），以此取代了传统的铝背场，增强光线在硅基片内的内背反射，降低了背面的复合速率，并做激光开槽形成局部背电极，性能就实现了明显提升，从而使转换效率提升 0.5%~1%。2020 年，规模化生产的单/多晶硅太阳能电池平均转换效率分别达到 22.7% 和 19.4%。P 型单晶硅太阳能电池均已采用 PERC 技术，平均转换效率同比提升 0.5%。同时，背面采用局部铝栅线，可形成 PERC 双面电池，其双面率为 70%~80%，单晶硅 PERC 电池已经是当下行业中最主流的电池技术，具有非常明显的性价比优势。

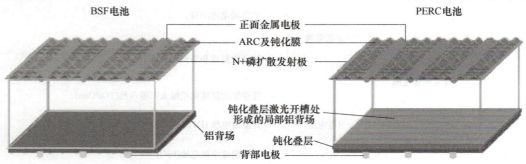

图 2-15　BSF 电池与 PERC 电池对比

（3）TOPCon 电池　TOPCon（Tunnel Oxide Passivated Contact）电池也叫隧穿氧化层钝化接触电池，其核心技术是背面钝化接触。2013 年，德国 Fraunhofer 太阳能研究所首次提出了 TOPCon 电池结构。其中 N-TOPCon 电池结构如图 2-16 所示，它使用掺杂磷的硅薄膜实现电子选择性接触。并在该薄膜与晶体硅之间制备一层小于 2nm 的隧穿氧化层，以此形成电子选择性钝化接触。其隧穿原理是允许一种载流子通过，阻止另一种载流子运输，抑制界面复合。PERC 电池生产线未来可升级为 TOPCon 电池生产线，是太阳能电池技术过渡的最优选择。

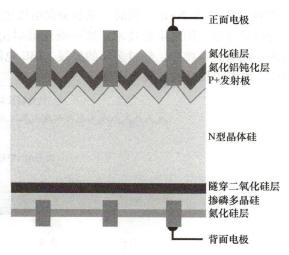

图 2-16　N-TOPCon 电池结构

TOPCon 电池具有以下优点。

1）效率高。TOPCon 电池商业转换效率可达 25% 左右。

2）衰减低。TOPCon 电池没有掉档情况，而 PERC 电池目前的测试效率经一段时间后，复测效率会掉 1~2 个档；另一方面，对于组件端，TOPCon 电池发电功率不存在衰减，而 PERC 电池在首年有接近 8% 的功率衰减。

3）长波响应好。PERC 电池只对短波响应好，TOPCon 电池不管是长波还是短波响应都很好。

4）TOPCon 电池不受天气影响，发电量有持续保障，而 PERC 电池发电量受天气影响严重。

（4）HJT 电池　HJT（Heterojunction with Intrinsic Thin Layer），即本征薄膜异质结，这是一种对称双面太阳能电池结构。1974 年，Walter Fuhs 提出了非晶体硅与晶体硅结合的 HJT 结构，1983 年 HJT 电池正式面世，但此时其转换效率仅为 12.3%。HJT 电池中间为 N 型晶体硅，然后在正面依次沉积本征非晶体硅薄膜和 P 型非晶体硅薄膜，形成 PN 结，并在 PN 结之间插入了本征非晶体硅层作为缓冲层，如图 2-17 所示，这种结构具有很好的钝化作用，也很好地解决了常规太阳能电池掺杂层和衬底接触区域的高度载流子复合损失问题。

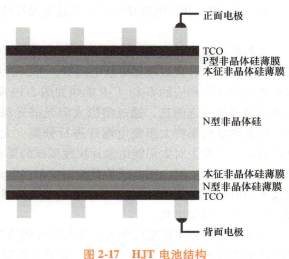

图 2-17　HJT 电池结构

（5）IBC 电池　IBC（Interdigitated Back Contact）即交叉指式背接触电池技术。其中 N-IBC 电池结构如图 2-18 所示。IBC 电池在硅片的背光面分别进行磷、硼扩散，形成叉指形交叉排列的 P+ 区和 N+ 区，同时，正负金属电极也呈叉指形排列在 IBC 电池的背光面。作为一种背结背接触太阳能电池技术。这一概念最早由 Lammert 和 Schwartz 于 1975 年提出，早期应用于高聚光系统中。经过多年的发展，IBC 电池如今在标准测试条件下的转换效率已超过 25%，取得了长足的发展与进步。

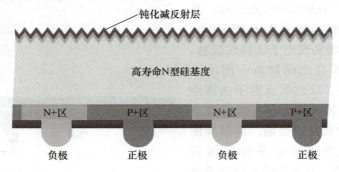

图 2-18　N-IBC 电池结构

IBC 电池的优点如下。

1）转换效率高。PN 结和金属电极接触位置都处于太阳能电池的背部，因此前表面彻底避免了金属电极的遮挡，结合前表面的金字塔绒面结构和减反射层组成的陷光结构，能够最大限度地利用入射光，减少光学损失，IBC 电池较常规太阳能电池的短路电流可提升 7% 左右；同时，IBC 电池在背部采用了优化的金属栅线电极，降低了串联电阻；可对表面钝化及表面陷光结构进行最优化的设计，也可得到较低的前表面复合速率和表面反射，从而提高 U_{oc}（开路电压）和 I_{sc}（短路电流）。

2）造型美观。IBC 电池的前面无遮挡，外形美观，适合应用于光伏建筑一体化发电系统，具有极大的商业化前景。

3）易组装。IBC 电池减小了太阳能电池片的间隔，封装密度高，组装工艺简化。

6. 太阳能电池片的主要技术参数

太阳能电池片的主要技术参数有开路电压、短路电流、最大功率、峰值电压、峰值电流、填充因子、转换效率和串联电阻等，可以由太阳能电池片分选仪进行测试。太阳能电池片分选仪实物及相应的 U-I、U-P 曲线如图 2-19 所示。这种仪器主要用于太阳能单晶硅和多晶硅电池片的分选筛选，通过模拟太阳光谱光源，对太阳能电池片的主要技术参数进行测量，根据测量结果将太阳能电池片进行分类。太阳能电池片分选仪采用 CPU 控制和管理，可以满足生产线上对太阳能电池片快速测试的要求。其工作原理是：当模拟太阳光谱的闪光照到被测电池片上时，用电子负载控制太阳能电池片中电流的变化，测出电池片的伏安特性曲线上的电压、电流以及对应的温度与光的辐照度，然后把测试数据送入计算机中进行处理，并显示和打印出来。

太阳能电池并不能把任何太阳光都同样转换为电能，如红色光转换成电能的比例和蓝色光转换成电能的比例就是不一样的。由于光的颜色（波长）不同，转换成电能的比例也不相同，这种特性称为光谱特性。太阳能电池对不同波长的光具有不同的响应，就是说辐照度相同而光谱成分不同的光照射到同一个太阳能电池上，其效果是不同的，太阳光是各种波长的复合光，它所含的光谱成分组成光谱分布曲线，而且其光谱分布也随地点、时间及其他条

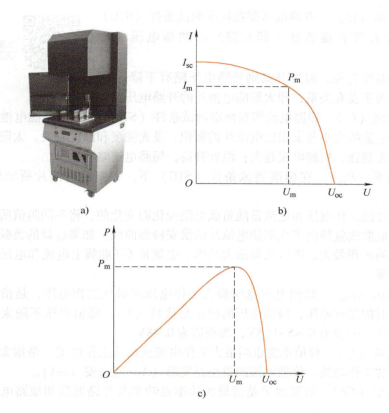

图 2-19　太阳能电池片分选仪的实物图及 U-I、U-P 曲线
a) 实物图　b) U-I 曲线　c) U-P 曲线

件的差异而不同。大气对地球表面接收太阳光的影响程度被定义为大气质量（Air Mass，AM）。大气质量为零的状态（AM0），指的是在地球外层空间接收太阳光的情况，适用于人造卫星和宇宙飞船等应用场合。大气质量为 1 的状态（AM 1），是指太阳光直接垂直照射到地球表面的情况，其入射光辐照度为 $925W/m^2$，相当于晴朗夏日在海平面上所承受的太阳光。这两者的区别在于大气对太阳光的衰减，主要包括臭氧层对紫外线的吸收、水蒸气对红外线的吸收以及大气中尘埃和悬浮物的散射等。在地面上，由于太阳光透过大气层后被吸收掉一部分，这种吸收和大气层的厚度及组成有关，因此是选择性吸收，其结果为非常复杂的光谱分布，而且随着太阳天顶角的变化，阳光透射的途径不同，吸收情况也不同，所以地面阳光的光谱随时都在变化。因此从测试的角度来考虑，需要规定一个标准的地面太阳光谱分布。目前国内外的标准都规定，在晴朗条件下，当太阳光透过大气层到达地面所经过的路程为大气层厚度的 1.5 倍时，其光谱为标准地面太阳光谱，简称 AM1.5 标准太阳光谱。

由于光伏组件的输出功率取决于太阳辐照度和太阳能电池片温度等因素，因此太阳能电池片的测量要在标准测试条件（STC）下进行。全国太阳光伏能源系统标准化技术委员会规定的标准测试条件中，地面用太阳能电池的标准测试条件为：测试温度 $(25\pm2)℃$，光源光谱辐照度 $1000W/m^2$ 或 $100mW/cm^2$，并且具有标准的 AM1.5 太阳能光谱。

(1) 开路电压（U_{oc}）　开路电压即在标准测试条件（STC）下，太阳能电池片没有接负载（即开路）时的端电压，约为 0.6V。

开路电压与温度有关，温度升高则开路电压略有下降；与太阳能电池片的面积没有关系，即太阳能电池片的开路电压都约为 0.6V。

(2) 短路电流（I_{sc}）　短路电流即在标准测试条件（STC）下，太阳能电池片短路时的输出电流。短路电流的大小与太阳能电池片的面积、发光强度和温度有关。太阳能电池片面积越大、发光强度越强，短路电流越大；温度升高，短路电流略有上升。

(3) 最大功率（P_m）　在标准测试条件（STC）下，太阳能电池片所能输出的最大功率。

太阳能电池片的工作电压和电流是随负载电阻变化而变化的，将不同阻值所对应的工作电压和电流值画成曲线就得到了太阳能电池片的伏安特性曲线。如果选择的负载电阻值能使输出电压和电流的乘积最大，即可获得最大功率，也就是 U-I 曲线上电流和电压乘积为最大的点所表示的功率。

(4) 峰值电压（U_m）　峰值电压也叫最大工作电压或最佳工作电压，是指太阳能电池片输出最大功率时的工作电压，峰值电压的单位是伏特（V）。峰值电压不随太阳能电池片面积的增减而变化，一般为 0.45~0.5V，典型值为 0.48V。

(5) 峰值电流（I_m）　峰值电流也叫最大工作电流或最佳工作电流，是指太阳能电池片输出最大功率时的工作电流，峰值电流的单位是安培（A）或毫安（mA）。

(6) 填充因子（FF）　填充因子是指最大功率点功率与开路电压和短路电流乘积的比值，即

$$FF = \frac{P_m}{U_{oc}I_{sc}} = \frac{U_m I_m}{U_{oc}I_{sc}}$$

FF 是衡量太阳能电池片输出特性的重要指标，是代表太阳能电池片在带最佳负载时，能输出的最大功率的特性，其值越大，表示太阳能电池片的输出功率越大，其效率就越高。FF 的值始终小于 1。由于受串联电阻和并联电阻的影响，实际太阳能电池片填充因子的值要低于用计算式得到的理想值。串、并联电阻对填充因子有较大影响。串联电阻越大，短路电流下降得越多，填充因子也随之减少得越多；并联电阻越小，这部分电流就越大，开路电压就下降得越多，填充因子随之也下降得越多。

(7) 转换效率（E_{FF}）　太阳能电池片的转换效率指在外部回路上连接最佳负载电阻时的最大能量转换效率，即太阳能电池片的输出功率与入射到太阳能电池表面的功率之比。太阳能电池片的转换效率是衡量其质量和技术水平的重要参数，它与太阳能电池片的结构、结特性、材料性质、工作温度、放射性粒子辐射损伤和环境变化等有关。转换效率直接影响光伏组件乃至整个光伏发电系统发电效率。转换效率更高的太阳能电池片有着更高的输出功率，用其封装形成的光伏组件的整体功率也会更高。

(8) 串联电阻　太阳能电池片内部的串联电阻会影响其正向伏安特性和短路电流。另外，串联电阻的增大会使太阳能电池片的填充因子和光电转换效率降低。

7. 太阳能电池片的辐照度特性和温度特性

太阳能电池片的辐照度特性指输出功率随着辐照度（发光强度）的变化而变化的情况，辐照度特性曲线如图 2-20 所示，由图可知，在温度不变的情况下，太阳能电池片输出电流

的大小与辐照度的强弱成正比,开路电压随着辐照度的增强缓慢增加,最大功率几乎与辐照度成比例增加。另外,填充因子几乎不受辐照度的影响,在不同的辐照度下基本保持不变。

太阳能电池片的温度特性指输出功率随着温度的变化而变化情况,其温度特性曲线如图 2-21 所示,由图可知,在辐照度不变的情况下,太阳能电池片的温度升高时,输出功率将下降,即太阳能电池片具有负温度系数特性;当温度上升时,太阳能电池片的输出电流会随之略有增长,开路电压随着温度的上升逐渐减小,最大功率也随之减小。

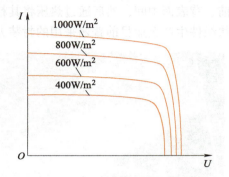 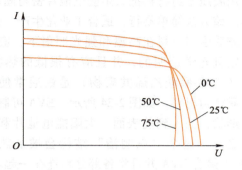

图 2-20　太阳能电池片的辐照度特性曲线　　　图 2-21　太阳能电池片的温度特性曲线

2.2.2　光伏组件的识别与测试

光伏组件的最基本单元是"单体电池",也称为太阳能电池片。它是不能直接用于工程的。一个太阳能电池片只能产生大约 0.6V 的电压,输出功率很小,例如 210mm×210mm 的太阳能电池片的功率也只有 10W 左右,远低于实际应用所需的电压和功率。为了满足实际应用的需要,需要把太阳能电池片通过导线串、并联并加以封装,用这种方法构成的结构称为光伏(太阳能)组件或太阳能电池板,如图 2-22 所示。光伏组件是指具有封装及内部连接的、能单独提供直流电输出的、最小不可分割的光伏组合装置。如一个光伏组件上,太阳能电池片的数量是 36 片,这意味着它大约能产生 17V 的电压(考虑损耗后),正好能为一个额定电压为 12V 的蓄电池进行有效充电。目前的光伏组件输出功率可达数百瓦。光伏组件具有一定的防腐蚀、防风、防雹和防雨的功能,具有良好绝缘性。

图 2-22　光伏组件

1. 光伏组件的结构

大多数晶体硅光伏组件是由透明的前表面、胶质密封材料、太阳能电池片、接线盒、端子、背表面、汇流条和框架组成的。光伏组件的结构如图 2-23 所示。

(1)前表面　前表面是光伏组件的防护层,因此前表面要同时具备坚固耐用、化学性能稳定和透光率高等特点,既能避免风沙侵蚀

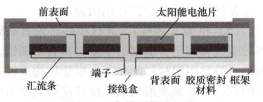

图 2-23　光伏组件的结构

和外力冲击造成的损坏，又能避免化学腐蚀等环境因素造成的性能衰退，还能把因吸收、反射等造成的光能损耗降低到最低程度。可以作为前表面的材料有钢化玻璃、聚丙烯酸类树脂、氟化乙烯丙烯共聚物、透明聚酯和聚碳酸酯等。其中，钢化的低铁玻璃是最普通的前表面材料，其成本低，具有坚固、稳定、高透明度（对可见光的透过率可达90%以上）和防水等特性，并且有良好的自清洁特性。

（2）胶质密封材料 在进行晶体硅太阳能电池片封装时，为达到隔离大气的目的，通常采用胶质密封材料把太阳能电池片密封固定在前、背表面中间，然后通过热压将其粘合为一体。该方法简单易行，适合工业化生产，是光伏组件生产企业目前普遍采用的封装方法。

胶质密封材料在高温和强光照射下，应该是稳定且光学透明的，并且应有很低的热阻。EVA（乙烯-醋酸乙烯共聚物）是最通常使用的胶质密封材料，如图2-24所示。EVA可制成薄片形状，插入到前表面、太阳能电池片和背表面之间。这个"三明治"结构会被加热到150℃以聚合EVA并且将各部分粘连在一起。

（3）太阳能电池片 太阳能电池片是光电转换的最小单元，常用尺寸有156mm×156mm、158mm×158mm、166mm×166mm、182mm×182mm和210mm×210mm。太阳能电池片的工作电压

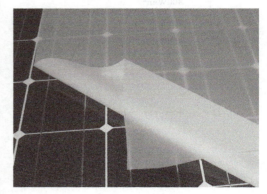

图2-24 胶质密封材料EVA

为0.6V左右，一般不能单独使用。将太阳能电池片进行串、并联封装后，就成为光伏组件，其功率可达500W以上，可以单独作为电源使用。

（4）背表面 对光伏组件背表面的性能要求通常包括：①具有良好的耐恶劣气候性能；②在层压温度下不起任何变化；③与粘接材料结合牢固；④必须具有很低的热阻，并且能阻止水或者水蒸气的进入。

光伏组件的背表面通常为白色，以利于太阳能电池片之间空隙处的光反射到前表面，有部分光会再反射回太阳能电池片，这增加了太阳能电池片对光能的利用，有利于转换效率的提高。目前，聚氟乙烯复合膜（TPT）是应用较多的背表面材料。TPT是由耐候性好的聚氟乙烯薄膜（PVF）与高强度的聚酯薄膜（PET）复合而成的。用于封装的TPT一般为3层结构，即PVF/PET/PVF，作为外保护层的PVF具有良好的抗环境侵蚀能力，中间层为PET聚酯薄膜，具有良好的绝缘性能，内层的PVF需经表面处理，使其与EVA具有良好的粘接性能。TPT复合膜集合了氟塑料的耐老化、耐腐蚀、耐溶剂和耐污疏水等性能，以及聚酯的机械性能、阻隔性能和低吸水性，有效地防止了水、氧、腐蚀性气/液体（如酸雨）等对EVA的侵蚀和对太阳能电池片的影响。EVA的弹性与TPT的坚韧性结合，使光伏组件具有较强的抗振性能，综合防护作用明显。

（5）框架（边框） 光伏组件必须有框架（见图2-25），以保护光伏组件及方便光伏组件的连接和固定。框架的主要材料有不锈钢、铝合金、橡胶和增强塑料等。常规的光伏组件框架一般是用铝材料制作的。框架结构应该是没有突出部位的，以避免水、灰尘或者其他物体的积存。框架表面的氧化层厚度应大于10μm，以保证在室外环境下使用30年以上不被腐蚀，牢固耐用。通常用硅胶作为框架封边黏结剂，从而增强框架与光伏组件之间的结合强

度，同时对光伏组件的边缘进行密封。对粘结剂的要求是：密封性好、抗紫外线辐照老化能力强。

（6）接线盒　接线盒（见图 2-26）一般由 ABS 材料制成，并加有防老化的抗紫外线辐射剂，能确保在室外使用 30 年以上不出现老化破裂现象。接线盒内的端子由镀有镍的铜制成，可确保电气连接的可靠性。接线盒用硅胶粘结在背表面上。光伏组件的正、负极在接线盒内与设计好的电缆相连，接线盒对接线起到保护作用。有时也会将旁路二极管接入接线盒的线路内。旁路二极管的作用是在光伏组件发生损坏或故障而变为电阻时，使电流自动从旁路二极管通过，以避免电流经过损坏的光伏组件而大量发热。接线固定好后，接线盒内应用防水胶填充满，以防止水蒸气侵入。

图 2-25　组件框架（边框）

图 2-26　接线盒

2. 光伏组件的分类

光伏组件有以下几种不同的分类。

（1）按照基体材料分类　光伏组件按照基体材料分晶体硅组件和薄膜组件，晶体硅组件又分单晶硅组件和多晶硅组件，薄膜组件又分硅基薄膜组件、铜铟镓硒组件、砷化镓组件和碲化镉组件等。

（2）按照结构分类　光伏组件按照结构分类可分为同质结光伏组件（在相同的半导体材料上构成 PN 结）、异质结光伏组件（在不相同的半导体材料上构成 PN 结）、肖特基结光伏组件、复合结光伏组件等。

（3）按照用途分类　光伏组件按照用途分类可分为空间光伏组件和地面光伏组件。

（4）按使用状态分类　光伏组件按使用状态分类可分为平板光伏组件和聚光光伏组件。

（5）按封装材料分类　光伏组件按封装材料分类可分为刚性封装光伏组件、半刚性封装光伏组件和柔性衬底封装光伏组件。

3. 光伏组件的制作工序

用晶体硅太阳能电池片制作的光伏组件占到市场份额的 90% 以上。下面主要介绍用晶体硅太阳能电池片制作的各种光伏组件。

常见的晶体硅光伏组件多为平板式封装结构，经真空层压而成，光伏组件的封装结构如图 2-27 所示。从上至下依次为玻璃、EVA 材料、太阳能电池片、EVA 材料和 TPT 材料。光伏组件的上表面是玻璃板，既能起到支撑太阳能电池片的作用，又能让光线透过。背表面是一层合金复合膜（TPT 材料），其主要功能是耐腐蚀、抗老化和提供良好的电绝缘性能。太阳能电池片被镶嵌在两层被称作 EVA 的聚合物中，聚合物的作用是固定和保护太阳能电池片。光伏组件的引出线通常采用橡胶软线或聚氯乙烯绝缘线。

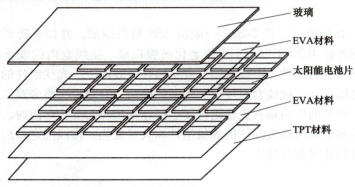

图 2-27　光伏组件的封装结构图

传统的光伏组件的制作工序图如图 2-28 所示，主要有太阳能电池片的初选和分选，单片焊接，串联焊接，光伏组件叠层，光伏组件层压，修边、装框、安装接线盒，成品测试，清洗和包装入库。各道工序环环相扣，每道工序的工艺质量控制都直接影响到产品的最终质量，具体工艺如下。

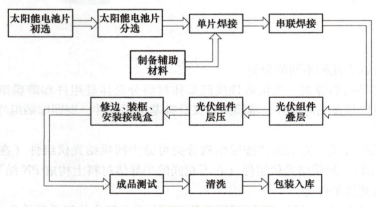

图 2-28　光伏组件的制作工序图

（1）太阳能电池片的分选　由于太阳能电池片制作条件的随机性，生产出来的产品性能不尽相同，所以为了有效地将性能一致或相近的太阳能电池片组合在一起，应根据其性能参数进行分类。太阳能电池片测试是通过测试太阳能电池片的输出参数（电流和电压）的大小对其进行分类，以提高太阳能电池片的利用率，做出质量合格的光伏组件。

（2）单片焊接　单片焊接是将汇流带焊接到太阳能电池片正面（负极）的主栅线上，汇流带为镀锡的铜带，其长度约为太阳能电池片边长的两倍。多出的汇流带在背面焊接时与后面的太阳能电池片的背面电极相连。太阳能电池片的单片焊接如图 2-29 所示。

（3）串联焊接　串联焊接是将 N 张太阳能电池片串联在一起形成一个组件串，太阳能电池片的定位主要靠一个模具板，操作者使用电烙铁和焊锡丝将单片焊接好的太阳能电池片的正面电极（负极）焊接到"后面的太阳能电池片"的背面电极（正极）上，这样依次将

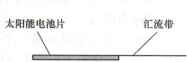

图 2-29 太阳能电池片的单片焊接

N 张太阳能电池片串联在一起,并在组件串的正负极焊接出引线。太阳能电池片的串联焊接如图 2-30 所示。

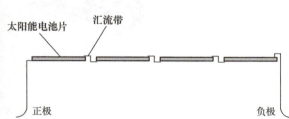

图 2-30 太阳能电池片的串联焊接

(4) 光伏组件叠层 在将太阳能电池片串联焊接好且经过检验合格后,将组件串、玻璃和切割好的 EVA、玻璃纤维、背板按照一定的层次敷设好,准备层压。光伏组件叠层如图 2-31 所示。敷设时,应保证太阳能电池片串与玻璃等材料的相对位置正确,调整好太阳能电池片串间的距离,为层压打好基础(敷设层次:由下向上是玻璃、EVA、电池、EVA、玻璃纤维和背板)。

(5) 光伏组件层压 层压工艺主要采用层压机实现。层压机实物图如图 2-32 所示。将敷设好的光伏组件放入层压机内,通过抽真空将光伏组件内的空气抽出,然后加热使 EVA 熔

图 2-31 光伏组件叠层　　　　　　图 2-32 层压机实物图

化,将太阳能电池片、玻璃和背板黏结在一起;最后冷却取出光伏组件。层压工艺是光伏组件生产的关键部分,层压温度和层压时间应根据 EVA 的性质决定。在使用普通 EVA 时,层压时间约为 21min,层压温度为 138℃;在使用快速固化 EVA 时,层压时间约为 25min,层压温度为 150℃。

(6) 修边 层压时,EVA 熔化后由于压力而向外延伸固化形成毛边,在层压完毕后应将其切除,此工序称为修边。

(7) 装框 装框类似于给玻璃装一个镜框,它是给光伏组件装边框,目的是为了增加光伏组件的强度,进一步密封太阳能电池片,以延长其使用寿命。边框和玻璃的缝隙用硅酮树脂填充。各边框间用角键连接。装框用装框机来完成。装框机实物图如图 2-33 所示。

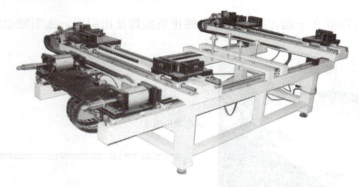

图 2-33 装框机实物图

(8) 安装接线盒 在光伏组件背面引线处焊接一个盒子,以利于光伏组件与其他设备或其他光伏组件间的连接。

(9) 成品测试 成品测试包括压力测试和参数测试。

1) 压力测试主要包括在各种静态、动态荷载下光伏组件的承载能力,模拟光伏组件产品在风、雨、雪、覆冰以及雷击等恶劣自然条件下的承受能力。压力测试主要使用压力测试仪进行。

2) 参数测试主要使用光伏组件测试仪进行。光伏组件测试仪实物图如图 2-34 所示。光伏组件的参数测试是在规定的光源光谱、发光强度以及一定的温度条件下,测试 U-I 曲线、短路电流、开路电压、填充因子和最大功率等。地面用光伏组件的标准测试条件是,大气质量为 AM1.5,太阳辐照度为 1000W/m^2,工作温度为 25℃。

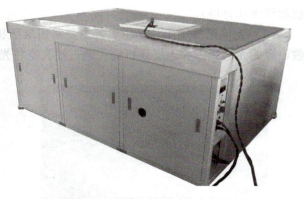

图 2-34 光伏组件测试仪实物图

在没有专用的光伏组件测试仪时,也可用万用表进行粗测,即在户外较好的阳光下,用电压档直接测量光伏组件正、负极两端的开路电压,用电流档测量其短路电流。还可以用绝缘电阻表对光伏组件耐高压的电绝缘性能进行测量,具体如下:用 500V 或

1000V 的绝缘电阻表一端接在电极上，另一端接在光伏组件的金属框架上，测得阻值应接近无穷大，或至少不小于 50MΩ。

4. 光伏组件的自动化生产线

随着自动化技术的进步，目前主流生产光伏组件的企业均采用光伏组件自动化生产线进行生产。图 2-35 所示为某公司生产光伏组件的自动化生产线结构。

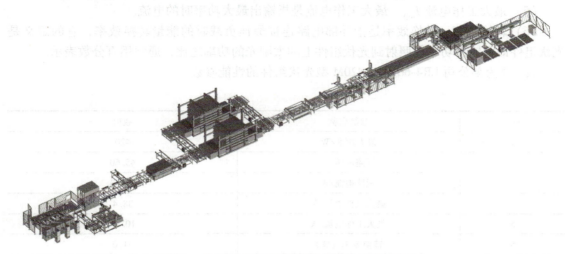

图 2-35　某公司生产光伏组件的自动化生产线结构

该生产线主要包括：①自动上玻璃机；②一道 EVA 裁切铺设机；③自动上模板机；④串焊机；⑤自动摆审机；⑥自动汇流条焊接机；⑦自动贴胶带机；⑧二道 EVA 裁切铺设机；⑨背板裁切铺设机；⑩双玻合片机；⑪EL 视觉检测一体机；⑫二道玻璃返修单元；⑬自动双玻封边机；⑭层压机；⑮自动修边机；⑯人工检查；⑰自动装框系统；⑱接线盒自动组装系统；⑲接线盒焊接检测一体机；⑳自动固化线；㉑自动磨角机；㉒绝缘耐压测试仪；㉓功率测试仪；㉔EL 测试仪；㉕自动贴标机；㉖终检测单元；㉗自动分档机。

5. 光伏组件的性能

光伏组件的性能主要指电压-电流特性，可以用特性曲线描述，称为光伏组件 U-I 曲线。该曲线描述光伏组件输出电压和电流之间的关系，如图 2-36 所示，图中有 3 个重要的点，即最大功率 $P_m(U_{mp} \times I_{mp})$、开路电压 ($U_{oc}$) 和短路电流 ($I_{sc}$)。

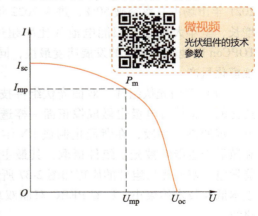

图 2-36　光伏组件典型 U-I 曲线

（1）最大功率 P_m　最大功率是指在一定负载条件下，光伏组件输出的最大功率。在标准测试条件下，光伏组件输出的最大功率称为峰值功率。与最大功率点相对应的负载，称为最佳负载。将最大功率点下的电压和电流相乘，即可得到最大功率点的功率值。超过最大功率点后，大多数光伏组件随着电压的增大，输出电流或输出功率将减小。

(2) 开路电压 U_{oc}　开路电压是指在标准测试条件下,光伏组件的电路在没有接负载(即 $I=0$ 时)的电压,此时无电流从光伏组件汲取,输出电压最大。

(3) 短路电流 I_{sc}　短路电流是指在标准测试条件(STC)下,光伏组件电路短路(即 $U=0$ 时)的电流,此时光伏组件的回路阻抗等于零,输出电流最大。

(4) 最大工作电压 U_{mp}　最大工作电压是指输出最大功率时的电压。

(5) 最大工作电流 I_{mp}　最大工作电流是指输出最大功率时的电流。

(6) 转换效率　转换效率是指外部电路连接最佳负载时的能量转换效率,它的定义是光伏组件最大输出功率与照射到光伏组件上的太阳光的功率之比,通常用百分数表示。

表 2-3 为某公司 LR4-66HPH-420M 型光伏组件的性能参数。

表 2-3　某公司 LR4-66HPH-420M 型光伏组件的性能参数

编号	参数名称	数值
1	最大功率/W	420
2	开路电压/V	45.60
3	短路电流/A	11.73
4	最大工作电压/V	38.4
5	最大工作电流/A	10.94
6	转换效率(%)	21.0
7	短路电流温度系数	0.048%/℃
8	开路电压温度系数	−0.270%/℃
9	峰值功率温度系数	−0.350%/℃

注:测试条件——AM1.5、1000W/m²、25℃。

6. 新型光伏组件

光伏组件发展情况为:多主栅、分片设计、无损切割以及高密度封装目前依然是光伏组件的主流工艺,双面光伏组件在地面电站的普及度非常高;随着大尺寸太阳能电池片从 2021 年市场占有率突破 50%,进入 2022 年,大尺寸太阳能电池片(M10/G12)的比率持续增长,全年大尺寸太阳能电池片比率超过 80%;从 2021 年到 2022 年,高效电池技术中 TOPCon 电池相关技术的发展速度最快,同时 HJT、BSF 电池及光伏组件均于 2022 年底开始规模化量产。

(1) 双面光伏组件　双面光伏组件技术把光伏组件原先不透光的一整块背电极也做成像正面一样透光的栅线,然后再通过一定的掺杂手段,在背面也制成 PN 结,从而保证了反射光和散射光也能够被光伏组件摄取,其最主要的特点就是背面也

微视频
双面光伏组件

能发电。双面光伏组件的原理如图 2-37 所示。2018 年是双面光伏组件爆发的一年,考虑到成本低及技术约束小,P 型 PERC 双面双玻光伏组件当下成为被很多企业所认可的量产化路线。

双面光伏组件根据双面太阳能电池片的封装技术可分为双面双玻光伏组件和双面(带边框)光伏组件,其中双面双玻光伏组件采用双层玻璃+无边框结构,双面(带边框)光伏组件采用透明背板+边框形式。双面双玻光伏组件结构如图 2-38 所示。双面双玻光伏组件不

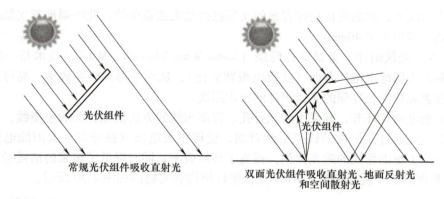

图 2-37 双面光伏组件的原理

使用铝合金边框，可使每瓦成本下降 11 分。所以主流的结构还是以双面双玻光伏组件为主。

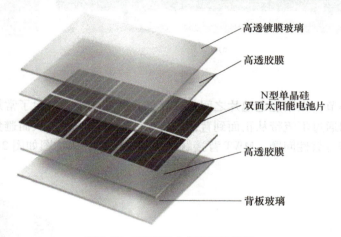

图 2-38 双面双玻光伏组件结构

影响双面光伏组件发电量的主要有 4 个方面：

1) 地面反射率。双面光伏组件背面是利用来自地面等的反射光或散射光进行发电的，地面反射率越高，背面接收的光线越强，发电效果越好。雪地的反射率最高，其次是冰面、旷野和沙漠。通过全年的发电量数据分析，发现相对于常规光伏组件，双面光伏组件结合雪地背景的发电量增益最大，在雪地上最高可使发电量提高 30%。

2) 双面光伏组件下沿最低安装高度。根据目前的安装经验来看，双面光伏组件离地高度越高，背面增益效果越明显，当双面光伏组件离地高度在 1.3m 以上时，背面接收到的辐照度增幅减缓，如果综合考虑支架负载、成本和维护等因素，双面光伏组件离地高度最好在 0.7~1.2m 之间。

3) 双面光伏组件对地面的覆盖度（GCR）。双面光伏组件对地面的覆盖度是指阵列的宽度除以阵列间距的值，理论上来说，阵列间距增大则发电增益变大，但是用地成本也相应提高，电站设计时应综合考虑增益与成本，找出最优的设计参数。

4) 阴影遮挡、支架离双面光伏组件的高度与支架的厚度变化都会对双面光伏组件背面接收到的光产生影响，从而影响发电量，在实际施工中要尽量避免支架遮挡造成发电量损失。在某些情况下,双面光伏组件背面的支架遮挡是无法避免的,此时则推荐支架离双面光伏组件的高度至少大于 40mm。

(2) MWT 光伏组件 金属穿孔缠绕(Metal Wrap Through,MWT)技术是一种将正负电极均制备在太阳能电池片背面(正负电极背面化),从而获得高转换效率、高可靠性、低成本、更加美观和绿色环保的光伏组件的技术路线。

在太阳能电池片环节,其采用激光打孔、背面布线的方法消除正面的主栅线,正面的细栅线收集的电流通过孔洞中的银浆引到背面,使得正负电极点都分布在太阳能电池片的背面,有效减少了正面栅线的遮光面积,提高了转换效率,同时降低了银浆的消耗量和金属电极-发射极界面的少子复合损失。MWT 光伏组件结构和实物图如图 2-39 所示。

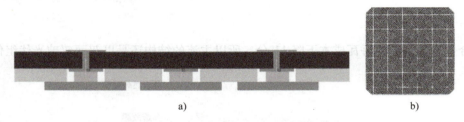

图 2-39 MWT 光伏组件结构和实物图

在光伏组件环节,太阳能电池片之间的连接均在背面实现,消除了常规光伏组件中相邻太阳能电池片之间通过汇流带从正面到背面的连接所导致的应力,从而避免了可能产生的太阳能电池片隐裂等可靠性问题。MWT 背接触结构和光伏组件实物图如图 2-40 所示。

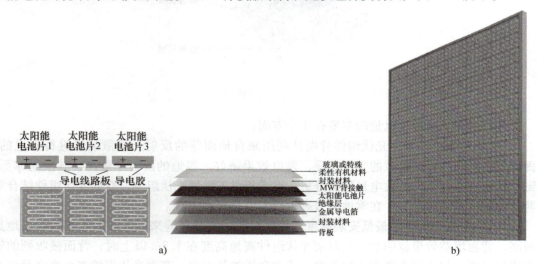

图 2-40 MWT 背接触结构和光伏组件实物图

7. 光伏阵列

工程上使用的单个光伏组件的输出电压和电流有限,有时需要把多个光伏组件串联或并联以得到更高的电压和更大的电流。当将性能相一致的光伏组件串联时,电压将增加,电流不变;当将性能相一致的光伏组件并联时,电流将增加,电压不变。对实际光伏发电系统而言,可根据需要将若干个光伏组件串联、并联而构成阵列,这种阵列称为光伏阵列(或太阳能电池方阵），如图 2-41 所示。

图 2-41　光伏阵列

动画
光伏阵列

光伏阵列的连接方式，一般是将部分光伏组件串联后，再将若干光伏组件并联。光伏组件串联数目应根据其最大功率点电压与负载运行电压相匹配的原则来设计，一般是先根据所需电压高低用光伏组件串联构成若干串，再根据所需电流容量进行并联。光伏阵列可由若干个单元方阵列组成，单元方阵列由多个光伏组件组成，称为子阵列。光伏阵列能产生所需要的电压和电流，其功率根据负载设计确定，可达千瓦级、兆瓦级。当将光伏组件串联使用时，总的输出电压是单个光伏组件工作电压之和，总的输出电流受原有光伏组件中工作电流最小的一个光伏组件所限制，只能等于该光伏组件的输出电流。当将光伏组件并联使用时，总的电流为各个光伏组件工作电流之和。

图 2-42 所示是光伏组件组成的光伏阵列示意图，它由 $L×M$ 个光伏组件按 L 个串联及 M 个并联构成，该光伏阵列的电压较单个光伏组件提高了 L 倍，其电流则较单个光伏组件增加大了 M 倍，然而其转换效率保持不变。

8. 太阳能电池（组件）的热斑效应

太阳能电池（组件）通常被安装在地域开阔、阳光充足的地带。在长期使用中难免落上鸟粪、尘土和落叶等遮挡物，这些遮挡物在太阳能电池（组件）上就形成了阴影，但太阳能电池（组件）的其余部分仍处于阳光照射之下，这样局部被遮挡的太阳能电池（组件）就

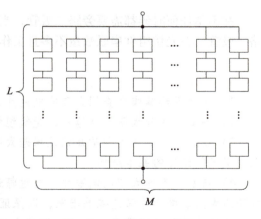

图 2-42　光伏阵列示意图

要由未被遮挡的那部分太阳能电池（组件）来提供负载所需的功率，使被遮挡部分如同一个工作于反向偏置下的二极管，其电阻和压降较大，从而消耗功率而导致发热，这就是热斑效应。这种效应可破坏太阳能电池（组件），严重的可能使焊点熔化、封装材料破坏，甚至会使整个设备失效。

为了防止太阳能电池（组件）由于热斑效应而遭受破坏，最好在其正负极间并联一个旁路二极管，以避免光照部分所产生的能量被受遮挡的部分所消耗。当光伏阵列中的某个光伏组件或光伏组件中的某一部分被阴影遮挡或出现故障停止发电时，该旁路二极管导通，光伏组件串工作电流经旁路二极管绕过故障部分，不影响其他部分的正常发电，同时也保护旁

路部分避免受到较高的正向偏压或由于热斑效应发热而损坏。

旁路二极管一般被直接安装在接线盒中，根据功率大小和太阳能电池片串联的多少，安装1~3个旁路二极管，其接法示意图如图2-43所示。图2-43a中采用一个旁路二极管，当该光伏组件被遮挡或有故障时，将全部被旁路；图2-43b和2-43c中分别采用两个旁路二极管和三个旁路二极管，当该光伏组件的某一部分有故障时，可以只旁路光伏组件的1/2或1/3，其余部分仍继续工作。

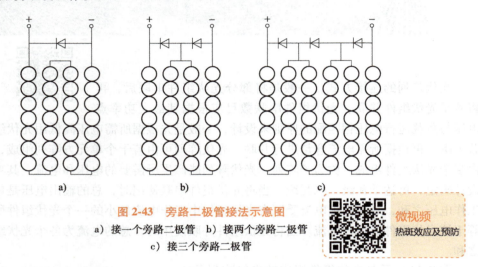

图2-43　旁路二极管接法示意图
a) 接一个旁路二极管　b) 接两个旁路二极管
c) 接三个旁路二极管

并不是任何时候都需要旁路二极管，当光伏组件单独使用或并联使用时，就不需要接旁路二极管。在光伏组件串联数量不多且工作环境较好的场合，也可以考虑不接旁路二极管。

任务实施

1) 通过网络等媒介查阅太阳能电池片、光伏组件和光伏阵列分类的相关知识。
2) 观看晶体硅太阳能电池片、光伏组件的生产工艺过程的相关视频。
3) 结合实物和任务所学知识认识硅太阳能电池片的基本结构；结合实物和任务所学知识认识光伏组件的基本结构。
4) 辨别、筛选太阳能电池片。通过筛选，将缺角、栅线断裂、印刷不良、裂片或有色差等的太阳能电池片筛选挑拣出来，以保证光伏组件的质量和高效率生产的运行。

无论是单晶硅还是多晶硅，太阳能电池片厂家生产出来的产品都有正品（即所说的A类片）和次品（即所说的B类片、BC类片，或者C类片）。A类片是指外观的颜色很均匀，四边都没有被破坏，效率比较高的很好的产品；B类片是指有色差、有缺角、低转换效率或者有破片等质量问题的产品。其中，B类片是次品当中质量最好的，接下来是BC类片，最不好的是C类片。

5) 用太阳能电池片分选仪测试或计算太阳能电池片的主要技术参数。用太阳能电池片测试仪测试或计算太阳能电池片的开路电压、短路电流、最大功率、填充因子和转换效率等参数。测试时的注意事项如下。

① 测试过程中操作工必须戴上手指套，禁止不戴手指套进行测试分选。在拿放太阳能电池片的时候，要尽量轻，尽量不要使太阳能电池片受到摩擦，导致反射膜受损。

② 测试分选太阳能电池片前必须用标准太阳能电池片校准测试台。

6)用光伏组件测试仪测试光伏组件的主要技术参数。查看所检测光伏组件背后标签中的技术参数。用光伏组件测试仪测试光伏组件 U-I 曲线、短路电流、开路电压、最大功率等,并进行记录。

7)在实验台上完成光伏组件测试。

① 光伏组件开路电压测试。

首先按照图 2-44 所示的原理图连接好电路。

然后打开"模拟光源控制单元"里面"晨日""午日""夕日"中的任意一个开关。

接下来记录下直流电压表的值,此值为光伏组件的开路电压。

最后查看光伏组件铭牌上的开路电压值,说明测量值和铭牌上值不同的原因。

② 光伏组件短路电流测试。

首先按照图 2-45 所示的原理图连接好电路。

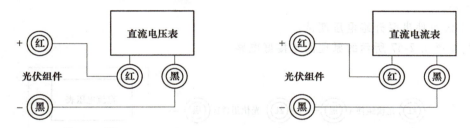

图 2-44 光伏组件开路电压测试原理图　　图 2-45 光伏组件短路电流测试原理图

然后打开"模拟光源控制单元"里面"晨日""午日""夕日"中的任意一个开关。

接下来记录下直流电流表的值,此值为光伏组件的短路电流。

再查看光伏组件铭牌上的短路电流值,说明测量值和铭牌上值不同的原因。

最后打开"模拟光源控制单元"里面"晨日""午日""夕日"中的任意两个开关或三个开关同时打开,测量短路电流,说明短路电流的大小和辐照度的关系。

③ 光伏组件 U-I 曲线测试。

首先按照图 2-46 所示的原理图连接好电路。

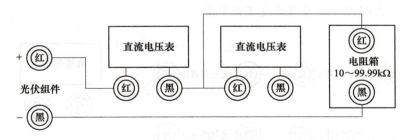

图 2-46 光伏组件 U-I 曲线测试原理图

然后打开"模拟光源控制单元"里面"晨日""午日""夕日"中的任意一个开关。

最后将电阻箱调节为表 2-4 所示的各电阻值,记录下每个电阻值下的电压和电流值,填入表 2-4 中。

表 2-4 光伏组件 U-I 曲线测试

电阻值/Ω	0	100	200	300	400	500	600	700	800	900	1kΩ	…	10000
电流/mA												…	
电压/V												…	
功率/mW												…	

④ 光伏组件最大功率和填充因子计算。

最大功率 $P_m = U_m I_m$。将表 2-4 中的电压数据乘以电流数据计算输出功率,找出最大功率点。

光伏组件的填充因子公式 $FF = \dfrac{P_m}{U_{oc} I_{sc}}$。根据表 2-4 中的值计算出所测试光伏组件的填充因子的大小。

⑤ 光伏组件串联开路电压测试。

首先按照图 2-47 所示的原理图连接好电路。

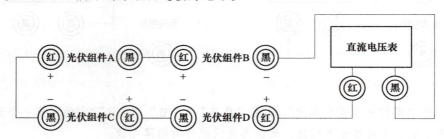

图 2-47 光伏组件串联开路电压测试原理图

然后打开"模拟光源控制单元"里面"晨日""午日""夕日"中的任意一个开关。

最后记录下直流电压表的值,此值为光伏组件串联开路电压。说明光伏组件串联后的开路电压和单个光伏组件的开路电压之间的关系。

⑥ 光伏组件串联短路电流测试。

首先按照图 2-48 所示的原理图连接好电路。

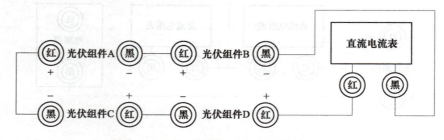

图 2-48 光伏组件串联短路电流测试原理图

然后打开"模拟光源控制单元"里面"晨日""午日""夕日"中的任意一个开关。

接下来记录下直流电流表的值,此值为光伏组件串联短路电流。

最后打开"模拟光源控制单元"里面"晨日""午日""夕日"中的任意两个开关或三个开关同时打开,测量短路电流,说明短路电流的大小和辐照度的关系。

⑦ 光伏组件并联开路电压测试。

首先按照图 2-49 所示的原理图连接好电路。

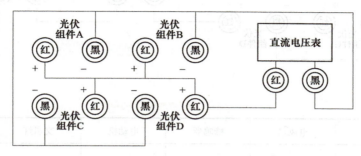

图 2-49 光伏组件并联开路电压测试原理图

然后打开"模拟光源控制单元"里面"晨日""午日""夕日"中的任意一个开关。

最后记录下直流电压表的值,此值为光伏组件并联开路电压。说明光伏组件并联后的开路电压和单个光伏组件的开路电压之间的关系。

⑧ 光伏组件并联短路电流测试。

首先按照图 2-50 所示的原理图连接好电路。

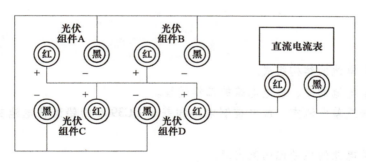

图 2-50 光伏组件并联短路电流测试原理图

然后打开"模拟光源控制单元"里面"晨日""午日""夕日"中的任意一个开关。

接下来记录下直流电流表的值,此值为光伏组件并联短路电流。

最后打开"模拟光源控制单元"里面"晨日""午日""夕日"中的任意两个开关或三个开关同时打开,测量短路电流,说明短路电流的大小和辐照度的关系。

⑨ 光伏组件负载特性测试。

首先按照图 2-51 所示的原理图连接好电路。

然后打开"模拟光源控制单元"里面"晨日""午日""夕日"中的任意一个开关。

接下来记录下直流电压表和电流表的值,并计算功率的值,填入表 2-5 中。

再断开 DC 12V 风扇的两根电源线,分别接入蜂鸣器、电动机、交通灯、LED 灯等不同的负载,记录下直流电压表和电流表的值,并计算功率的值,填入表 2-5 中。

最后根据表 2-5 中所测试和计算的值说明负载大小和电压、电流之间的关系。

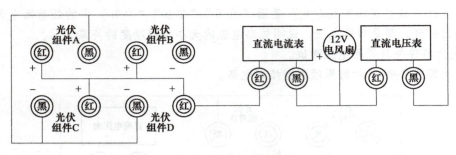

图 2-51 光伏组件负载特性测试原理图

表 2-5 光伏组件负载特性的测试

12V 直流负载	电风扇	蜂鸣器	电动机	交通灯	LED 灯
电流/mA					
电压/V					
功率/mW					

任务 2.3　蓄电池的结构、充放电控制与测试

 任务目标

1. 能力目标
1）能阐述蓄电池的结构组成。
2）能阐述蓄电池的充、放电电路的工作过程。
3）能分析普通蓄电池充、放电控制电路和基于 UC3906 的铅酸蓄电池充电器电路工作过程。
4）能根据蓄电池的型号说明其内涵。
5）能对蓄电池充电和放电情况进行测试。

2. 知识目标
1）了解铅酸蓄电池的结构及种类。
2）了解普通铅酸蓄电池和胶体铅酸蓄电池的结构和性能区别。
3）理解铅酸蓄电池的工作原理。
4）理解蓄电池充、放电的控制策略。
5）掌握蓄电池的主要技术参数。
6）掌握蓄电池的命名方法。

3. 素质目标
1）培养自主学习能力。
2）培养团队协作精神及集体意识。
3）培养实事求是、精益求精的精神。

相关知识

离网光伏发电系统一般使用蓄电池作为储能装置,有阳光时将光伏组件发出的电能储存起来,阳光不足或夜间时为负载供电。目前在光伏发电系统中,常用的蓄电池及元件有铅酸蓄电池、碱性蓄电池、锂离子蓄电池、镍氢蓄电池及超级电容器等。鉴于性能及成本的原因,目前应用最多、使用最广泛的还是铅酸蓄电池。铅酸蓄电池按产品的结构可分为开口式、阀控密封免维护式(VRLA电池)和阀控密封胶体式,如图2-52所示。阀控密封免维护式铅酸蓄电池因其维护方便,性能可靠,且对环境污染较小,特别是可用于无人值守的光伏电站,有着其他蓄电池所无法比拟的优越性。

图 2-52 阀控密封免维护式铅酸蓄电池

2.3.1 铅酸蓄电池的结构及原理分析

微视频
铅酸蓄电池的结构

1. 铅酸蓄电池的结构

铅酸蓄电池是蓄电池中的一种,它主要采用稀硫酸作为电解液,用二氧化铅和绒状铅分别作为电池的正极和负极。普通铅酸蓄电池是指排气式的铅酸蓄电池,这类电池在充电后期要发生分解水的反应,表现为电解液中有激烈的冒气现象,并因此产生水的损失,所以要定期向蓄电池内补加纯水(蒸馏水)。阀控密封免维护式铅酸蓄电池(VRLA电池)与普通铅酸蓄电池的构造基本相同,但它采用了密封结构。为了实现密封,需要解决电池内部气体的析出问题,解决的途径之一就是采取特殊的电池结构。

密封铅酸蓄电池主要由正负极板、隔板(膜)、壳体(电池槽、盖)、电解液、安全阀、正负接线端子等组成,其结构如图2-53所示。

(1)正负极板 正负极板是由板栅和活性物质组成的。铅酸蓄电池的充放电过程是依靠正负极板上的活性物质和电解液中硫酸的化学反应来实现的。正负极板在铅酸蓄电池中的作用有两个:一是发生电化学反应,实现化学能与电能间的转换;二是传导电流。

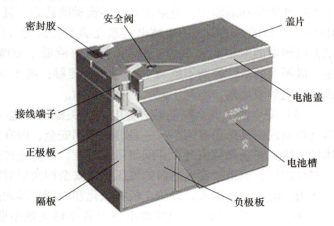

图 2-53 密封铅酸蓄电池的结构图

正极活性物质主要成分为深棕色的二氧化铅（PbO_2），负极活性物质主要成分为海绵状铅（Pb），呈深灰色。

板栅在正负极板中的作用也有两个：一是作为活性物质的载体，因为活性物质呈粉末状，所以必须有板栅作为载体才能成形；二是实现传导电流的作用，即依靠其栅格将电极上产生的电流传送到外电路，或将外电源传入的电流传递给极板上的活性物质。

将若干片正极板或负极板在极耳处焊接成正极板组或负极板组，以增大铅酸蓄电池的容量，极板数越多，铅酸蓄电池容量越大。通常负极板组的极板数比正极板组的要多一片。组装时，正负极板交错排列，使每片正极板都夹在两片负极板之间，如图2-54所示，其目的是使极板两面都均匀地起电化学反应，产生相同的膨胀和收缩，减少极板弯曲的机会，延长铅酸蓄电池的寿命。

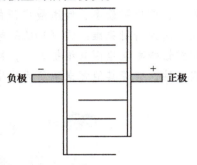

图2-54 每片正极板都夹在两片负极板之间

（2）隔板（膜） 普通铅酸蓄电池采用隔板，而VRLA电池采用隔膜。它的主要作用有两个：一是防止正负极板短路，使电解液中正负离子顺利通过；二是阻缓正负极板活性物质的脱落，防止正负极板因振动而损伤。隔板是由微孔橡胶、玻璃纤维等材料制成的（VTLA电池采用超细玻璃纤维隔膜），因此要求隔板具有孔率高、孔径小、耐酸、不分泌有害杂质、有一定强度、在电解液中电阻小且具有化学稳定性的特点。组装时应将隔板（膜）置于交错排列的正负极板之间。

（3）壳体（电池槽、盖） 壳体（电池槽、盖）是由PP塑料、橡胶等材料制成的，是盛放正、负极板和电解液等的容器。壳体底部的凸筋是用来支撑极板的，并可使脱落的活性物质掉入凹槽中，以免正、负极板短路。

（4）电解液 电解液是铅酸蓄电池的重要组成部分，它的作用有两个：一是使极板上的活性物质发生溶解和电离，产生电化学反应；二是导电作用（铅酸蓄电池使用时通过电解液中的离子迁移，起到导电作用），使电化学反应得以顺利进行。电解液是以浓硫酸和蒸馏水按一定比例配制而成的，其密度一般为 $1.24 \sim 1.30 g/cm^3$（15℃）。

为了密封的需要，VRLA电池采用贫液式结构。所谓贫液式结构是指电解液吸附在极板上的活性物质和隔膜中，电解液处于不流动的状态，且电解液在极板和隔膜中的饱和度小于100%，其目的是使隔膜中未被电解液充满的孔成为气体的（氧气）扩散通道。通常VRLA电池电解液的饱和度为60%~90%，若电解液低于60%的饱和度，说明VRLA电池失水严重，极板上的活性物质不能与电解液充分接触；高于90%的饱和度，说明正极的氧气扩散通道被电解液堵塞，不利于氧气向负极扩散。

（5）安全阀 安全阀是铅酸蓄电池的关键部件之一，位于铅酸蓄电池顶部，一般由塑料材料制成，其作用有两个：一是确保使用安全，即在铅酸蓄电池使用过程中内部产生的气体气压达到安全阀阈值时，开阀将压力释放，以防止产生铅酸蓄电池变形、破裂等现象。二是密封作用，当铅酸蓄电池内的气压低于安全阀阈值时，关闭安全阀，对铅酸蓄电池起到密封作用，阻止空气进入，以防止极板氧化和内部酸雾向外泄漏等。

（6）正负接线端子 铅酸蓄电池中各单格电池串联后，两端的单格正、负极桩分别穿出电池盖，形成正负接线端子，实现铅酸蓄电池与外界的连接。正接线端子标"+"号或涂红色,负接线端子标"-"号或涂蓝色/绿色。

2. 铅酸蓄电池的原理分析

铅酸蓄电池通过充电过程将电能转化为化学能,使用时通过放电过程将化学能转化为电能。铅酸蓄电池在充电和放电过程中的可逆反应原理比较复杂,目前公认的描述是哥来德斯东和特利浦两人提出的"双硫酸化理论"。该理论的含义为:铅酸蓄电池在放电后,两电极的活性物质和硫酸发生作用,均转变为硫酸铅;充电时又恢复为原来的铅和二氧化铅。铅酸蓄电池充放电过程可以描述为

$$\underset{\text{正极}}{PbO_2} + \underset{\text{电解液}}{2H_2SO_4} + \underset{\text{负极}}{Pb} \underset{\text{充电}}{\overset{\text{放电}}{\rightleftharpoons}} \underset{\text{正极}}{PbSO_4} + \underset{\text{水}}{2H_2O} + \underset{\text{负极}}{PbSO_4} \tag{2-2}$$

当铅酸蓄电池接通外电路负载放电时,正极板上的 PbO_2 和负极板上的 Pb 都变成了 $PbSO_4$,电解液中的硫酸变成了水;充电时,正负极板上的 $PbSO_4$ 分别恢复为原来的 PbO_2 和 Pb,电解液中的水重新变成了硫酸。

在所有的环境因素中,温度对铅酸蓄电池的充放电性能影响最大。在电极、电解液界面上的电化学反应与环境温度有关。电极、电解液是铅酸蓄电池的心脏。如果温度下降,电极的反应率就下降。假设铅酸蓄电池电压保持恒定,放电电流降低,铅酸蓄电池的功率输出也会下降。如果温度上升则相反,即输出功率会上升,但温度过高(超过45℃),就会破坏铅酸蓄电池内的化学平衡,导致副反应发生。

3. 胶体铅酸蓄电池

铅酸蓄电池包括胶体和液体两大类。胶体铅酸蓄电池是对液态电解质的普通铅酸蓄电池的改进,它用胶体电解液代换了硫酸电解液,在安全性、蓄电量、放电性能和使用寿命等方面较普通铅酸蓄电池有所改善。普通铅酸蓄电池使用寿命一般为4~5年,胶体铅酸蓄电池一般为12年;普通铅酸蓄电池使用温度一般不能低于-3℃,胶体铅酸蓄电池可以工作在-30℃的温度下;普通铅酸蓄电池有爬酸现象,管理不当会产生爆炸,胶体铅酸蓄电池没有爬酸现象,不会产生爆炸情况。

普通铅酸蓄电池和胶体铅酸蓄电池的结构、性能区别见表2-6。

表2-6 普通铅酸蓄电池和胶体铅酸蓄电池的结构、性能区别

项目	胶体铅酸蓄电池	普通铅酸蓄电池
电解液固定方式	电解液由气体二氧化硅及多种添加剂以胶体形式固定。注入时为液态,可充满电池内的所有空间	电解液被吸附在多孔的玻璃纤维隔板内,而且必须是不饱和状态
电解液量	与富液式铅酸蓄电池相同	比富液式或胶体铅酸蓄电池的储液量少
电解液比重	与富液式铅酸蓄电池相同,平均1.42g/L,对极板腐蚀较轻,使用寿命长	比富液式或胶体铅酸蓄电池电解液比重要高1.28~1.31g/L,对极板腐蚀较重,使用寿命短
正极板结构	可制成管式或涂膏式	只能制成涂膏式
极柱密封方式	多层耐酸橡胶圈滑动式密封,保证了使用寿命后期极群生长时的极柱密封	迷宫式树脂灌注密封,无法保证使用寿命后期极群生长时的极柱密封
板栅合金	铅钙锡无锑多元合金,管式正极板的管芯可采用高压压铸工艺生产,晶格细小均匀,耐腐蚀性好,电池的使用寿命长	有的公司采用含镉含锑合金,锑可以改进极板强度,延长使用寿命,但电池的自放电率较高,且镉合金的循环回收对环境污染严重

(续)

项目	胶体铅酸蓄电池	普通铅酸蓄电池
浮充性能	由于电解液比重低,浮充电压相对也比较低,另外胶体的散热性也远优于玻璃纤维,无热失控事故,浮充寿命长	浮充电压相对较高,浮充电流大,快速的氧再化合反应会产生大量的热量,玻璃纤维隔板的散热性差,可能发生热失控故障
循环性能	由于使用含磷酸胶体和含锡正极板合金,电池的循环性能和深放电恢复能力强	由于玻璃纤维隔板微孔孔径较大,深放电时电解液比重降低,硫酸铅溶解度增大,沉积在微孔中的活性物质会形成枝晶引发短路,进而导致使用寿命的终止
自放电	由于选用的材料纯度高,电解液比重低,电池的自放电率为每天0.05%~0.06%,在常温下可储存2年不必补充充电	每月3%~5%,在常温下储存超过6个月需补充充电
氧再化合效率	使用初期氧再化合效率较低,但运行数月后,氧再化合效率可达95%以上	由于隔板的不饱和空隙提供了大量的扩散通道,氧再化合效率较高,但其浮充电流和产生的热量也较高,因而可能导致热失控
电解液的层化	硫酸被胶体均匀地固化分布,无浓度层化问题,电池可竖直或水平任意放置	玻璃纤维的毛细性能无法完全克服电解液的层化问题,因此电池的高度受限制,特别是大容量高尺寸极板电池只能水平放置
气体释出	按照厂家规定的浮充电压进行浮充,气体释放量基本相等	

2.3.2 铅酸蓄电池的充电控制

1. 充电过程中的阶段划分

充电过程一般分为主充、均充和浮充。

1) 主充一般是快速充电,如两阶段充电、变流间歇式充电和脉冲式充电都是现阶段常见的主充模式。但以慢充作为主充模式时,一般采用的是低电流的恒流充电模式。

微视频
铅酸蓄电池的充电控制

2) 铅酸蓄电池组深度放电或长期浮充后,串联中的单体电池的电压和容量都可能出现不平衡,为了消除这种不平衡现象而进行的充电叫作均衡充电,简称为均充。

通常铅酸蓄电池都不是一个单体电池单独工作的,而是由多个单体电池组成的铅酸蓄电池组共同承担工作。均充的目的,并不完全是给铅酸蓄电池充电,而是将铅酸蓄电池组中各单体电池之间的工作状态均衡化,具体包括两方面的内容:一是使铅酸蓄电池组中各单体电池容量均衡化。在铅酸蓄电池组中,如果测出某单体电池容量偏低,其数值同铅酸蓄电池组容量相差30%以上,或者端电压比全组平均值低0.05V,就应进行均衡充电。二是当铅酸蓄电池放电后,快速补充电能。通常均衡充电就是过充电,对落后的单体铅酸蓄电池进行单独过充电。如果过充电没有效果,就只能用合格备品替换。为了节约能源和时间,可用图2-55所示方式进行充电,即对整组铅酸蓄电池进行充电的同时,对落后的

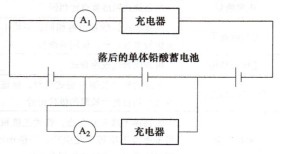

图2-55 对落后的单体铅酸蓄电池进行单独充电

单体铅酸蓄电池进行单独充电。这时，通过落后的单体铅酸蓄电池的充电电流数值为电流表 A_1 和 A_2 示数之和。

3) 为保护铅酸蓄电池不过充，在铅酸蓄电池快速充电至 80%~90% 容量后，一般转为浮充（恒压充电）模式，以适应后期铅酸蓄电池可接受充电电流的减小。当浮充电压值与铅酸蓄电池端电压相等时，会自动停止充电。VRLA 电池的浮充的主要作用如下：

① 补充 VRLA 电池自放电的损失。
② 向日常性负载提供电流。
③ 浮充电流可用于维护 VRLA 电池内氧循环。

为了使浮充运行的 VRLA 电池既不欠电，也不过充电，在 VRLA 电池投入运行之前，必须为其设置浮充状态下的充电电压和充电电流。标准型 VRLA 电池的浮充电压应设置在 2.25V，并应根据温度的变化调整浮充电压的大小，否则将引起 VRLA 电池过充电和过热，使 VRLA 蓄电池的使用寿命降低甚至损坏。2V 单体铅酸蓄电池的温度补偿系数一般为 $-4mV/℃$（以 25℃ 为基点）。

2. 主充、均充、浮充各阶段的自动转换

主充、均充、浮充各阶段的自动转换方法如下。

1) 时间控制，即预先设定各阶段充电时间，由时间继电器或 CPU 控制转换时刻。
2) 设定转换点的充电电流或铅酸蓄电池端电压值，当实际电流或电压值达到设定值时，自动进行转换。
3) 采用积分电路在线监测铅酸蓄电池的容量，当容量达到一定值时，则发出信号改变充电电流的大小。

在上述方法中，时间控制比较简单，但这种方法缺乏来自铅酸蓄电池的实时信息，控制比较粗略；容量监控方法控制电路比较复杂，但控制精度较高。

3. 充电程度的判断

在对铅酸蓄电池进行充电时，必须随时判断充电程度，以便控制充电电流的大小。判断充电程度的主要方法如下。

1) 观察铅酸蓄电池去极化后的端电压变化。一般来说，在充电初始阶段，端电压的变化率很小；在充电的中间阶段，端电压的变化率很大；在充电末期，端电压的变化率极小。因此，通过观测单位时间内端电压的变化情况，就可判断铅酸蓄电池所处的充电阶段。
2) 检测铅酸蓄电池的实际容量值，并与其额定容量值进行比较，即可判断其充电程度。
3) 检测铅酸蓄电池端电压。当铅酸蓄电池端电压与其额定值相差较大时，说明处于充电初期；当两者差值很小时，说明已接近充满。

4. 停充控制

在铅酸蓄电池充足电后，必须适时地切断充电电流，否则铅酸蓄电池将出现大量出气、失水和温升等过充反应，直接危及其使用寿命。因此，必须随时监测充电状况，保证电池充足电而又不过充电。主要的停充控制方法如下。

1) 定时控制。采用恒流充电法时，所需充电时间可根据容量和充电电流的大小很容易确定，因此只要预先设定好充电时间，一旦时间一到，定时器即可发出信号停充或降为浮充充电。定时器可由时间继电器或者由单片机充当。这种方法简单，但充电时间不能根据铅酸蓄电池充电前的状态而自动调整，因此实际充电时，可能会出现欠充、过充的现象。

2）温度控制。对 VRLA 电池而言，正常充电时，其温度变化并不明显，但是，当出现过充时，其内部气体压力将迅速增大，负极板上的氧化反应也会使内部发热，让温度迅速上升（每分钟可升高几摄氏度）。因此，观察 VRLA 电池温度的变化，即可判断其是否已经充满。通常采用两只热敏电阻分别检测 VRLA 电池温度和环境温度，当两者温差达到一定值时，即发出停充信号。由于热敏电阻动态响应速度较慢，所以不能及时准确地检测到 VRLA 电池的充满状态。

3）端电压负增量控制。在铅酸蓄电池充足电后，其端电压将呈现下降趋势，据此可将端电压出现负增长的时刻作为停充时刻。与温度控制相比，这种方法响应速度快。此外，端电压的负增量与端电压的绝对值无关，因此这种停充控制方法可适应具有不同单体铅酸蓄电池数的铅酸蓄电池组充电。此方法的缺点是，一般的检测器灵敏度和可靠性不高，同时，当环境温度较高时，铅酸蓄电池充足电后电压的减小并不明显，因而难以控制。

2.3.3 铅酸蓄电池充放电控制电路分析

1. 普通铅酸蓄电池充放电控制电路

（1）电路结构　普通铅酸蓄电池充放电控制电路如图 2-56 所示。将双电压比较器 LM393 的两个反相输入端（引脚 2 和引脚 6）连接在一起，由稳压二极管 VZ_1 和 R_6 组成的并联型稳压电路提供 6.2V 的基准电压作为比较电压，反馈电阻 R_7、R_8 将输出端（引脚 1 和引脚 7）的部分输出信号反馈到同相输入端（引脚 3 和引脚 5），从而把双电压比较器变成了双迟滞电压比较器，这样可使电路在比较电压的临界点附近不会产生振荡。R_2、RP_1、C_1、A_1、VT_1、VT_2 和 KM_1 组成过充电压检测比较控制电路；R_3、RP_2、C_2、A_2、VT_3、VT_4 和 KM_2 组成过放电压检测比较控制电路。电位器 RP_1 和 RP_2 起到调节过充、过放电压设定值的作用。可调三端稳压器 LM371 提供给 LM393 稳定的 8V 工作电压。这里的被充电电池为 12V/65A·h 的密封免维护式铅酸蓄电池；光伏组件为一块 40W 硅组件，在标准光照下输出 17V、2.3A 左右的直流工作电压和电流；VD_1 是防反充二极管，防止光伏组件在太阳光较弱时成为负载。

微视频
普通铅酸蓄电池充放电控制电路

（2）工作原理　当太阳光照射的时候，光伏组件产生的直流电流经过 KM_{1-1} 常闭触点和 R_1，使 VL_1 发光，等待对蓄电池进行充电；S 闭合后，三端稳压器 LM371 输出 8V 电压，电路开始工作。过充电压检测比较控制电路和过放电压检测比较控制电路同时对铅酸蓄电池端电压进行检测比较。当铅酸蓄电池端电压小于预先设定的过充电压值时，A_1 的引脚 6 电位高于引脚 5 电位，引脚 7 输出低电平使 VT_1 截止，从而使 VT_2 导通，VL_2 发光指示充电。KM_1 动作，其接点 KM_{1-1} 转换位置，光伏组件通过 VD_1 对铅酸蓄电池充电。铅酸蓄电池逐渐被充满后，当其端电压大于预先设定的过充电压值时，A_1 的引脚 6 电位低于引脚 5 电位，引脚 7 输出高电平使 VT_1 导通，从而使 VT_2 截止，VL_2 熄灭，KM_1 释放，KM_{1-1} 断开充电回路，VL_1 发光，指示停止充电。

当铅酸蓄电池端电压大于预先设定的过放电压值时，A_2 的引脚 3 电位高于引脚 2 电位，引脚 1 输出高电平使 VT_3 导通，从而使 VT_4 截止，VL_3 熄灭，KM_2 释放。其常闭触点 KM_{2-1} 闭合，VL_4 发光，指示负载工作正常，铅酸蓄电池通过 KM_{2-2} 对负载放电。铅酸蓄电池对负载放电时端电压会逐渐降低，当端电压降低到小于预先设定的过放电压值时，A_2 的引脚 3 电位低于引脚 2 电位，引脚 1 输出低电平使 VT_3 截止，从而使 VT_4 饱和，KM_2 工作，常闭

项目2　光伏发电系统的设计基础

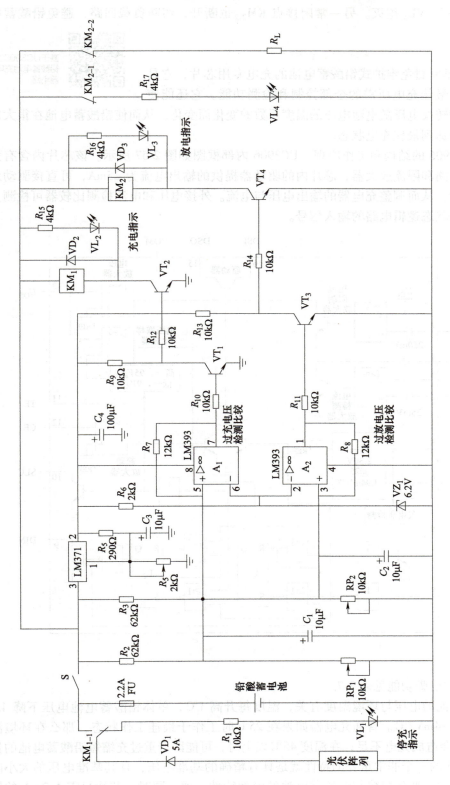

图 2-56　普通铅酸蓄电池充放电控制电路

触点 KM_{2-1} 断开，VL_4 熄灭。另一常闭接点 KM_{2-2} 也断开，切断负载回路，避免铅酸蓄电池继续放电。

2. 基于 UC3906 的铅酸蓄电池充电器电路

UC3906 是密封免维护式铅酸蓄电池的充电专用芯片，它具有铅酸蓄电池最佳充电所需的全部控制和检测功能。它还能使充电器的各种转换电压随电池电压的温度系数的变化而变化，从而使铅酸蓄电池在很大的温度范围内都能达到最佳充电状态。

（1）UC3906 的结构和工作原理 UC3906 内部框图如图 2-57 所示。该芯片内含有独立的电压控制电路和限流放大器，芯片内的驱动器提供的输出电流为 25mA，可直接驱动外部串联的调整管，从而调整充电器的输出电压与电流。外接电压和电流检测比较器可检测充电状态，并控制状态逻辑电路的输入信号。

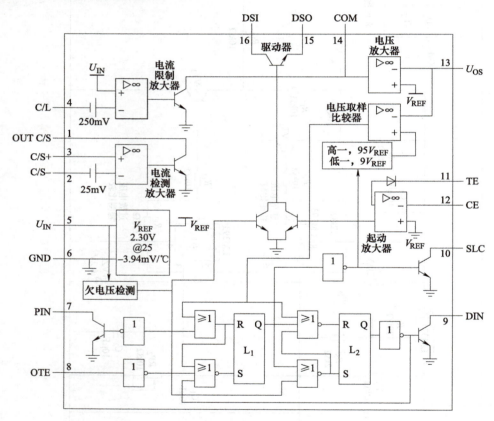

图 2-57 UC3906 内部框图

UC3906 的引脚功能见表 2-7。

铅酸蓄电池的电压与环境温度有关，温度每升高 1℃，单体铅酸蓄电池电压下降 4mV，即温度系数为 -4mV/℃。普通充电器如果在 25℃时工作于最佳工作状态，那么在环境温度为 0℃时，就会造成充电不足；在温度 45℃以上时，可能因严重过充缩短铅酸蓄电池的使用寿命。UC3906 的一个非常重要的特性就是具有精确的基准电压，且其基准电压的大小随环境的温度而变化，变化规律与铅酸蓄电池的温度特性一致。同时，芯片只需 1.7mA 的输入电流就可工作,这样可以尽量减小芯片的功耗,实现对环境温度的准确检测。在 0~70℃ 的温度范围,可以保证铅酸蓄电池既充足电又不会出现过充现象,完全满足充电需要。

表 2-7 UC3906 的引脚功能表

引脚	名称	功能描述	引脚	名称	功能描述
1	C/S OUT	电流采样放大器输出端	9	DIN	过充电指示
2	C/S−	电流采样放大器反相输入	10	SLC	状态电平控制
3	C/S+	电流采样放大器同相输入	11	TB	浮充输出
4	C/L	限流比较器反相输入	12	CE	启动比较器反相输入
5	U_{IN}	电源电压	13	U_{OS}	电压采样
6	GND	地	14	COM	补偿
7	PIN	电源指示	15	DSO	驱动电流输出
8	OTE	过充电终止	16	DSI	驱动电流输入

(2) 确定充电参数 使用 UC3906 后,只需很少的外部元器件就可实现对密封铅酸电池的快速精确充电。图 2-58 所示是双电平浮充充电器的基本电路。其中由 R_A、R_B 和 R_C 组成的电阻分压网络用来检测被充电铅酸蓄电池的电压。此外,该电路还可通过与精确的参考电压(V_{REF})相比较来确定浮充电压、过充电压和浮充充电的阈值电压。

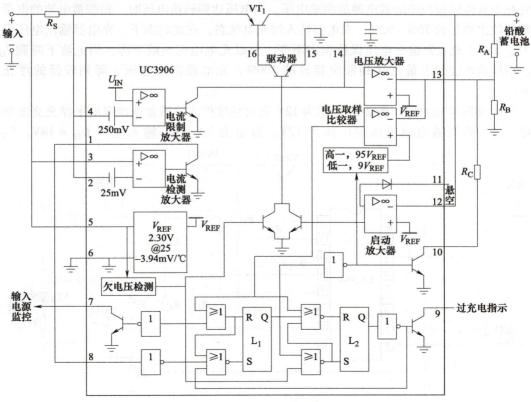

图 2-58 双电平浮充充电器的基本电路

铅酸蓄电池的一个充电周期按时间可分为大电流快速充电状态、过充电状态和浮充电状态 3 种，其充电参数主要有浮充电压 U_F、过充电压 U_{OC}、最大充电流 I_{max}、过充终止电流 I_{OCT} 等。它们与 R_A、R_B、R_C 和 R_S 之间的关系为

$$U_F = V_{REF}\left(1 + \frac{R_A}{R_B}\right) \tag{2-3}$$

$$U_{OC} = V_{REF}\left(1 + \frac{R_A}{R_B} + \frac{R_A}{R_C}\right) \tag{2-4}$$

$$I_{max} = \frac{0.25V}{R_S} \tag{2-5}$$

$$I_{OCT} = \frac{0.025V}{R_S} \tag{2-6}$$

式中，U_F、U_{OC} 与 V_{REF} 成正比。V_{REF} 的温度系数为 $-3.9mV/℃$，对 I_{max}、I_{OCT}、U_F、U_{OC} 均可独立设置。只要输入电源允许或功率管可以承受，I_{max} 的值就可以尽可能地大。对 I_{OCT} 的选择，应尽可能地使铅酸蓄电池接近 100% 充电，其合适值取决于 U_{OC} 和电压为 U_{OC} 时铅酸蓄电池充电电流的衰减特性。I_{max} 和 I_{OCT} 分别由电流限制放大器和电流检测放大器的偏置电压和电流检测电阻 R_S 决定。U_F、U_{OC} 的值则由内部参考电压 V_{REF} 和外部电阻 R_A、R_B、R_C 组成的网络来决定。

充电过程从大电流快速充电状态开始，在这种状态下充电器输出恒定的充电电流 I_{max}，同时充电器连续监控铅酸蓄电池的两端电压，当电压达到转换电压时，铅酸蓄电池的电量已恢复到放出容量的 70%~90%，充电器转入过充电状态。在此状态下，充电器输出电压升高到 U_{OC}，由于充电器输出电压保持恒定不变，所以充电电流连续下降，当电流下降到 I_{OCT} 时，铅酸蓄电池的容量已达到额定容量的 100%，充电器输出电压下降到较低的浮充电压 U_F。

（3）实际应用电路　图 2-59 所示为 12V 密封免维护式铅酸蓄电池双电平浮充充电器的电路。其中铅酸蓄电池的额定电压为 12V，容量为 7A·h，输入电压 $U_{IN} = 18V$，$U_F =$

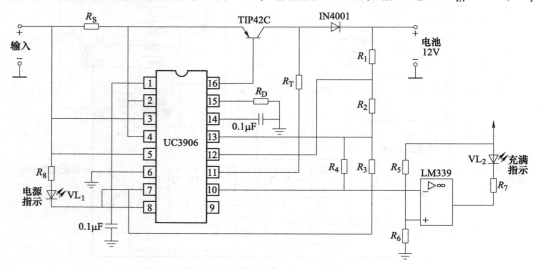

图 2-59　12V 密封铅酸蓄电池双电平浮充充电器的电路

13.8V，U_{OC}=15V，I_{max}=500mA，I_{OCT}=50mA。充电器始终被接在铅酸蓄电池上，为防止铅酸蓄电池的输出电流流入充电器，在串联调整管与输出端之间再串联一只二极管。同时为了避免输入电源中断后铅酸蓄电池通过分压电阻 R_1、R_2、R_3 放电，设计时将 R_3 通过电源指示晶体管（引脚7）连接到地。

在输入 18V 电压后，串联的功率管 TIP42C 导通，开始向铅酸蓄电池大电流快速充电，充电电流为 500mA，此时充电电流保持不变，电池电压逐渐升高。当电池电压达到 U_{OC} 的 95%（即 14.25V）时，转入过充电状态，此时充电电压维持在过充电电压，充电电流开始下降。当充电电流降到 I_{OCT} 时，UC3906 的引脚 10 输出高电平，比较器 LM339 输出低电平，铅酸蓄电池自动转入浮充状态。同时充满指示 LED 发光，指示铅酸蓄电池已充足电。

2.3.4 蓄电池的主要技术参数

（1）蓄电池的容量 蓄电池的容量是指储存电荷量的多少，通常以蓄电池充满电后放电至规定的终止电压时放出的总电荷量（符号 C）表示。当蓄电池以恒定电流放电时，它的容量等于放电电流值和放电时间的乘积，常用单位为安时（A·h）或毫安时（mA·h）。通常在 C 的右下角标明放电时率，如 C_{10} 表示 10h 放电时率的放电容量；C_{20} 表示 20h 放电时率的放电容量。

蓄电池的容量分为理论容量、实际容量、额定容量。

1) 理论容量。理论容量是根据活性物质的质量，按照法拉第定律计算而得的最高容量值。

2) 实际容量。实际容量是指蓄电池在一定放电条件下所能输出的电量，它等于放电电流与放电时间的乘积。由于组成蓄电池时，除蓄电池的主反应外，还有副反应发生，加之其他种种原因，活性物质利用率不可能为 100%，因此实际容量低于理论容量。在最佳放电条件下，蓄电池的实际容量只有理论容量的 45%~50%，这与活性物质的利用率有关。在正常放电情况下，负极活性物质的利用率为 55% 左右，正极活性物质的利用率为 45% 左右。

3) 额定容量。额定容量也称为标称容量，是按照国家有关部门颁布的标准，在蓄电池设计时要求蓄电池在一定的放电条件下（一般规定在 25℃ 环境下以 10h 放电时率的电流放电至终止电压）应该放出的最低限度的电荷量。额定容量在蓄电池型号中会标出，它是使用者选择蓄电池和计算充放电电流的重要依据。蓄电池的额定容量与实际容量一样，也小于理论容量。

蓄电池容量不是固定不变的常数，它与充电的程度、放电电流的大小、放电时间的长短、电解液密度、电解液温度、蓄电池放电率及新旧程度等有关。其中蓄电池放电率、电解液温度和电解液密度是影响容量的最主要因素。电解液温度高时，容量增大；电解液温度低时，容量减小。电解液浓度高时，容量增大；电解液浓度低时，容量减小。

（2）蓄电池的电压

1) 开路电压。蓄电池在开路状态下的端电压称为开路电压。蓄电池的开路电压等于蓄电池的正极电势与负极电势之差。铅酸蓄电池开路电压的大小可用以下经验公式来计算，即

$$U_{开} = 0.85 + d_{15}(V) \tag{2-7}$$

式中　0.85——常数；

d_{15}——15℃时极板微孔内部电解液的密度。

开路电压与电解液密度有关，电解液密度越高，蓄电池的开路电压也越高。蓄电池开路电压与电解液密度的关系如图2-60所示。

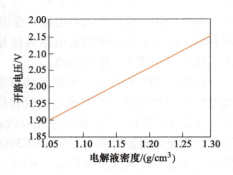

图2-60 蓄电池开路电压与电解液密度的关系图

2）工作电压。工作电压指蓄电池接通负载后在放电过程中显示的电压，又称为端电压。在蓄电池放电初始时的工作电压称为初始电压。蓄电池在接通负载后，由于欧姆电阻和极化电阻的存在，蓄电池的工作电压会低于开路电压。

3）浮充电压。铅酸蓄电池的浮充电压是指电源对蓄电池进行浮充时设定的电压值。

蓄电池充满电后，改用小电流给蓄电池继续充电，此时就称为浮充充电，也称为涓流充电。该小电流一般不是人为设定的，而是在电压设定为浮充电压后（如以12V蓄电池为例，浮充电压在13.2~13.8V），蓄电池已充足电，能够接受的电流很小了，就自动形成了浮充电流。

电池的浮充时间是没有限制的，只要电压处于浮充电压范围内即可。铅酸蓄电池是不怕浮充的，比如通信系统使用的长寿命电池，质保期都在8年以上，在整个寿命期内，除了市电故障被停充及常规维护外，始终处于浮充状态。

4）终止电压。铅酸蓄电池以一定的放电率在25℃环境温度下放电至能再反复充电使用的最低电压称为终止电压。如果电压低于终止电压后蓄电池继续放电，蓄电池两端电压就会迅速下降，形成深度放电，这样，极板上形成的生成物在正常充电时就不易再恢复，从而影响蓄电池的寿命。终止电压与放电率有关。大多数固定型蓄电池在以10h放电时率时（25℃）的终止电压为1.8V/单体。

需要说明的是：蓄电池每个单体的额定电压为2V，实际电压随充放电的情况而变化。充电结束时，电压为2.5V~2.7V，以后慢慢地降至2.05V左右的稳定状态。如用蓄电池做电源，开始放电时电压很快会降至2V左右，然后缓慢下降，保持在1.9~2.0V之间。当放电接近结束时，电压很快降到1.7V。当电压低于1.7V时，便不应再放电，否则会损坏极板。停止使用后，蓄电池电压能回升到1.98V。

(3) 放电率 蓄电池放电至终止电压的速度，称为放电率，有放电时率（小时率）和放电倍率（电流率）两种表示方法。

1）放电时率。放电时率以放电时间的长短来表示蓄电池放电的速率，即蓄电池在规定的放电时间内，以规定的电流放出的容量。放电时率可用下式确定，即

$$T_K = \frac{C_K}{I_K} \tag{2-8}$$

式中　T_K(T_{10}、T_3、T_1 等)——10、3、1等小时放电率；
　　　C_K(C_{10}、C_3、C_1)——10、3、1等小时放电容量，单位为A·h；
　　　I_K(I_{10}、I_3、I_1 等)——10、3、1等小时放电电流，单位为A。

依据国际电工委员会标准（IEC）标准，放电时率有20小时率、10小时率、5小时率、3小时率、1小时率、0.5小时率，分别表示为20h、10h、5h、3h、1h、0.5h等。例如，容

量 $C=100A\cdot h$ 蓄电池的 20h 放电时率，表示以 $100\ A\cdot h/20h=5A$ 的电流放电，时间为 20h，简称为 20h 率。某蓄电池的额定容量为 $120A\cdot h$，若用 10h 率放电，则放电电流为 12A；若用 5h 率放电，则放电电流为 24A。

2）放电倍率。放电倍率是放电电流对蓄电池额定容量的倍数，即

$$X = \frac{I}{C} \tag{2-9}$$

式中　X——放电倍率；
　　　I——放电电流；
　　　C——蓄电池的额定容量。

为了对容量不同的蓄电池进行比较，往往不用绝对值（单位为 A）表示放电电流，而用额定容量 C 与放电时率的比来表示，称为放电倍率。20h 率的放电倍率就是 $C/20 = 0.05C$，其单位同样为 A。例如，若 $20A\cdot h$ 蓄电池采用 $0.5C$ 倍率放电，则放电电流为 $0.5\times 20A = 10A$。

放电时率和放电倍率之间的关系见表 2-8，由表可知，放电率或充电率越快，充、放电电流越大，放电时率的值越小，放电倍率越大；反之，放电率和或充电率越慢，充、放电流越小，放电时率的值越大，放电倍率越小。

表 2-8　放电时率和放电倍率之间的关系

放电时率/h	0.5	1	4	5	10	20
放电倍率/A	$2C$	$1C$	$0.25C$	$0.2C$	$0.1C$	$0.05C$

（4）内阻　蓄电池内阻包括欧姆内阻和极化内阻。极化内阻又包括电化学极化内阻与浓差极化内阻。内阻的存在，使蓄电池放电时的端电压低于开路电压，充电时的端电压高于开路电压。活性物质的组成、电解液的浓度不断地改变，导致蓄电池的内阻不是常数，在充放电过程中随时间不断变化。极化内阻随电流密度增加而增大，但二者不呈线性关系，极化内阻常随电流密度和温度不断地改变。

（5）放电深度与荷电状态　在蓄电池使用过程中，放出的容量占其额定容量的百分比称为放电深度（DOD）。放电深度是影响蓄电池寿命的重要因素之一，设计时考虑的重点是深循环（60%~80%）使用、浅循环（17%~25%）使用，还是中循环使用（30%~50%）。若把浅循环使用的蓄电池用于深循环使用，则蓄电池会很快失效。光伏发电系统中，DOD 一般为 30%~80%。

蓄电池的荷电状态（SOC）表达式为

$$SOC = \frac{C_r}{C_t} \times 100\% = 1 - DOD \tag{2-10}$$

式中　C_r、C_t——某时刻蓄电池的剩余电荷量和总电荷量。

（6）自放电率　蓄电池的自放电是指蓄电池在开路搁置时自动放电的现象。蓄电池自放电将直接减少蓄电池可输出的电荷量，使蓄电池容量降低。容量每天或每月降低的百分数称为自放电率。电作用、化学作用和电化学作用是引起蓄电池自放电的主要原因。电作用主要是内部短路，引起蓄电池内部短路的原因有极板上脱落的活性物质、负极析出的铅枝晶和隔膜被腐蚀而损坏等。化学作用和电化学作用主要与活性物质的性质及活性物质或电解液中

的杂质有关，包括正负极板的自溶解、各种杂质与正极或负极物质发生化学反应或形成微电池而发生的电化学反应等。

2.3.5 蓄电池的型号命名

蓄电池型号由单体蓄电池数、类型、额定容量、功能或用途等组成，其组成示意图如图 2-61 所示。第一段为数字，表示单体蓄电池（串联）数，当单体蓄电池数为 1（2V）时省略，6V 和 12V 分别对应 3 和 6；第二段为 2~4 个汉语拼音字母，表示蓄电池的类型、功能和用途等；第三段表示蓄电池的额定容量。蓄电池常用汉语拼音字母的含义见表 2-9。

微视频
蓄电池的型号命名

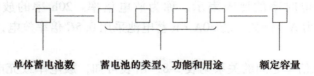

图 2-61 蓄电池名称的组成示意图

表 2-9 蓄电池常用汉语拼音字母的含义

代号	汉字	全称
G	固	固定式
F	阀	阀控式
M	密	密封
J	胶	胶体
D	动	动力型
N	内	内燃机车用
T	铁	铁路客车用
D	电	电力机车用

例如：GFM-500 的含义是：1 个单体，固定式，阀控式，密封，500 指 10h 率的额定容量；6-GFMJ-100 的含义是：6 个单体（12V），固定式，阀控式，密封，胶体，100 指 10h 率的额定容量。

任务实施

1) 写出实验用的蓄电池的型号，并说明型号的意义。
2) 光伏组件蓄电池充电控制实验。
① 按照图 2-62 所示原理图连接好电路。
② 光伏组件输出的直流电经过充电电流、充电电压表送入光伏控制器的输入端，给蓄电池进行充电，随着蓄电池逐渐充满，充电电流缓慢减小。每间隔 5min 记录一次充电电流表和充电电压表的数值，记录在表 2-10 中。

项目2 光伏发电系统的设计基础

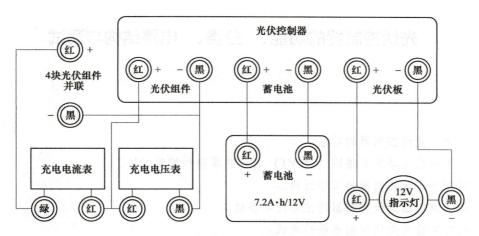

图 2-62 光伏组件蓄电池的充电控制原理图

表 2-10 光伏组件蓄电池充电控制实验数据

间隔时间/min	0	5	10	15	20	25	30	35
充电电流/mA								
充电电压/V								

3）光伏组件蓄电池放电控制实验。

① 按照图 2-63 所示原理图连接好电路。

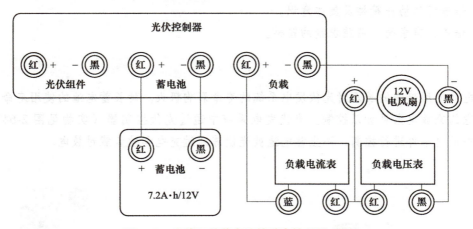

图 2-63 光伏组件蓄电池的放电控制原理图

② 依次连接 DC 12V 电风扇、DC 12V 蜂鸣器、DC 12V 电动机、DC 12V 交通灯和 DC 12V LED 灯。将各次的蓄电池放电电流、放电电压表的数据记录在表 2-11 中。

表 2-11 光伏组件蓄电池放电控制实验数据

负载类型	DC 12V 电风扇	DC 12V 蜂鸣器	DC 12V 电动机	DC 12V 交通灯	DC 12V LED 灯
电流/mA					
电压/V					

任务 2.4　光伏控制器的功能、分类、电路结构与测试

任务目标

1. 能力目标

1）能阐述光伏控制器的功能。
2）能阐述最大功率点跟踪（MPPT）的控制原理和控制方法。
3）能阐述光伏控制器的工作过程。
4）能读懂实用光伏控制器的主要技术参数。
5）能对实验用光伏控制器进行测试。

2. 知识目标

1）了解光伏控制器的分类。
2）理解 MPPT 的控制原理和控制方法。
3）掌握光伏控制器的主要技术参数。
4）掌握光伏控制器的测试方法。

3. 素质目标

1）培养自主学习能力。
2）培养团队协作精神及集体意识。
3）培养实事求是、精益求精的精神。

相关知识

蓄电池使用寿命的长短对光伏发电系统的寿命影响极大。延长蓄电池的使用寿命的关键在于对它的充放电条件加以控制。光伏发电系统中通过光伏控制器（实物见图 2-64）对蓄电池的充放电条件进行控制，防止蓄电池被光伏阵列过充电和被负载过放电。

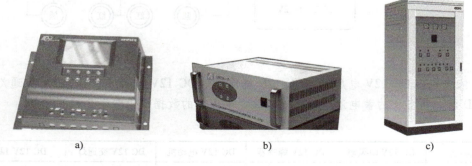

图 2-64　光伏控制器的实物图
a）小功率光伏控制器　b）中功率光伏控制器　c）大功率光伏控制器

2.4.1 光伏控制器的功能、分类

1. 光伏控制器的功能

光伏控制器的基本功能是将光伏阵列（组件）产生的直流电提供给蓄电池充电，同时防止蓄电池的过充电或过放电，即当蓄电池充电端电压超过额定充电电压时自动切断充电电路，而当蓄电池放电端电压低于额定放电电压时自动切断负载，从而最大限度延长蓄电池的使用寿命。此外，光伏控制器还具有一些其他保护功能，如防止反充功能、过载和短路保护功能。

2. 光伏控制器的分类

按照输出功率的大小不同，可分为小功率光伏控制器、中功率光伏控制器和大功率光伏控制器。

按照电路方式的不同，可分为串联型、并联型、多路控制型、脉宽调制型、智能型和最大功率跟踪型。

按放电过程控制方式的不同，可分为常规放电控制型和剩余电量放电全过程控制型。

此外还有采用微处理器电路的智能型光伏控制器，它可实现软件编程和智能控制，并具有数据采集、显示和远程通信功能。

2.4.2 光伏控制器电路结构及工作过程

虽然光伏控制器的控制电路根据光伏发电系统的不同，其复杂程度有所差异，但基本原理是一样的，图 2-65 所示是最基本的光伏控制器电路的工作原理框图（单片机控制）。该电路主要由光伏阵列（组件）、光伏控制器、蓄电池及负载构成。

开关 S_1、S_2 分别为充电控制开关和放电控制开关。当 S_1 闭合时，光伏阵列（组件）对蓄电池进行充电，当蓄电池出现过充电时，S_1 及时断开，使光伏阵列（组件）停止对蓄电池充

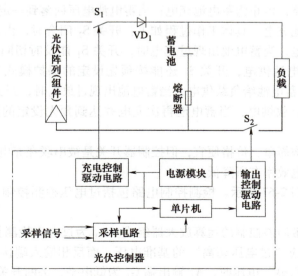

图 2-65　光伏控制器电路的工作原理框图（单片机控制）

电，S_1 还能按照预先设定的保护模式自动恢复对蓄电池的充电。当 S_2 闭合时，蓄电池给负载供电，当蓄电池出现过放电时，S_2 能及时切断放电回路，使蓄电池停止向负载供电。S_1、S_2 可以由各种开关元器件构成，如晶体管、晶闸管、固态继电器和功率开关器件等电子式开关和普通继电器等机械式开关。下面按照电路方式的不同，分别对各类常用光伏控制器的电路原理和特点进行说明。

1. 串联型控制器

串联型控制器的原理框图如图 2-66 所示。串联型控制器主要由 S_1、S_2、VD_1、VD_2、熔断器及检测控制电路等组成。其中 VD_1 为防反充二极管，只有当光伏阵列（组件）输出电压大于

蓄电池电压时，VD_1 才能导通，从而保证夜晚或阴雨天气时不会出现蓄电池向光伏阵列（组件）反向充电的现象，起到反向充电保护作用；VD_2 为防反接二极管，当蓄电池极性反接时，VD_2 导通，使蓄电池通过 VD_2 短路，产生很大的短路电流将熔断器熔断，起到防止蓄电池反接的保护作用；开关 S_1、S_2 分别为充电控制开关和放电控制开关；检测控制电路随时对蓄电池的电压进行检测，当电压大于充满保护电压时，S_1 断开，电路实行过充电保护，当电压小于过放电电压时，S_2 关断，电路实行过放电保护。

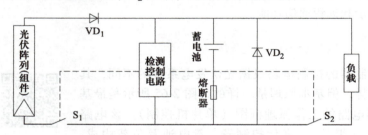

图 2-66 串联型控制器的原理框图

串联型控制器利用串联在充电回路中的机械或电子开关控制充电过程。当蓄电池充满电时，开关断开充电回路，停止为蓄电池充电；当蓄电池电压回落到一定值时，充电电路再次被接通，继续为蓄电池充电。具体工作过程如下：开关 S_1 闭合时，由光伏阵列（组件）通过控制器给蓄电池充电，当蓄电池出现过充电时，开关 S_1 能及时切断充电回路，使光伏阵列（组件）停止向蓄电池供电，开关 S_1 还能按预先设定的保护模式自动恢复对蓄电池充电。开关 S_2 闭合时，蓄电池给负载供电，当蓄电池出现过放电时，开关 S_2 能及时切断放电回路，蓄电池停止向负载供电，当蓄电池再次充电并达到预先设定的恢复充电点时，开关 S_2 又能自动恢复供电。

串联型控制器结构简单，价格便宜，但控制器开关是被串联在充电回路中的，故电路的电压损失较大，使充电效率有所降低。

检测控制电路如图 2-67 所示。检测控制电路包括过电压检测控制和欠电压检测控制两部分。

检测控制电路由带回差控制的运算放大器组成。A_1 为过电压检测控制电路，A_1 的同相输入端由 RP_1 提供对应"过电压切离"的基准电压，而反相输入端接被测蓄电池，当蓄电池电压大于"过电压切离"电压时，A_1 输出端 G_1 为低电平，关断开关器件 VT_1，切断充电回路，起到过电压保护作用。在过电压保护后，蓄电池电压又下降至小于"过电压恢复"

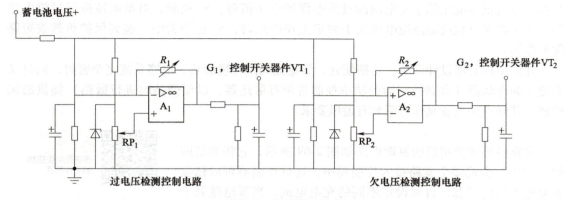

图 2-67 检测控制电路

电压时，A_1 的反相输入端电位小于同相输入端电位，则其输出端 G_1 由低电平跳变至高电平，开关器件 VT_1 由关断变导通，重新接通充电回路。"过电压切离"电压和"过电压恢复"电压由 RP_1 和 R_1 配合调整。

A_2 为欠电压检测控制电路，其反相输入端接由 RP_2 提供的欠电压基准电压，同相输入端接蓄电池电压（与过电压检测控制电路相反），当蓄电池电压小于"欠电压保护门限"电压时，A_2 输出端 G_2 为低电平，开关器件 VT_2 关断，切断控制器的输出回路，实现"欠电压保护"。欠电压保护后，随着蓄电池电压的升高，当电压又高于"欠电压恢复门限"电压时，开关器件 VT_2 重新导通，恢复对负载供电。"欠电压保护门限"电压和"欠电压恢复门限"电压由 RP_2 和 R_2 配合调整。

2. 并联型控制器

并联型控制器的原理框图如图 2-68 所示。它是利用并联在光伏阵列（组件）两端的开关控制充电过程。当蓄电池充满电时，把光伏阵列（组件）的输出分流到旁路电阻器或功率模块上去，然后以热的形式消耗掉；当蓄电池电压回落到一定值时，再断开旁路恢复充电。由于这种方式要消耗热能，所以一般只限用于小型、小功率系统。

微视频
并联型控制器
工作原理

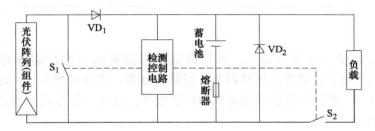

图 2-68 并联型控制器的原理框图

将电路中充电回路的开关 S_1 并联在光伏阵列（组件）的输出端，控制器检测电路监控蓄电池两端电压，当充电电压超过蓄电池设定的充满断开电压值时，开关 S_1 导通，同时防反充二极管 VD_1 截止，使光伏阵列（组件）输出电流直接通过 S_1 旁路泄放，不再对蓄电池进行充电，从而保证蓄电池不被过充电，起到保护作用。开关 S_2 为蓄电池放电控制开关，当蓄电池的供电电压低于蓄电池的过放电保护电压值时，S_2 关断，对蓄电池进行过放电保护。当负载因过载或短路使电流大于额定工作电流时，S_2 也会关断，起到保护负载或短路保护作用。

并联型控制器设计简单，价格便宜，为避免周围环境影响，电路系统完全密封，同时又要便于为冷却器（并联控制器的功率控制管带有散热器，以便旁路时进行散热）提供通风路径。其缺点是负载操作有限和有通风要求。

3. 多路控制型控制器

多路控制型控制器的原理框图如图 2-69 所示，它将光伏阵列（组件）分成多个支路接入控制器中。这种控制器可以依据蓄电池的充电状态，自动设定不同的充电电流。当蓄电池处于未充满状态时，允许光伏阵列（组件）电流全部流入蓄电池；当蓄电池接近充满状态时，将光伏阵列（组件）各支路依次断开；当蓄电池逐渐接近完全充满状态时，浮充充电渐渐停止；当蓄电池电压回落到一定值时，控制器再将光伏阵列（组件）依次接通，实现对蓄电池充电电压和电流的调节。这种充电方式可以延长蓄电池的使用寿命。其具体工作过程如下：当蓄电池充满电时，检测控制电路将从开关器件 VT_1 至开关器件 VT_n 按顺序断开相应光伏阵列（组件）。当第一路光伏阵列（组件）断开后，检测控制电路会检测蓄电池电压是否低于设定值，如果是，则检测控制电路等待；等到蓄电池电压再次充到设定值时再断开第二路光伏阵列（组件），类似第一路的情况，当蓄电池电压低于恢复点电压时，执行相反过程，检测控制电路顺序接通被断开的光伏阵列（组件），直至太阳光非常微弱时全部接通。图 2-69 中 VT_L 为放电用开关器件，当蓄电池容量低于过放参数时，可以通过断开 VT_L 来断开负载，以保证蓄电池不至于过放电。

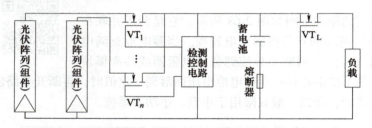

图 2-69 多路控制型控制器的原理框图

这种控制方式属于增量控制法，可以近似达到脉宽调制型控制器的效果，光伏阵列（组件）的路数越多，越接近线性调节。但路数越多，成本也越高，因此在确定光伏阵列（组件）路数时，要综合考虑控制效果和控制成本。这种控制方式主要适合几千瓦以上的光伏发电系统。

4. 脉宽调制型控制器

脉宽调制（PWM）型控制器的原理框图如图 2-70 所示。它以脉冲方式控制开、关光伏阵列（组件）的输入，当蓄电池逐渐趋于充满时，随着其端电压逐渐升高，脉冲的频率或占空比会发生变化，使开关器件导通时间缩短，充电电流逐渐趋于零。当蓄电池电压由充满点向下逐渐降低时，充电电流又逐渐增大。与串、并联型控制器电路相比，脉宽调制型控制器虽然没有固定的充电电压断开点和恢复点，但是当蓄电池端电压达到过充电控制点附近时，脉宽调制型控制器会使其充电电流趋近于零。这种充电过程能形成比较完整的充电状态，其平均充电电流的瞬时变化更符合蓄电池当前的充电状况，能增加光伏发电系统的充电效率，同时延长蓄电池的使用寿命。

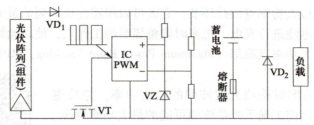

图 2-70 脉宽调制（PWM）型控制器的原理框图

脉宽调制型控制器的优点是既保护蓄电池，又能充分利用能量。另外，它还可以实现光伏发电系统的最大功率跟踪功能。脉宽调制型控制器也常用于大型光伏发电系统。其缺点是自身会带来一定的开关损耗（损耗占 4%~8%）。

5. 智能型控制器

智能型控制器利用 MCU 或 CPU（如 Intel 公司的 MCS51 系列或 Microchip 公司 PIC 系列）对光伏发电系统的运行参数进行高速实时采集，并按照一定的控制规律由软件程序对单路或多路光伏阵列（组件）进行切离/接通控制。对中、大型光伏发电系统，还可通过单片机的 RS-232 接口配合 MODEM 调制解调器进行远距离控制。

智能型控制器除了具有过充电、过放电、短路、过载和防反接等保护功能外，还具有高精度的温度补偿功能，其原理框图如图 2-71 所示。

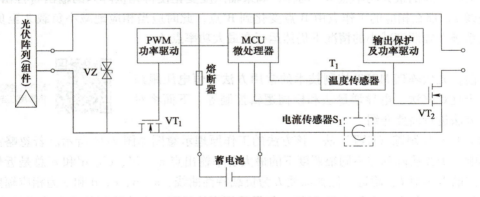

图 2-71 智能型控制器的原理框图

2.4.3 光伏阵列最大功率点跟踪（MPPT）控制技术

光伏阵列输出特性具有非线性特征，并且其输出受辐照度、环境温度和负载情况影响。在一定的辐照度和环境温度下，辐照可以工作在不同的输出电压下，但是只有在某一输出电压值时，辐照的输出功率才能达到最大值，这时辐照的工作点达到了输出功率电压曲线的最高点，称为最大功率点（Maximum Power Point，MPP）。如果把光伏阵列与蓄电池直接连接起来，那么一方面蓄电池的内阻不会随着辐照输出的最大功率点的变化而变化，从而使无法对辐照的输出进行调节，造成资源的浪费；另一方面蓄电池的充电电压会随外界环境的变化而变化，使用不稳定的电压对蓄电池进行充电，会影响蓄电池的寿命。因此，需要在光伏阵列和蓄电池之间加入最大功率点跟踪环节，它既可以跟踪光伏阵列的最大输出功率，又可以输出稳定的电压对蓄电池进行充电。把实时调整辐照的工作点，使之始终工作在最大功率点附近的过程，称为最大功率点跟踪（Maximum Power Point Tracking，MPPT）。

1. MPPT 控制技术原理

MPPT 控制技术可实时检测光伏阵列的输出功率，并采用一定的控制算法预测当前工况下光伏阵列可能的最大功率输出，通过改变当前的阻抗情况来满足最大功率输出的要求。下面以温度不变、光照不同的情况为例介绍 MPPT 控制技术原理。

为便于说明，MPPT 控制技术的原理示意图如图 2-72 所示。假定图 2-72 中的曲线 1 和曲线 2 为两条不同辐照度下光伏阵列的输出特性曲线，A 点和 B 点分别为相应的最大功率输出点；并假定某一时刻，系统运行在 A 点。当辐照度发生变化时，光伏阵列的输出特性由曲线 1 上升为曲线 2。此时如果保持负载 1 不变，系统就将运行在 A′ 点，这样就偏离了相应辐照度下的最大功率点。为了继续跟踪最大功率点，应当将系统的负载特性由负载 1 变化至负载 2，以保

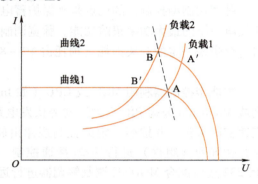

图 2-72　MPPT 控制技术的原理示意图

证系统运行在新的最大功率点 B。同样，如果辐照度变化使得光伏阵列的输出特性由曲线 2 减至曲线 1，那么相应的工作点由 B 点变化到 B′ 点，此时应当相应地减小负载 2 至负载 1，以保证系统在辐照度减小的情况下仍然运行在最大功率点 A。

2. MPPT 控制技术的常用方法

目前，光伏阵列 MPPT 控制技术的常用方法有恒电压跟踪方法、干扰观察法、电导增量法和模糊逻辑控制等。下面将对这几种方法进行简要介绍。

（1）恒电压跟踪（CVT）法　该方法的工作原理示意图如图 2-73 所示。若忽略温度效应的影响，则光伏阵列在不同辐照度下的最大功率输出点 a′、b′、c′、d′ 和 e′ 总是近似在某一个恒定的电压值 U_m 附近。假如曲线 L 为负载特性曲线，a、b、c、d 和 e 为相应辐照度下直接匹配时的工作点。由图 2-73 可知，如果采用直接匹配，光伏阵列的输出功率就比较小。为了弥补阻抗失配带来的功率损失，可以采用恒电压跟踪法，即在光伏阵列和负载之间通过一定的阻抗变换，使得系统实现稳压器的功能，使光伏阵列的工作点始终稳定在 U_m 附近，从而保证它的输出功率接近最大输出功率。

CVT 法具有控制简单、可靠性高、稳定性好和易于实现等优点，应用此方法的光伏发电系统比一般的光伏发电系统可多获得 20% 的电能。此方法在简单的光伏发电系统（如独立太阳能照明系统、小型太阳能草坪灯等）中应用较为广泛。但是，这种方法忽略了温度

对光伏阵列开路电压的影响。以单晶硅光伏阵列为例,环境温度每升高1℃,其开路电压下降率即为0.35%~0.45%。这表明光伏阵列最大功率点对应的电压也将随着环境温度的变化而变化。对于四季温差或日温差较大的地区,CVT法并不能在所有的温度环境下完全跟踪到光伏阵列的最大功率点。

（2）干扰观察法　干扰观察法是目前经常被采用的MPPT方法之一。其原理是每隔一定的时间就增加或者减少光伏阵列的输出电压,并观测之后其输出功率的变化方向,以决定下一步的控制信号。干扰观察法的工作原理示意图如图2-74所示。光伏控制器在每个控制周期用较小的步长改变光伏阵列的输出（电压或电流）,然后测量此时的输出功率,并与前一次进行比较,如之前工作在A点,就将工作电压由U_1变化到U_2,若$P_1>P_2$,则把工作电压调回U_1;若$P_1<P_2$,则把工作电压调至U_2,这样反复进行比较,始终让系统工作在最大功率点上。

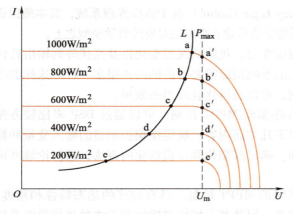
图2-73　恒电压跟踪法的工作原理示意图

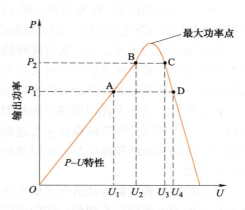
图2-74　干扰观察法的工作原理示意图

这种方法一般采用功率反馈方式,通过两个传感器对光伏阵列输出电压及电流分别进行采样,并通过计算获得其输出功率。该方法虽然算法简单且易于硬件实现,但是响应速度较慢,只适用于那些辐照度变化比较缓慢的场合。而在稳态情况下,这种算法会导致光伏阵列的实际工作点在最大功率点附近小幅振荡,因此会造成一定的功率损失;而当辐照度发生快速变化时,干扰观察法可能会失效,即判断后得到错误的跟踪方向。

（3）电导增量法　电导增量法也是MPPT控制技术的常用方法之一。通过光伏阵列P-U曲线可知最大值P_{max}处的斜率为零,所以可以比较光伏阵列的瞬时电导和电导的变化量来实现最大功率跟踪。如图2-74所示,光伏阵列的输出特性曲线是一个单峰值的曲线,在最大功率点必定有$dP/dU=0$,式中P为光伏阵列的输出功率,U为输出电压。如果$dP/dU>0$,那么系统工作在最大功率点的左侧;如果$dP/dU<0$,那么系统工作在最大功率点的右侧。

对于光伏阵列,有$P=UI$。利用一阶导数求极值的方法,即对$P=UI$求全导数,可得

$$dP = IdU + UdI \tag{2-11}$$

两边同时除以dU,有

$$\frac{dP}{dU} = I + U\frac{dI}{dU} \tag{2-12}$$

令$\dfrac{dP}{dU}=0$,有

$$\frac{\mathrm{d}I}{\mathrm{d}U} = -\frac{I}{U} \tag{2-13}$$

因此，通过判断 $I/U + \mathrm{d}I/\mathrm{d}U$ 即 $G + \mathrm{d}G$（G 为电导）的符号，就可以判断出光伏阵列是否工作在最大功率点上。当符号为负时，表明此时在最大功率点右侧，下一步要减少光伏阵列的输出电压；当符号为正时，表明此时在最大功率点左侧，下一步要增大光伏阵列的输出电压；当等于 0 时，表明此时在最大功率点处，下一步要维持光伏阵列的输出电压不变。

理论上这种方法比干扰观察法好，因为它在下一时刻的变化方向完全取决于在该时刻的电导的变化率和瞬时电导值的大小，而与前一时刻的工作点电压以及功率的大小无关，因而能够适应辐照度的快速变化，其控制精度较高，适用于大气条件变化较快的场合。但是在对硬件要求（特别是传感器的精度要求）较高的情况下，系统各个部分响应速度也都要求比较快，因而整个系统的硬件造价也比较高。

（4）模糊逻辑控制　模糊逻辑控制（Fuzzy Logic Control）基于模糊推理系统，其本质以设备操作者的经验和直觉为基础，而传统控制系统则通常建立在被控对象的数学模型之上。

由于辐照度的不确定性、光伏阵列的温度变化、负载情况的变化以及光伏阵列输出特性的非线性特征，要实现光伏阵列最大功率点的准确跟踪需要考虑的因素很多。针对这样的非线性系统，使用模糊逻辑控制方法进行控制，可以获得比较理想的效果。

在光伏发电系统中使用模糊逻辑控制方法实现 MPPT 控制，可以通过 DSP 来比较方便地执行，其中模糊控制器的设计主要包括以下几方面内容：确定模糊控制器的输入变量和输出变量；归纳和总结模糊控制器的控制规则；确定模糊化和反模糊化的方法；选择论域并确定有关参数。

使用模糊逻辑控制方法进行光伏发电系统的 MPPT 控制，具有较好的动态特性和精度，在光伏并网发电领域具有较为广阔的应用前景，但是基于模糊逻辑控制方法的光伏发电系统的 MPPT 控制通常通过 DSP 芯片实现，成本较高，并不适用于小型的独立光伏发电系统。

3. 最大功率点跟踪型光伏控制器

最大功率点跟踪型光伏控制器是传统光伏控制器的升级换代产品。它能实时地将检测到的电压 U 和电流 I 相乘后得到功率 P，然后判断光伏阵列此时的输出功率是否最大，若不在最大功率点运行，则调整脉宽和输出占空比 δ，改变充电电流，再次进行实时采样，并做出是否改变占空比的决断，通过这样寻优过程，可保证光伏阵列始终运行在最大功率点上，从而充分利用光伏阵列的输出能量。同时采用脉冲宽度调制（PWM）方式，使充电电流成为脉冲电流，以减少蓄电池的极化，提高充电效率。

微视频
最大功率点跟踪型光伏控制器

MPPT 控制的实质是一个动态自动寻优过程，通过对光伏阵列当前输出电压和电流的检测，得到当前光伏阵列的输出功率，并与已被存储的前一时刻数据进行比较，舍小取大，然后继续检测、比较，如此周而复始，使其工作在最大功率点上。MPPT 控制系统的 DC-DC 变换的主电路采用 Boost 升压电路，如图 2-75 所示，该电路由开关管

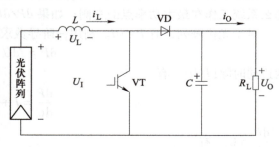

图 2-75　Boost 主电路

VT、二极管 VD、电感 L 和电容 C 组成，其工作原理如下：当开关管 VT 导通时，二极管 VD 反偏，光伏阵列向电感 L 存储电能；当开关管 VT 截止时，二极管 VD 导通，由电感 L 和光伏阵列共同向负载供电，同时还给电容 C 充电，电感 L 两端的电压与输入电源的电压叠加，使输出端产生高于输入端的电压。升压（Boost）电路的输入/输出电压关系有

$$U_O = \frac{U_I}{(1-\delta)} \tag{2-14}$$

当 Boost 变换器工作在电流连续条件下时，其输出电压只与占空比有关，而与负载无关，只要有合适的开路电压，通过改变 Boost 主电路的占空比 δ，就能找到与光伏阵列最大功率点相对应的电压 U_I。

2.4.4 光伏控制器电路案例

一个实际光伏控制器的结构框图如图 2-76 所示。其核心在这里选用美国 TI 公司的 MSP430 单片机。该单片机内置的各种转换和驱动模块可免接大部分的外围电路，使整个系统电路简洁，使用方便，易于维护。该单片机的 A/D 转换速度快，数据实时性好，功耗低。它主要包括电压采集模块、电流采集模块、蓄电池温度采集模块、光强采集模块和充放电控制模块等。

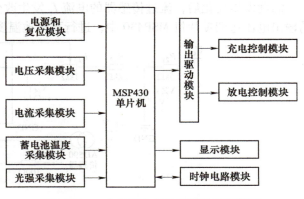

图 2-76 一个实际光伏控制器的结构框图

1. 电压采集模块

电压采集模块的电路如图 2-77 所示，其采用电阻分压的方法来采集光伏阵列（组件）电压，通过线性光电耦合器 LOC110 使单片机与光伏阵列（组件）及蓄电池在电气上隔离，输出电压送到单片机 MSP430 中，进行电压大小判断。

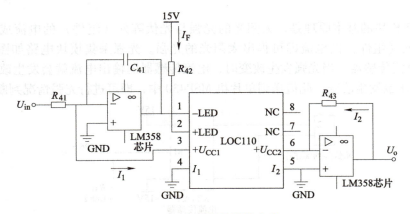

图 2-77 电压采集模块电路

2. 电流采集模块

电流采集模块通过电流输出型霍尔式电流传感器 SMNA100L 来直接采集电流，然后进

行分压、分流、滤波和跟随等一系列调理,最后将采样的电流数据输入到单片机 MSP430 中,进行电流大小判断。

3. 蓄电池温度采集模块

蓄电池温度采集模块采用集成式温度传感器 AD590 采集蓄电池温度,流过传感器的电流为 I_r,蓄电池温度采集模块电路如图 2-78 所示。LM358 芯片的同相输入端电压为 $U_P = I_r R_{28}$,LM358 芯片的反相输入端电压为

$$U_N = \frac{U_{CC} R_{24}}{R_{21} + R_{22} + R_{23} + R_{24}}$$

所以输出电压为

$$U_o = (u_N - u_P) A_{uf}$$

式中 A_{uf}——差动放大运算电路的放大倍数。

温度发生变化后,流过传感器的电流 I_r 发生改变,从而使 U_P 的值发生变化,经放大后的输出电压送到单片机 MSP430 中,进行蓄电池温度大小判断。

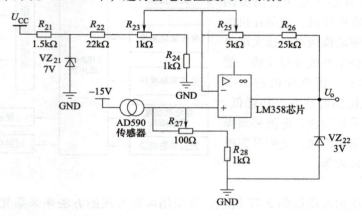

图 2-78 蓄电池温度采集模块电路

4. 光强采集模块

光强采集模块的基本原理是,太阳光的光强与光伏阵列(组件)的电流成正比,通过检测光伏阵列(组件)的电流即可得出太阳光的光强。光强采集模块电路如图 2-79 所示。KT1A/P 为电流传感器。当光强发生改变时,电流传感器的输出电流就会发生改变,在电阻 R_{31} 上形成电压也发生改变,此值送到单片机 MSP430 中,即可进行光强情况判断。

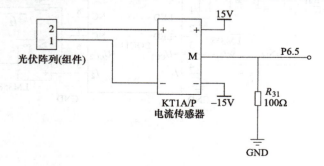

图 2-79 光强采集模块电路

5. 充放电控制模块

充放电控制模块如图 2-80 所示。它以 TLP250 驱动的 IRF3205（VT_2）作为充放电控制模块中的开关器件。这里以放电控制模块为例说明其工作过程。当单片机 MSP430 输出高电平时，晶体管 VT_5 导通，TLP250 输出高电平，VT_2 的栅-源电压被钳位于 10V，VT_2 导通，蓄电池向负载供电。同理，当 MSP430 输出低电平时，晶体管 VT_5 截止，TLP250 输出低电平，VT_2 的栅-源电压小于阈值电压，VT_2 不能导通，相当于开关处于断开状态，蓄电池不能向负载供电。

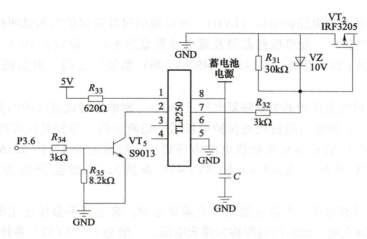

图 2-80　充放电控制模块电路

2.4.5　光伏控制器的主要技术参数

（1）系统电压　系统电压即额定工作电压，指光伏发电系统的直流工作电压，通常有 6 个标称电压等级，即 12V、24V、48V、110V、220V 和 500V。

（2）最大充电电流　最大充电电流是指光伏阵列（组件）输出的最大电流，根据功率大小分为 5A、6A、8A、10A、12A、20A、30A、40A、50A、70A、100A、150A、200A、250A 和 300A 等多种规格。有些生产厂家用光伏阵列（组件）最大功率来表示这一内容，间接地体现最大充电电流这一技术参数。

（3）光伏阵列输入路数　小功率光伏控制器一般都是单路输入，而大功率光伏控制器都是由光伏阵列多路输入，一般的大功率光伏控制器可输入 6 路，最多的可接入 12 路、18 路。

（4）电路自身损耗　电路自身损耗也叫作空载损耗（静态电流）或最大自身损耗。为了降低光伏控制器的损耗，提高转换效率，光伏控制器的电路自身损耗要尽可能低。光伏控制器的最大自身损耗不得超过其额定充电电流的 1% 或 0.4W。根据电路不同，自身损耗一般为 5～20mA。

(5) 蓄电池过充电保护电压（HVD） 蓄电池过充电保护电压也叫作充满断开电压或过电压关断电压，一般可根据需要及蓄电池类型的不同，设定在 14.1~14.5V（12V 系统）、28.2~29V（24V 系统）或 56.4~58V（48V 系统）之间，典型值分别为 14.4V、28.8V 或 57.6V。

(6) 蓄电池充电保护的关断恢复电压（HVR） 蓄电池充电保护的关断恢复电压指蓄电池过充后，停止充电进行放电，然后再次恢复充电的电压。一般设定为 13.1~13.4V（12V 系统）、26.2~26.8V（24V 系统）或 52.4~53.6V（48V 系统），典型值分别为 13.2V、26.4V 或 52.8V。

(7) 蓄电池的过放电保护电压（LVD） 蓄电池的过放电保护电压也叫作欠电压断开电压或欠电压关断电压，一般可根据需要及蓄电池类型的不同，设定在 10.8~11.4V（12V 系统）、21.6~22.8V（24V 系统）或 43.2~45.6V（48V 系统）之间，典型值分别为 11.1V、22.2V 或 44.4V。

(8) 蓄电池过放电保护的关断恢复电压（LVR） 蓄电池过放电保护的关断恢复电压指蓄电池放电过程中，端电压越过放电保护电压后，切断负载，等到光伏阵列（组件）给蓄电池充电至某一电压后重新对负载供电的电压值。一般设定为 12.1~12.6V（12V 系统）、24.2~25.2V（24V 系统）或 48.4~50.4V（48V 系统），典型值分别为 12.4V、24.8V 或 49.6V。

(9) 蓄电池浮充电压 当蓄电池处于充满状态时，充电器不会停止充电，仍会提供恒定的电压给蓄电池充电，此时的电压称为浮充电压，一般为 13.7V（12V 系统）、27.4V（24V 系统）或 54.8V（48V 系统）。

(10) 温度补偿 光伏控制器一般都有温度补偿功能，以适应不同的环境工作温度，为蓄电池设置更为合理的充电电压。

(11) 工作环境温度 光伏控制器的使用或工作环境温度范围随厂家而不同，一般在 -20~50℃。

(12) 其他保护功能

1) 光伏控制器输入、输出短路保护功能。即光伏控制器的输入、输出都要具有短路保护电路。

2) 防反充保护功能。光伏控制器要具有防止蓄电池向光伏阵列（组件）反向充电的保护功能。

3) 极性反接保护功能。当光伏阵列（组件）或蓄电池接入光伏控制器的极性接反时，光伏控制器要具有保护电路的功能。

4) 防雷击保护功能。光伏控制器输入端应具有防雷击的保护功能，避雷器的类型和额定值应能确保吸收预期的冲击能量。

5) 耐冲击电压和冲击电流保护。在光伏控制器的光伏阵列（组件）输入端施加 1.25 倍的标称电压并持续 1h，光伏控制器不应该损坏。使光伏控制器充电回路电流达到标称电流的 1.25 倍并持续 1h，光伏控制器也不应该损坏。

表 2-12 为某光伏控制器主要技术参数。

项目 2 光伏发电系统的设计基础

表 2-12 某光伏控制器主要技术参数

电气参数		其他参数	
电气参数描述	具体参数	人机接口	数码管显示屏，按键 1 个
光伏阵列（组件）输入电压	≤50V	散热方式	铝型材散热器
		接线方式	PCB 接线端子，其面积≤16mm²
额定充电电流	20A	工作温度	-20~50℃
系统电压	24V	储存温度	-30~60℃
蓄电池过电压保护电压	29.6V	工作湿度	10%~90%
额定放电电流	20A	尺寸	196mm×111mm×54mm
电路自身损耗	≤14mA	质量	407g
充电回路压降	0.26V	USB 接口	5V，1A
放电回路压降	0.15V	防护等级	IP30
充电控制模式	多阶段充电控制	提升充电电压	28.8V
蓄电池浮充电压	27.6V	提升充电时间	2h
欠电压关断电压	21.6V	负载控制模式	普通、光控
关断恢复电压	25.2V	蓄电池类型	胶体、免维护、开口铅酸蓄电池

任务实施

1) 记下实验用光伏控制器的型号及铭牌上的参数，说明参数的含义。
2) 结合光伏控制器使用说明书，说明光伏控制器指示灯的亮灭表示的含义。
3) 光伏控制器测试。

① 光伏控制器过充电保护电压测试。

首先按图 2-81 所示原理图连接好电路。

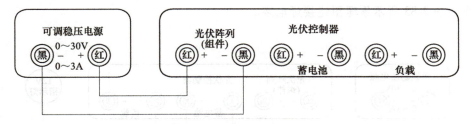

图 2-81 光伏控制器过充电保护电压测试原理图

然后缓慢调节可调稳压电源上的电压调节旋钮，仔细观察光伏控制器上最左边的光伏阵列（组件）指示灯的亮灭变化和点亮后的颜色变化。

最后记录各种情况下的电压范围并填入表 2-13 中，分析光伏控制器的正常充电和过充电保护的电压范围。

表 2-13 光伏控制器过充电保护电压测试

指示灯状态	不亮	绿色常亮	绿色快闪
电压范围/V			

② 蓄电池欠电压和充满电压测试。

首先按图2-82所示原理图连接好电路。

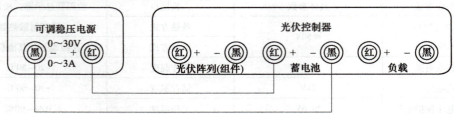

图 2-82　蓄电池欠电压和充满电压测试原理图

然后调节可调稳压电源上的电压调节旋钮，使输出电压为12V，再缓慢反向旋转电压调节旋钮，使输出电压降低，仔细观察光伏控制器上蓄电池指示灯的颜色变化，等指示灯变为橙黄色时说明蓄电池处于欠电压状态，把可调稳压电源电压值（或用直流电压表测量的电压值）填入表2-14中。

最后调节可调稳压电源上的电压调节旋钮，使输出电压为12V，再缓慢正向旋转电压调节旋钮，使输出电压升高，仔细观察光伏控制器上蓄电池指示灯的颜色变化，等指示灯变为绿色慢闪时说明蓄电池处于充满状态，把可调稳压电源电压值（或用直流电压表测量的电压值）同样填入表2-14中。

表 2-14　蓄电池欠电压和充满电压测试

指示灯颜色	橙黄色（欠电压）	绿色慢闪（充满）
电压范围/V		

③ 蓄电池过放电保护电压测试。

首先按图2-83所示原理图连接好电路。

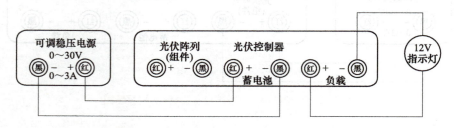

图 2-83　蓄电池过放电保护电压测试原理图

然后先将可调稳压电源的电压调节到12V，按一下光伏控制器的输出按钮，点亮12V指示灯。

再缓慢反向旋转可调稳压电源的电压调节旋钮，模拟蓄电池放电电压逐渐降低。降到12V指示灯不亮时的电压即为光伏控制器的放电保护电压，此时光伏控制器的指示灯应变为红色。

最后将光伏控制器的正常放电电压和过放电保护电压记录于表2-15中。

表 2-15　蓄电池过放电保护电压测试

12V 指示灯状态	常亮	熄灭
电压范围/V		

任务 2.5　光伏逆变器的功能、分类、工作原理与测试

任务目标

1. 能力目标

1) 能阐述光伏逆变器的功能。
2) 能阐述孤岛效应的概念、危害及对此应采取的措施。
3) 能阐述光伏逆变器电路结构的主要组成及各部分作用。
4) 能阐述各种光伏逆变器电路的工作原理。
5) 能读懂实用离网和并网逆变器的主要技术参数。
6) 能对实验用离网逆变器进行测试。

2. 知识目标

1) 了解光伏逆变器的分类。
2) 理解孤岛效应的概念。
3) 理解正弦脉宽调制技术。
4) 掌握光伏逆变器的基本原理。

3. 素质目标

1) 培养自主学习能力。
2) 培养团队协作精神及集体意识。
3) 培养实事求是、精益求精的精神。
4) 培养学生查阅和应用国家标准的能力。

动画
光伏逆变器

相关知识

通常，把交流电变成直流电的过程叫作整流，完成整流功能的电路叫作整流电路。与之相对应，把直流电变成交流电的过程叫作逆变，完成逆变功能的电路则称为逆变电路，实现逆变过程的装置叫作逆变设备或逆变器。光伏逆变器实物图如图 2-84 所示。光伏逆变器是光伏发电系统中的重要组成部分。

图 2-84　光伏逆变器实物图

2.5.1　光伏逆变器的功能、分类

1. 光伏逆变器的功能

光伏逆变器除了具有将直流电转化交流电的功能外，还具有自动运行和停机、防孤岛效

应、电压自动调整和最大功率点跟踪控制等功能。

（1）自动运行和停机功能　　早晨日出后，太阳辐照度逐渐增强，光伏阵列的输出功率也随之增大，在达到光伏逆变器工作所需的输出功率后，光伏逆变器即自动开始运行。此后，光伏逆变器便时刻监视光伏阵列的输出功率，只要光伏阵列的输出功率大于光伏逆变器工作所需的输出功率，光伏逆变器就持续运行，直到日落停机为止。当光伏阵列输出功率变小、光伏逆变器输出接近 0 时，光伏逆变器即处于待机状态。

（2）防孤岛效应功能　　在光伏发电系统与电力系统并网运行过程中，当公共电网由于异常而停电时，如果光伏发电系统不能随之停止工作或与公共电网脱开，则会向公共电网继续供电，并与本地负载连接，处于独立运行状态。

微视频
光伏逆变器的功能

孤岛效应正是指这种在公共电网失电的情况下，发电设备仍作为孤立电源对负载供电的现象。孤岛效应对设备和人员安全存在重大隐患，主要体现在以下几个方面。

1）检修人员停止公共电网的供电，并对电力系统的线路和设备进行检修时，如果并网光伏发电系统仍继续供电，就可造成人员伤亡事故。

2）当因公共电网故障造成停电时，若并网逆变器仍工作，则一旦公共电网恢复供电，电网电压和并网逆变器的输出电压在相位上就可能有较大差异，这会在瞬间产生很大的冲击电流，从而损坏设备。

3）若负载容量与并网逆变器容量不匹配，则会造成对正弦波逆变器的损坏。

4）孤岛效应下的光伏发电系统脱离了电力管理部门的监控，这种运行方式在电力管理部门看来是不可控和高隐患的操作。

当公共电网失电压时，防孤岛效应保护应在 2s 内动作，将光伏发电系统与公共电网断开。并网逆变器可采用两种孤岛效应检测方法，即被动式和主动式。被动式检测方法指实时检测电网电压的幅值、频率和相位，当公共电网失电时，会在电网电压的幅值、频率和相位参数上产生跳变信号，可通过检测跳变信号来判断公共电网是否失电。主动式检测方法指对公共电网参数产生小干扰信号，通过检测反馈信号来判断公共电网是否失电。其中一种方法就是通过测量并网逆变器输出的谐波电流在并网点所产生的谐波电压值，计算公共电网阻抗来进行判断，当公共电网失电时，会在电网阻抗参数上发生较大变化，可以由此判断是否出现了公共电网失电的情况。

（3）电压自动调整功能　　并网光伏发电系统，由于存在电能输出到公共电网的情况，有时会导致受电点的电压升高，超出公共电网规定的运行范围的情况。为了避免这些问题，并网逆变器设置了电压自动调整功能。

（4）最大功率点跟踪控制功能　　光伏阵列的输出是随太阳辐照度和光伏阵列自身温度而变化的。另外，由于光伏阵列具有电压随电流增大而下降的特性，因此存在能获取最大功率的最佳工作点。太阳辐照度是变化的，显然最佳工作点也是在变化的。相对于这些变化，始终让光伏阵列的工作点处于最大功率点，则光伏发电系统始终可从光伏阵列处获取最大功率输出，这种控制就是最大功率点跟踪控制。光伏逆变器的最大特点就是包括了最大功率点跟踪这一功能。

微视频
光伏逆变器的分类

2. 光伏逆变器的分类

光伏逆变器的分类方法很多，按输出的相数可分为单相逆变器和三相逆变器；按线路原理可分为自激振荡型逆变器、阶梯波叠加型逆变器、脉宽调制型逆变器和谐振型逆变器;按在光伏发电系统中的用途可分为离网逆变器和并网逆变器;按输出能量的去向不同可分为有源逆变器和无源逆变器,有源逆变器的交流侧接电网,即交流侧接有电源,无源逆变器的交流侧直接和负载连接;按输出电压的波形可分为方波逆变器、阶梯波逆变器和正弦波逆变器。下面重点介绍以输出电压的波形不同而进行分类的情况。

(1) 方波逆变器　方波逆变器输出的交流电压波形为方波,如图 2-85a 所示。方波逆变器的共同特点是,线路比较简单,使用功率管数量很少,功率一般在几十瓦至几百瓦。方波逆变器的优点是价格便宜,维修简单。缺点是方波电压中含有大量高次谐波成分,在以变压器为负载的电气设备中会产生附加损耗,对收音机和某些通信设备也有干扰,且调压范围不够宽,保护功能不够完善,噪声比较大等。方波逆变器主要应用在为计算机、复印机、打印机和小型充电器等使用开关电源的用电器供电场合。

(2) 阶梯波逆变器　阶梯波逆变器输出的交流电压波形为阶梯波,如图 2-85b 所示。光伏逆变器实现阶梯波输出有多种不同的线路可选,且各自输出波形的阶梯数目差别较大。阶梯波逆变器的优点是输出波形比方波有明显改善,高次谐波含量减小,当阶梯达到 17 个以上时,输出波形可被视为准正弦波,在采用无变压器输出时,整机效率很高。缺点是阶梯波叠加线路使用的功率开关管较多,其中有些线路形式还要求有多组直流电源输入,这给光伏阵列的分组与接线和蓄电池的均衡充电均带来麻烦,而且阶梯波对收音机和某些通信设备仍有一些高频干扰。阶梯波逆变器除了可用在上述方波逆变器所应用的场合外,还可应用在对波形要求不高的小型负载(如电冰箱、洗衣机等)的场合。

(3) 正弦波逆变器　正弦波逆变器输出的交流电压波形为正弦波,如图 2-85c 所示。其优点是输出波形好,失真度很低,对收音机和通信设备无干扰,噪声很低且保护功能齐全。缺点是线路相对复杂,维修技术要求高,价格较贵。

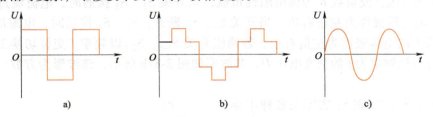

图 2-85　3 种类型逆变器的输出电压波形
a) 方波　b) 阶梯波　c) 正弦波

3. 光伏逆变器的基本电路结构

光伏逆变器的基本电路结构如图 2-86 所示。它由输入电路、主逆变电路、控制电路、输出电路、辅助电路和保护电路等构成。

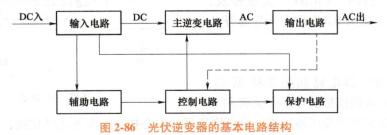

图 2-86　光伏逆变器的基本电路结构

（1）输入电路　输入电路的主要作用是为主逆变电路提供可确保其正常工作的直流电压。

（2）主逆变电路　主逆变电路是光伏逆变器的核心，主要作用是通过半导体开关器件的导通和关断完成逆变的功能。

（3）控制电路　控制电路为主逆变电路提供一系列的控制脉冲来控制开关器件的导通与关断，配合主逆变电路完成逆变功能。

（4）输出电路　输出电路主要用于对主逆变电路输出交流电的波形、频率、电压和电流的幅值与相位等进行修正、补偿和调整，使之能满足使用需求。

（5）辅助电路　辅助电路可将输入电路的直流电压变换成适合控制电路工作的直流电压，并包含了多种检测电路。

（6）保护电路　保护电路主要对光伏逆变器进行保护。包括输入过电压和欠电压保护、输出过电压和欠电压保护、过载保护、过电流和短路保护以及过热保护等。

以输出正弦波为例，其工作过程如下：由光伏阵列（或蓄电池）送来的直流电通过输入电路进入主逆变电路中，转换成高频（一般为10kHz）的交流调制正弦脉冲波，再经滤波器滤波成为50Hz的工频正弦波。

2.5.2　光伏逆变器电路工作原理

1. 基本电路工作原理

逆变器有很多种类，虽然各自的工作原理、工作过程不尽相同，但是最基本的逆变过程是相同的。下面以最简单的单相桥式逆变器为例说明逆变过程，逆变器的基本原理如图2-87所示。E为直流电压，设负载R为纯电阻性负载，当开关S_1、S_3接通时，电流流过S_1、R和S_3，负载上的电压极性为左正右负，当开关S_1、S_3断开，S_2、S_4接通时，电流流过S_2、R和S_4，负载上的电压极性为左负右正。若两组开关S_{1-3}、S_{2-4}以频率f交替切换工作，则负载R上便可得到频率为f的交变电压U，其波形如图2-87b所示，该波形为方波，其周期为$T=1/f$。

开关S_1、S_2、S_3和S_4实际是各种半导体开关器件的一种理想模型。逆变器电路中常用的半导体开关器件有功率晶体管（GTR）、功率场效应晶体管（Power MOS-FET）、门极关断晶闸管（GTO）及快速晶闸管等。近年来，功耗更低、开关速度更快的绝缘栅双极晶体管（IGBT）大量普及，大功率逆变器多采用IGBT作为半导体开关器件。

2. 单相推挽逆变器电路工作原理

单相推挽逆变器电路如图2-88所示。该电路由两只共负极连接的功率开关管和一个具有中心抽头的升压变压器组成。升压变压器的中心抽头与电源正极相接，两只功率开关

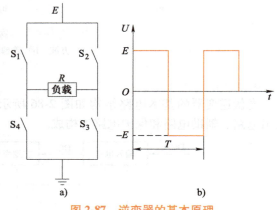

图2-87　逆变器的基本原理

a）电路　b）波形

管在控制电路输出的驱动信号作用下交替工作,输出方波电压。具体工作原理如下:当输出端接电阻性负载时,若控制电路输出的驱动信号加到功率开关管 VT_1 的栅极, VT_1 导通, VT_2 截止,变压器输出端输出正电压;若控制电路输出的驱动信号加到功率开关管 VT_2 的栅极, VT_2 导通, VT_1 截止,变压器输出端输出负电压。因此变压器输出电压 U_O 为方波。若输出端接电感性负载,则变压器内的电流波形连续。这种电路的控制电路比较简单,且升压变压器有一定的漏感,可限制短路电流,提高了电路的可靠性。但这

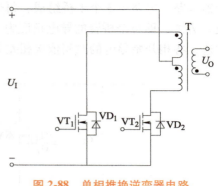

图 2-88 单相推挽逆变器电路

种电路的缺点是升压变压器的效率低,带电感性负载的能力较弱,不适合电压过高的场合。

3. 半桥式逆变器电路工作原理

半桥式逆变器电路如图 2-89 所示,它由两只功率开关管和两只储能电容组成。工作原理如下:当功率开关管 VT_1 导通时,电容 C_1 上的能量释放到负载上;当 VT_2 导通时,电容 C_2 的能量通过变压器释放到负载上;当 VT_1、VT_2 轮流导通时,在负载两端即获得了交流电源。这种电路结构简单,两只储能电容的作用不会产生磁偏或直流分量,非常适合后级带变压器类的负载。由于该电路工作在工频(50Hz)时需要较大的电容量,会使电路的成本上升,因此该电路更适合于高频逆变的场合。

4. 全桥式逆变器电路工作原理

全桥式逆变器电路如图 2-90 所示,它由 4 只功率开关管组成,克服了推挽式逆变器电路的缺点。全桥式逆变器电路的工作原理如下:功率开关管 VT_1 和 VT_2 互补,VT_3 和 VT_4 互补,当 VT_1 与 VT_3 同时导通时,负载电压 $U_O=U_I$;当 VT_2 与 VT_4 同时导通时,负载电压 $U_O=-U_I$。当 VT_1、VT_3 和 VT_2、VT_4 轮流同时导通时,即在负载两端得到了交流电压。

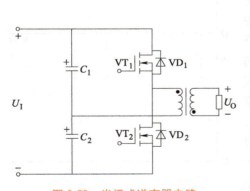

图 2-89 半桥式逆变器电路

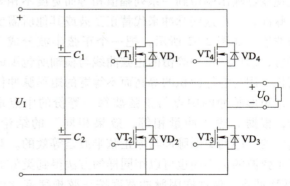

图 2-90 全桥式逆变器电路

5. 三相逆变电路工作原理

当光伏发电系统的容量比较大时,需要采用三相逆变器。三相逆变器可以是半桥式的,也可以是全桥式的。三相逆变器电路可用 3 个单相逆变器电路组成,也可用 3 个独立桥臂组成。三相逆变器的驱动信号间彼此相差 120°(超前或滞后),以便获得三相平衡(基波)的输出。在实际应用中,广泛采用的是三相桥式逆变电路。图 2-91 所示为电压型三相桥式逆

变器电路，电路由 3 个半桥组成，每个半桥对应一相。它的基本工作方式是 180° 导电（方波）方式，即每个桥臂的导电角度为 180°。同一相（即同一个半桥）的上下两个桥臂交替导通，各相开始导电的时间依次相差 120°。

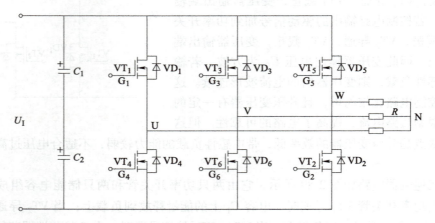

图 2-91　电压型三相桥式逆变器电路

6. 正弦脉宽调制技术工作原理

随着逆变器控制技术的发展，电压型逆变器出现了多种变压、变频控制方法。目前采用较多的是正弦脉宽调制（Sinusoidal Pulse Width Modulation，SPWM）技术。

采样控制理论中有一个重要结论：冲量相等而形状不同的窄脉冲加在具有惯性的环节上效果是相同的。PWM 技术就是以该结论为理论基础，对半导体开关器件的导通和关断进行控制的，该技术可使逆变器输出端得到一系列幅值相等而宽度不相等的脉冲，并用这些脉冲来代替正弦波或其他所需要的波形。如图 2-92 所示，把一个正弦半波分成 N 等份，然后把每一等份的正弦曲线与横轴所包围的面积，用与它等面积的等高而不等宽的矩形脉冲代替，矩形脉冲的中点与正弦波每一等份的中点重合，根据上述"冲量相等，效果相同"的结论，这样的一序列矩形脉冲与原正弦半波是等效的。对于正弦波的负半周也可以用同样的方法得到类似的 PWM 波形。像这样因脉冲宽度按正弦规律变化而和正弦波等效的 PWM 波就是 SPWM 波。如果按一

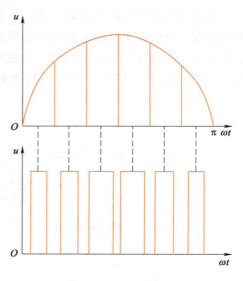

图 2-92　SPWM 原理

定的规则对各脉冲的宽度进行调制，则可改变逆变器输出电压的大小和输出电压的频率。

SPWM 有两种控制方式，一种是单极性的，如图 2-93a 所示；一种是双极性的，如图 2-93b 所示。两种控制方式的调制方法相同，输出基本电压的大小和频率也都是通过改变正弦参考信号的幅值和频率而改变的，只是功率开关器件通断的情况不一样。单极性 SPWM 的工作特点为：每半个周期内，逆变器同一桥臂的两个功率开关器件中，只有一个器件按脉冲

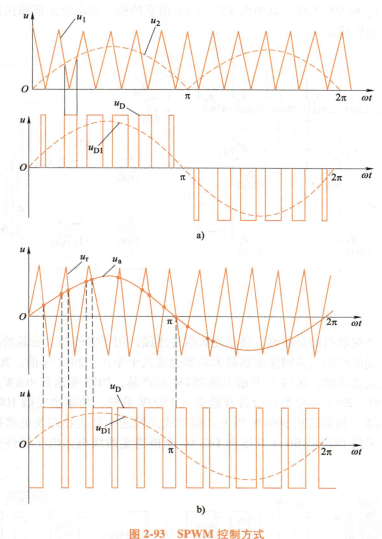

图 2-93 SPWM 控制方式
a) 单极性 SPWM   b) 双极性 SPWM

序列的规律时通时断地工作,另一个完全截止,而在另半个周期内,两个器件的情况则正好相反,由此流经负载的便是正、负交替的交变电流。双极性 SPWM 的工作特点为:逆变器在工作时,同一桥臂的两个功率开关器件总是按相电压脉冲序列的规律交替地导通和关断,毫不停息,而流过负载的则是按线电压规律变化的交变电流。

2.5.3 光伏逆变器电路案例

1. 离网逆变器电路

一款离网逆变器电路如图 2-94 所示。它将 12V 直流电压逆变为 220V 交流电压,输出功率 150W,设计频率为 300Hz 左右,输出方波波形。这款离网逆变器可以在停电时支持家庭照明和使用开关电源的家用电器等。它由 VT_2 和 VT_3 组成多谐振荡器,再通过 VT_1 和 VT_4

驱动，来控制 VT_5 和 VT_6 工作。其中由 VT_7 与 VZ 组成的稳压电源给多谐振荡器供电，这样可以使输出频率比较稳定。

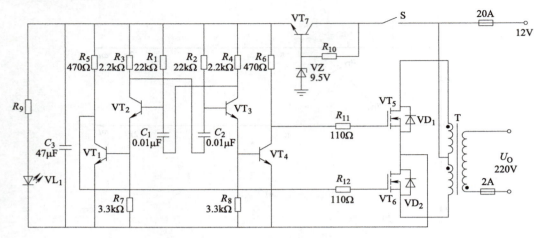

图 2-94 一款离网逆变器电路

2. 组串式并网逆变器电路

组串式并网逆变器指的是能够直接跟光伏组件连接，用于室外挂式安装的单相或者三相并网逆变器。早期的组串式并网逆变器最大功率也就几十千瓦，2013 年前，20kW 的组串式并网逆变器已是大功率的，2014 年开始出现 28kW 的产品，2015 年达到 40kW，以后每年以 10kW 的速度递增。2017 年后类似设备开始进入 1500V 系统，功率也突破 100kW，到 2019 年更是突破 200kW，目前已达 300kW 以上。组串式并网逆变器实物图及电路框图如图 2-95 所示，拓扑结构采用 DC-DC-Boost 升压和 DC-AC 全桥逆变两级电力电子器件变换，防护等级一般为 IP65。

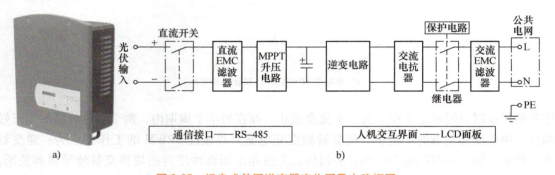

图 2-95 组串式并网逆变器实物图及电路框图
a) 实物图　b) 电路框图

2.5.4 光伏逆变器的主要技术参数

1. 离网逆变器的主要技术参数

（1）效率　效率是衡量光伏逆变器性能的一个重要技术参数。它是指在规定条件下光伏逆变器输出功率与输入功率之比，以百分数表示，其数值用来表征光伏逆变器损耗功率的大小。一般情况下,光伏逆变器的标称效率是指纯电阻性,80%额定负载情况下的效率。在光伏逆变器的效率方面有如下要求:千瓦级以下的光伏逆变器的额定负载效率不低于85%,低负载效率不低于75%;10kW的光伏逆变器的额定负载效率不低于90%,低负载效率不低于80%。当然,光伏逆变器的效率越高越好。

(2) 额定输出容量(视在功率) 额定输出容量(视在功率)表示光伏逆变器向负载供电的能力。选用光伏逆变器时,应首先考虑具有足够的额定输出容量,以满足最大负载下设备对电功率的要求和对系统进行扩容及接入一些临时负载的要求。对于以单一设备为负载的光伏逆变器,其额定容量的选取较为简单,当用电设备为纯电阻性负载或功率因数大于0.9时,选取光伏逆变器的额定输出容量为设备容量的1.1~1.15倍即可;如果负载为电动机等电感性负载,则要求额定输出容量为设备容量的5~10倍,考虑到光伏逆变器本身具有一定过载能力,其额定输出容量可适当取小些。在光伏逆变器以多个设备为负载时,其额定输出容量的选取要考虑几个用电设备同时工作的可能性,即"负载同时系数"。

额定输出容量的单位为 V·A 或 kV·A。额定输出容量越大,逆变器的带负载能力越强。

(3) 额定输出电压 额定输出电压指在规定的输入直流电压允许波动的范围内光伏逆变器应能输出的电压值,即光伏逆变器输出至负载的工作电压。一般光伏逆变器的额定输出电压值为 220V 或者 380V,对额定输出电压值有如下规定:在稳定状态运行时,电压波动范围偏差不得超过额定输出电压值的±5%;在负载突变时(如突变量为额定负载的0%、50%、100%)或其他因素干扰情况下,电压波动范围偏差不得超过额定输出电压值的±10%。

离网型逆变器将蓄电池输出的直流电逆变成 220V 或 380V 的交流电。但是通常蓄电池受自身充放电的影响,其输出电压的变化范围较大,如标称 12V 的蓄电池,其电压值可在10.8~14.4V 之间变动。一个性能优良的离网型逆变器,应该能在蓄电池电压变化较大时,保持相对稳定的输出电压,其偏差值不应超过额定值的±15%。

(4) 输出电压的波形失真度 对正弦波逆变器,通常以输出电压的波形失真度来表示输出电压波形的失真情况,其值应不超过5%(单相输出允许10%)。正弦波逆变器输出的高次谐波电流会在电感性负载上产生电涡流等附加损耗,如果正弦波逆变器输出电压的波形失真度过大,就会导致负载部件严重发热,不利于电气设备的安全,并且严重影响系统的运行效率。

通常对于一个通用的离网型光伏电站,应选择正弦波逆变器,虽然其价格较高,但通用性好,能满足各种负载的正常运行。

(5) 额定输出频率 正弦波逆变器的输出频率应是一个相对稳定的值,通常为工频50Hz。对于电动机之类的电感性负载和对频率要求较高的负载,如洗衣机、电冰箱和电子钟表等设备,频率过高或者过低都会造成设备发热,降低系统运行效率和使用寿命,所以正弦波逆变器的输出频率应相对稳定,其偏差应在±1%以内。

(6) 负载功率因数 负载功率因数表征光伏逆变器带电感性负载或电容性负载的能力。正弦波逆变器的负载功率因数为 0.7~0.9,额定值为 0.9。在负载功率一定的情况下,如果光伏逆变器的负载功率因数较低,那么所需输出容量就要增大,这在一方面会造成成本增加,另一方面使光伏发电系统交流回路的视在功率增大,回路电流也增大,因而损耗增加,系统效率降低。

(7) 系统输入电压 系统输入电压指光伏发电系统的直流工作电压,其电压一般为

12V、24V、36V、48V、110V 和 220V 等。

(8) 抗浪涌能力　光伏逆变器的抗浪涌能力也称为过载能力，在实际应用中有很多负载在起动时需要较大的电流或功率，譬如各种电动机、电冰箱、空调、洗衣机和水泵，早期的电视机因为内部有消磁线圈，在开机时也需要较大的电流。如果光伏逆变器不具备这种抗浪涌能力，可能会导致跳闸。光伏逆变器应留有充分的余量，以保证负载能可靠起动。

(9) 保护措施　对于一款性能优良的光伏逆变器，它还应具备完备的保护措施或功能，以应对在实际使用过程中出现的各种异常情况，使其自身及系统其他部件免受损伤。

1) 输入欠电压保护。当输入端电压低于额定电压的 85% 时，光伏逆变器应有保护和显示。

2) 输入过电压保护。当输入端电压高于额定电压的 130% 时，光伏逆变器应有保护和显示。

3) 过电流保护。此项保护应能保证在负载发生短路或电流超过允许值时及时动作，使光伏逆变器免受浪涌电流的损伤。当工作电流超过额定的 150% 时，光伏逆变器同样应能自动保护。

4) 输出短路保护。光伏逆变器短路保护动作时间应不超过 0.5s。

5) 输入反接保护。当输入端正、负极接反时，光伏逆变器应有保护功能和显示。

6) 防雷保护。光伏逆变器应有防雷保护。

另外，对无电压稳定措施的光伏逆变器来讲，还应有输出过电压保护措施，以使负载免受过电压的损害。

(10) 通信功能　光伏逆变器应有通信功能，可配备 RS-485/RS-232/USB 接口等。

表 2-16 为某公司生产的单相 DC 12V 小型离网逆变器的技术参数。

表 2-16　某公司生产的单相 DC 12V 小型离网逆变器的技术参数

项目	规格	200W	300W	500W	1000W
直流输入	额定电压/V	12			
	额定电流/A	16	25	42	84
	电压允许范围/V	11.0~15.0			
	欠电压保护点/V	10.8			
	欠电压恢复点/V	12.3			
	过电压保护点/V	17.0			
	过电压恢复点/V	15.05			
交流输出	额定功率/kW	0.2	0.3	0.5	1
	额定输出电压及频率	AC 220V，50Hz			
	额定输出电流/A	1	1.5	2.5	4.5
	输出电压精度	(220±3%)V			
	输出频率精度	(50±0.05)Hz			
	输出电压的波形失真度（THD）	<4%（线性负载）			
	动态响应（负载0%~100%）	5%，<50ms			
	功率因数（PF）	0.8			

（续）

项目	规格	200W	300W	500W	1000W
交流输出	逆变效率（80%电阻性负载）	>90%			
	绝缘强度（输入和输出）	AC 1500V，1min			
	过载能力	125%，60s/150%，10s			
通信和保护	RS-485/RS-232	RS-485（A/D+、B/D-）/ RS-232（RX、TX、GND）			
	保护功能	输入反接保护、输入欠电压保护、输入过电压保护、输出过载保护、输出短路保护、过热保护			
	短路保护	不恢复			
工作环境	防护等级	IP20			
	使用海拔/m	<3000			
	环境温度/℃	-20~65			
	噪声（1m）	<60dB			

2. 并网逆变器的主要技术参数

（1）直流侧参数

1）最大输入功率。指光伏逆变器允许的最大光伏阵列直流接入功率。

2）最大输入电压。指允许输入到光伏逆变器的最大电压，即单个光伏组件串中所有光伏组件开路电压之和不能超过这个值。

3）额定输入电压。指使光伏逆变器效率最高的输入电压值。输入电压高了或者低了，对光伏逆变器的效率都会产生影响，一般要求输入电压在这个值±30V内。

4）MPPT电压范围。光伏逆变器中的MPPT模块只有在它需要的直流电压范围值内，才能正常发挥作用。更宽的MPPT电压范围能够实现早晨时更早发电，日落时更多发电。当光伏组件串的MPPT电压达到光伏逆变器MPPT电压范围，光伏逆变器就可以追踪到光伏组件串的最大功率点。如某三相电动机的最佳工作电压在620V左右，此时光伏逆变器的效率最高。在实际应用中，当光伏组件串工作电压低于此处的额定电压（620V）时，光伏逆变器升压电路开始工作，这会产生一定损耗，降低效率。所以在光伏组件串配置时建议每串光伏组件的MPPT电压略高于620V。

5）满载MPPT工作范围。指光伏逆变器的MPPT模块能发挥最好作用的电压范围。

6）启动电压。指光伏组件串的输入电压可以使光伏逆变器工作时的电压。

7）MPPT路数及每路MPPT输入光伏组件串数。指光伏逆变器的MPPT路数以及每路MPPT上可接入的光伏组件串数量。

以某公司生产的30kW光伏逆变器为例，如图2-96所示，它共有6路直流输入端子，分别为A、B、C、D、E和F。PV1、PV2代表两路MPPT输入。1路MPPT下的所有光伏组件串输入必须相等，不同路MPPT下的

图2-96　光伏逆变器直流输入端子

光伏组件串输入可以不相等，即必须有 A＝B＝C 和 D＝E＝F，但 A 可以不等于 D。

8）最大直流电流。指光伏逆变器允许通过的最大电流。光伏逆变器的最大直流电流＝单个光伏组件串的最大输入电流×光伏组件串并数量。

9）最大短路电流。这是对接线的一种保护，如果短路电流在这个值以内，光伏逆变器可以通过自身的电阻将其释放掉，而不损坏设备。如果超过，则可能会损坏设备和蓄电池，甚至威胁到人身安全。

(2) 交流侧技术参数

1）额定输出功率。即光伏逆变器在额定电压、电流下的输出功率，也是可以长时间持续稳定输出的功率。

2）最大输出功率。最大输出功率也叫峰值功率，是指光伏逆变器在极短时间内能够输出的最大功率值。由于最大输出功率只能维持很短的时间，所以不具备很大的参考意义。

3）额定输出容量（视在功率）。额定输出容量是指当输出功率因数为 1 时，光伏逆变器额定输出电压与额定输出电流的乘积，其单位为 V·A 或 kV·A。它表征了光伏逆变器对负载的供电能力。额定输出容量越大，光伏逆变器的带负载能力越强。在此需特别指出的是，当光伏逆变器不只带纯电阻性负载时，光伏逆变器的带负载能力将小于它所给出的额定输出容量值，此时它反映光伏逆变器带负载总容量的大小，是有功功率和无功功率的具体体现，等于有功功率和无功功率之和的二次方的二次方根。

4）功率因数。功率因数表征光伏逆变器带电感性负载或电容性负载的能力。在交流电路中，电压与电流之间的相位差（φ）的余弦值叫作功率因数，用符号 $\cos\varphi$ 表示，在数值上，功率因数是有功功率和视在功率的比值，即 $\cos\varphi = P/S$，一般说来如白炽灯泡、电阻炉等电阻性负载的功率因数为 1，一般具有电感性负载的电路的功率因数都小于 1。

功率因数是分布式光伏发电项目特别需要关注的问题，它需要从系统的角度考虑，不仅需要考虑负载的类型和大小，还需要考虑无功补偿装置的性能、测试点和控制方法，需要观察整个光伏发电系统的运转，确保系统有功功率正常。

5）效率。光伏逆变器在交流端的输出功率与直流端的输入功率之比称为光伏逆变器的效率。

光伏逆变器的最大效率是瞬时的，在实际使用中意义不大，因为光伏逆变器不可能一直工作在某一个负载点上。

欧洲效率是根据欧洲的光照条件，在不同的直流输入功率点，譬如 5%、10%、20%、30%、50% 和 100% 处得出不同功率点的权值最终计算出来的，用来估算光伏逆变器的总体效率。

相比最大效率，欧洲效率对于评价光伏逆变器效率的高低更具有参考意义。

我国在 2012 年开始成立了起草小组并于 2013 年针对中国光伏发电建设及运行环境的特点在国内率先提出了"中国效率"（中国加权效率）的概念。考虑到我国太阳能资源区分为四类，因此在每一类地区中选取代表性区域分析不同功率区间的年累计发电量，按照欧洲效率以及 CEC 效率取点（分别取逆变器最大功率点跟踪电压窗口的最低值、平均值和最高值，然后计算这 3 个电压点的效率，最后以加权平均数的方法计算出效率）的原则，选取相对稳定且能覆盖全功率范围的统计区间，并计算出每段功率分档上的年发电量的权重占比。

2021 年 3 月 11 日，中华人民共和国工业和信息化部发布《光伏制造行业规范条件（2021 年本）》，其中指出，含变压器型的光伏逆变器中国加权效率不得低于 96.5%，不含变压器型的光伏逆变器中国加权效率不得低于98%（单相二级拓扑结构的光伏逆变器相关指标分别不低于94.5%和97.3%），微型逆变器相关指标分别不低于95%和95.5%。

MPPT效率是指静态的最大功率点跟踪效率，即在一段时间内，光伏逆变器从光伏阵列获得的直流电能，与理论上光伏阵列工作在最大功率点情况下在该时间段输出的直流电能的比值。光伏逆变器的MPPT效率对于评价光伏逆变器本身是否高效来说更有参考意义。

6）功能保护。

① 绝缘阻抗检测。光伏逆变器自身应具备接地绝缘检测电路保护功能，当光伏阵列的接地绝缘阻抗过低的时候，光伏逆变器应无法并网，并报相关错误。

② 漏电保护。在光伏逆变器接入公共电网，且交流断路器闭合的任何情况下，光伏逆变器都应进行剩余电流检测。无论光伏逆变器是否带有隔离，与之连接的光伏阵列是否接地，以及隔离形式采用何种等级（基本绝缘隔离或加强绝缘隔离），都应对过量的连续剩余电流及过量剩余电流的突变进行监控，具体如下：

连续剩余电流——如果连续剩余电流超过一定限值，光伏逆变器会在0.3s内断开并发出故障发生信号。对于额定输出小于或等于30kV·A的光伏逆变器，限值为300mA。对于额定输出大于30kV·A的光伏逆变器，限值为10mA/kV·A。

剩余电流的突变——如果剩余电流的突变超过表2-17所列的限值，则光伏逆变器会在规定时间内断开。

表2-17 剩余电流的突变限值和规定断开时间

剩余电流突变/mA	光伏逆变器规定断开时间/s
30	0.3
60	0.15
150	0.04

（3）基本参数

1）尺寸、质量和安装方式。尺寸小，质量小，安装方式简单的光伏逆变器一直受到用户的青睐。尺寸小、质量小往往意味着运输方便，减少了在运输过程中机器损坏的风险。而壁挂式的安装方式则是用户的首选，用户只需查看墙壁或者安装附着点是否稳定牢靠即可，减少了安装时要花费的人力和物力。

2）工作温度范围。光伏逆变器的工作温度范围往往体现了其耐受低温和高温的能力，并决定了光伏逆变器的寿命。如果光伏逆变器有较宽的工作温度范围，说明其耐受低温和高温的能力更优异，性能更好。

3）防护等级。光伏逆变器分为室内用和室外用两种，防护等级比较低的，一般为IP20或IP23，属于室内用，需要有专门的逆变器室；而防护等级为IP54和IP65的都达到了室外用的标准，不需要逆变器室。

注意：具有IP65防护等级的光伏逆变器可以放心安装在室外，但是一定要采用给光伏逆变器加装盖板、安装在屋檐下或安装在支架（光伏组件下方）等3种安装方案之一，以避免阳光直射，并减少各种不利因素的影响，保障光伏发电系统全生命周期的投资收益。

4）冷却方式。光伏逆变器有风扇散热和自然散热两种冷却方式，各有优缺点。风扇属于易损件，如果长期使用，会容易损坏，降低光伏逆变器的稳定性，增加运维成本，但如果不加装风扇，采用自然散热会使光伏逆变器的散热受到影响，尤其在外界环境温度很高的情况下，若光伏逆变器不能及时散热，会影响使用寿命。

表 2-18 为某公司生产的 GW7000-MS-C30 型光伏逆变器主要参数。

表 2-18　某公司生产的 GW7000-MS-C30 型光伏逆变器主要参数

直流输入参数	
最大直流输入电压/V	600
MPPT 电压范围/V	40~560
启动电压/V	50
额定输入电压/V	360
每路 MPPT 最大输入电流/A	20
每路 MPPT 最大短路电流/A	25
MPPT 路数	2
每路 MPPT 输入光伏组件串数	1
交流输出参数	
额定输出功率/W	7000
最大输出容量/(V·A)	7700
额定输出电压/V	220
额定输出电压频率/Hz	50
最大输出电流/A	33.5
功率因数	~1(0.8 超前~0.8 滞后可调)
输出电压的波形失真度	<3%
效率	
最大效率	98.1%
中国加权效率	97.5%
保护	
光伏组件串电流监测	集成
绝缘阻抗检测	集成
剩余电流监测	集成
输入反接保护	集成
防孤岛效应保护	集成
交流过电流保护	集成
交流短路保护	集成
交流过电压保护	集成
直流开关	集成
直流浪涌保护	三级
交流浪涌保护	三级
基本参数	
工作温度范围/℃	-25~60

(续)

基本参数	
相对湿度	0~100%
最高工作海拔/m	4000
冷却方式	自然散热
质量/kg	18
尺寸（长 mm×宽 mm×厚 mm）	447×513×205
拓扑结构	非隔离型
夜间自耗电/W	1
防护等级	IP66
认证标准	
并网标准	NB/T 32004—2018
安全标准	NB/T 32004—2018
EMC 标准	NB/T 32004—2018

在中国，《光伏并网逆变器技术规范》（NB/T 32004—2018）规定了光伏逆变器的类型、使用、安装和运输条件，并规定了光伏逆变器的试验和检测方法。在光伏逆变器生产、设计和检测过程中，推荐严格按照此标准执行。

 任务实施

1) 记下实验用离网逆变器的型号及铭牌上的参数，说明参数的含义。
2) 离网逆变器输出电压和电流测试。
① 按图 2-97 所示原理图连接电路，图中蓄电池可以用 12V 直流稳压电源代替。

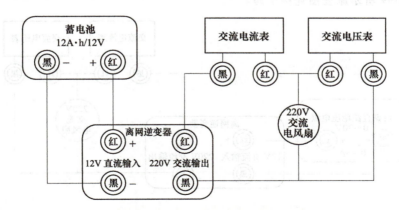

图 2-97　离网逆变器输出电压和电流测试原理图

② 把交流电压、电流表测量值记录在表 2-19 中，并计算出当前离网逆变器的输出功率。

表 2-19　离网逆变器输出电压和电流测试

负载	220V 交流电风扇
电流/mA	
电压/V	
功率/W	

3）离网逆变器输入电压范围测试。

① 按图 2-98 所示原理图连接电路。

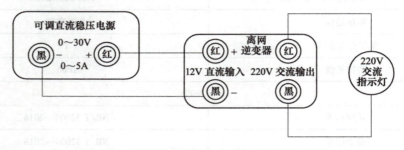

图 2-98　离网逆变器输入电压范围测试原理图

② 缓慢调节可调直流稳压电源的电压调节旋钮，仔细观察可调直流稳压电源的电压值，或用直流电压表测量离网逆变器的输入值，并记录指示灯点亮时的电压范围，填入表 2-20 中。此电压范围即是离网逆变器输入电压范围。

表 2-20　离网逆变器输入电压范围测试

指示灯状态	不亮（电压偏低）	点亮	不亮（电压偏高）
电压值/V			

4）离网逆变器效率测试和计算。

① 按图 2-99 所示原理图连接电路。

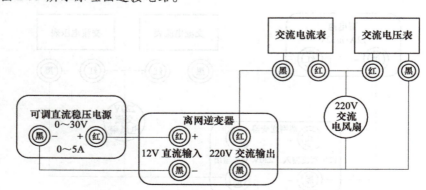

图 2-99　离网逆变器效率测试和计算原理图

② 调节可调直流稳压电源，使输出电压为 12V，记录电源自带显示的电压和电流值（或用直流电压、电流表测试），填入表 2-21 中，记录交流电压、电流表的值，填入表 2-21

项目 2 　光伏发电系统的设计基础

表 2-21　离网逆变器效率测试和计算

测量或计算项目	测量或计算值
直流电压/V	
直流电流/mA	
直流输入功率/W	
交流电压/V	
交流电流/mA	
交流输出功率/W	
效率/η	

任务 2.6　防雷及光伏阵列支架的设计

任务目标

1. 能力目标

1）能阐述防雷设备的防雷原理。
2）能阐述光伏发电系统的防雷措施。
3）能进行光伏发电系统防雷及光伏阵列支架的设计。
4）能进行光伏阵列支架倾斜角选取。
5）能进行光伏阵列前后排距离的计算。

2. 知识目标

1）了解雷电的形成、分类及对光伏发电系统的危害。
2）了解光伏阵列支架的分类及优缺点。
3）掌握常用雷电防护设备的防雷原理。
4）掌握光伏阵列支架倾斜角选取原则。

3. 素质目标

1）培养自主学习能力。
2）培养质量与成本意识。
3）培养实事求是、精益求精的精神。

相关知识

由于光伏发电系统的发电部分都被安装在露天状态下，且分布的面积较大，因此很容易受直接和间接雷击的危害。为了避免雷击对光伏发电系统的危害，就需要进行防雷设计。

2.6.1　光伏发电系统的防雷设计

1. 雷电的基本概念

大气的剧烈运动引起静电摩擦和其他电离作用，使云团内部产生大量的带正、负电荷的离子，又因空间电场力的作用，这些离子定向垂直移动，使云团上部积累正电荷，下部积累负电荷（情况也可以相反），此时云团内即产生分层电荷，形成产生雷电的雷云。一部分带电的云层与另一部分带异种电荷的云层，或者是带电的云层对大地之间往往会迅猛地放电。这种放电过程会产生强烈的闪光并伴随巨大的声音，这就是人们所看到的雷电。

当然，云层之间的放电主要对飞行器有危害，对地面上的建筑物和人、畜没有很大影响，但云层对大地的放电，则对建筑物、电子电气设备和人、畜危害甚大。

2. 雷电的基本形式及危害

（1）直击雷及危害　当雷云较低地飘近地面时，就在地面附近特别突出的树木或建筑物上感应出异种电荷。当电场强度达到一定值时，雷云就会通过这些物体向大地放电，形成直击雷。直击雷的电压峰值通常可达几万伏以上，电流峰值可达几十千安以上，雷云所蕴藏的能量由此在极短的时间就释放出来，瞬间功率十分巨大，破坏性很强。如果光伏阵列或机房建筑物被雷电直接击中，就会造成设备损坏、人员伤亡等极大危害。

微视频
雷电的基本形式及危害

（2）感应雷及危害　感应雷是指当雷云来临时，地面上的一切物体（尤其是导体）由于静电感应，聚集起大量的与雷云极性相反的束缚电荷，在雷云对地或对另一雷云放电后，云中的电荷被中和，而地面物体聚集的电荷则产生出很高的静电电压（感应电压），其电压幅值可达几十万伏，可能引起火灾、爆炸，危及人身安全或对供电系统造成的危害。

简单来说，感应雷是指当电力系统上方有雷云时，线路中会感应出大量与雷云中电荷极性相反的电荷（称束缚电荷），当雷云放电后，线路中的束缚电荷迅速向线路两端扩散，产生较高的电压，对变电所及电气设备造成危害。

（3）雷电冲击波　雷电流有极大的峰值和陡度，在它周围会出现瞬变电磁场，处于这瞬变电磁场中的导体会感应出较大的电动势。当架空线路或金属管道直接受到雷击或因附近落雷而感应出高电压时，如果大量的电荷不能在中途迅速入地，就会形成雷电冲击波，沿导线或管道传播。雷电冲击波一旦侵入光伏设备及系统，可对设备及系统造成毁灭性的打击。

3. 独立光伏电站易遭雷击的主要部位

独立光伏电站主要由光伏阵列、光伏控制器、光伏逆变器、蓄电池组、交流配电柜和低压架空输出线路组成。独立光伏电站易遭受雷击的部位有两处，即光伏阵列和机房。

光伏阵列易遭受直击雷侵袭，也易遭受感应雷侵袭。机房内有光伏控制器、光伏逆变器、交流配电柜等电气设备，易遭受感应雷和雷电冲击波的侵入。另外，在雷电的作用下，雷电冲击波也可能危及人身安全或损坏设备，严重的雷电袭击会对整个独立光伏电站造成极大的破坏。

4. 雷电的防护设备

按照防雷技术理论基础，防雷系统由外部防雷系统、内部防雷系统和过电压保护系统组成。外部防雷系统由接闪器、引下线和接地装置三部分组成；内部防雷系统主要由避雷器和接地装置两部分组成。

微视频
雷电的防护设备

（1）接闪器　接闪器位于防雷装置的顶部，其作用是利用自身高出被保护物的突出部位把雷电引向自身，承接直击雷放电。接闪器由下列各形式之一或任意组合而成：独立避雷针；直接装设在建筑物上的避雷针、避雷带或避雷网；屋顶上的永久性金属物及金属屋顶面；混凝土构件内的钢筋。除利用混凝土构件内的钢筋外，接闪器应镀（浸）锌，焊接处应涂防腐漆。在腐蚀性较强的场所，还应适当加大接闪器截面或采取其他防腐措施。

1）避雷针。避雷针是用来保护建筑物等避免雷击的装置，其实物图如图2-100所示。其大致工作方式为在高大建筑物顶端安装一根金属棒（即避雷针），用金属线与埋在地下的一块金属板连接起来，利用金属棒的尖端放电，使云层所带的电荷和地上的电荷中和，从而避免事故发生。避雷针规格必须符合国家标准，每一个级别的防雷系统需要的避雷针规格都不一样。

避雷针保护范围的大小与它的高度有关，一定高度的避雷针下面有一个安全区，其保护半径为避雷针高度的1.5倍（见图2-101），即

$$r = 1.5h \quad (2\text{-}15)$$

图2-100 避雷针的实物图

式中 r——避雷针在地面上的保护半径，单位为m；

h——避雷针的高度，单位为m。

当单只避雷针无法独自保护需保护范围时，可采用双针或多针保护。

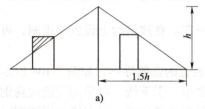
a)

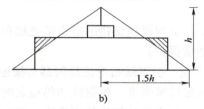
b)

图2-101 单只避雷针的保护范围（阴影部分为未受保护区）
a）独立避雷针 b）顶装避雷针

2）避雷线。避雷线悬于输电线路的相线、变电站的设备或建筑物之上，用于屏蔽相线、直接拦截雷击并将雷电流迅速泄入大地，避雷线实物图如图2-102所示。对于容量在2400kV·A及以下的变电站和小型独立光伏发电系统，可以不装设避雷线，只需将500m范围内的每一个地杆接地即可。

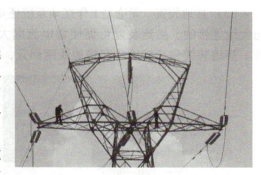

图2-102 避雷线实物图

3）避雷带和避雷网。当受建筑物造型或施工限制不便直接使用避雷针或避雷线时，可在建筑物上设置避雷带或避雷网来防止直接雷击。避雷带和避雷网的工作原理与避雷针和避雷线类似。在许多情况下，采用避雷带或避雷网来保护建筑物既可以收到良好的效果，又能降低工程投资，因此，在光伏建筑一体化的防雷设计中，避雷带和避雷网得到了十分广泛的应用。

避雷带是用圆钢或扁钢制成的长条带状体，常装设在建筑物易受直接雷击的部位，如屋脊、屋槽（有坡面屋顶）、屋顶边缘、女儿墙或平屋面上，如图2-103所示。避雷带应保持与大地良好的电气连接，当雷云的下行先导向建筑物上的这些易受雷击部位发展时，避雷带

率先接闪，承受直接雷击，将强大的雷电流引入大地，从而使建筑物得到保护。用于构成避雷带的圆钢直径应不小于8mm，扁钢的截面积应不小于48mm²，且厚度不小于4mm。为了能尽量对那些不易受到雷击的部位也提供一定的保护，避雷带一般要高出屋面0.2m，两条平行的避雷带之间的距离应不大于10m。在采用避雷带对建筑物进行防雷保护时，若遇到屋顶上有烟囱或其他突出物，还需要另设避雷针或避雷带加以保护。

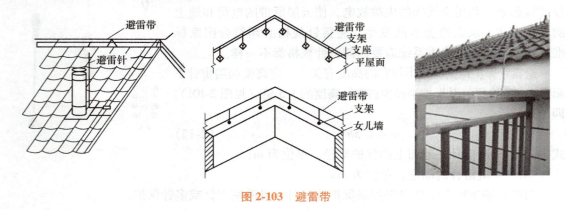

图 2-103　避雷带

避雷网实际上与纵横交错的避雷带叠加在一起。在建筑物上设置避雷网，可以实现对建筑物的全面防雷保护。

（2）引下线　引下线指连接接闪器与接地装置的金属导体，如图 2-104 所示。防雷装置的引下线应满足机械强度、耐腐蚀和热稳定的要求。引下线一般采用圆钢或扁钢制成，要求镀锌处理。引下线应沿建筑物外墙敷设，并经最短路径接地。引下线采用圆钢时，其直径应不小于8mm；采用扁钢时，其截面积应不小于48mm²，且厚度不小于4mm。暗装时则应将截面积再放大一级。

（3）接地装置　无论是工作接地系统还是保护接地系统，都是经过接地装置（见图 2-105）与大地连接的，接地装置可促使雷电流向大地均匀泄放，并使防雷装置对地电压不至于过高。接地装置包括接地体和接地线两部分，它也是防雷装置的重要组成部分。

图 2-104　引下线　　　　　　　　　　图 2-105　接地装置

（4）避雷器　避雷器是一种能释放过电压能量、限制过电压幅值的设备，也称为过电压保护器、浪涌保护器或电涌保护器，如图 2-106 所示。其工作原理是低压时呈现高阻开路状态，高压时呈现低阻短路状态。当出现过电压时，避雷器可使其两端子间的电压不超过规定值，使电气设备免受过电压损坏；在过电压作用后，又能使系统迅速恢复正常状态，起到防止雷电冲击波侵入的作用。一般将避雷器与被保护设备并联，安装在被保护设备的电源侧。

5. 离网光伏发电系统的防雷设计

（1）离网光伏电站的防雷保护装置设计　避雷针是防护直击雷破坏的主要装置。在进行光伏电站选址时，要尽量避免易于遭受雷击的位置；在安装避雷针时，应尽量避免避雷针的投影落在光伏阵列上。对感应雷和雷电冲击波的防护，在工程中可选用避雷器。

（2）光伏组件的防雷设计

1）直击雷防护设计。将光伏组件四周的铝合金框架与支架连接，对所有支架均采用等电位连接并接地。

图 2-106　避雷器

在直击雷发生之时，其感应电荷主要集中在光伏组件的铝合金框架上。防直击雷的原理图如图 2-107 所示，图中 R_1 为光伏组件铝合金框架电阻，R_1 可认为近似是 0；R_2 为光伏组件电阻，$R_2 \geq 100\text{M}\Omega$；$R_G$ 为接地电阻，$R_G \leq 10\Omega$。

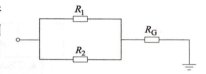

图 2-107　防直击雷的原理图

由于光伏组件主体是由抽真空的夹层钢化玻璃组成的，其本身基本就是绝缘体，$R_2 \gg R_1$，所以当雷击发生时，强大的电磁场在光伏组件平面内会出现磁通量的急剧变化，该平面内的导体上会产生过电压和过电流，该过电压和过电流只会产生于铝合金框架形成的闭合回路上，并通过 R_1 和 R_G 进入大地。

2）静电感应过电压防护设计。当光伏组件附近发生直击雷和云间雷击时，强大的电磁场在光伏组件平面内会出现磁通量的急剧变化，该平面内的导体上会产生过电压和过电流。显然该过电压和过电流只会产生于铝合金框架闭合回路上，并通过支架进入大地。因此，电磁感应过电压不会对光伏组件产生冲击损坏。

（3）直流输入、输出电缆的防雷设计　光伏组件背面引出的导线一般采用 BV-1×4mm² 或 BV-1×6mm² 型电缆线，其脉冲绝缘耐压大于 30kV，可与供电系统设备达到绝缘配合。同时在光伏阵列后面的汇流箱内也加装了避雷器，即分别在正极对地、负极对地间安装避雷器。光伏阵列至机房中光伏控制器间的直流电缆采用铠装电缆，其金属外皮均与光伏阵列支架连接，并可靠接地。再有在光伏控制器的直流输入端同样将铠装电缆的金属外皮可靠接地，以避免雷电冲击波通过直流输入、输出线进入机房，从而避免了光伏控制器等电气设备遭受感应雷的侵袭。

（4）机房内设备的防雷设计　对机房内的设备，只需进行感应雷（静电感应、电磁感应）和雷电冲击波的防护。

光伏控制器的保护是在光伏阵列的汇流箱内和光伏控制器的输入端加装避雷器。光伏逆变器输入端与蓄电池并联，输出端和交流配电柜输入端相连接，因此对光伏逆变器的保护是在光伏逆变器的输出端（即在相线与地间、零线与地间和相线与零线间）安装避雷器。同时，机房内各设备均要可靠接地，并与光伏阵列和外架线路的接地体保持同一电位，以防止雷电冲击波的侵入和感应雷。对交流配电柜的保护是在交流配电柜的输出端，即架空线路的相线与地间、零线与地间、相线与零线间安装避雷器。

（5）输电线路的防雷设计　在架空线路的相线与零线间安装避雷器，此避雷器安装在防尘防雨的避雷箱内，固定在架空线路出线杆上，以防止雷电冲击波通过输出线进入机房，避免交流配电柜等电气设备遭受雷电冲击波的侵袭。

（6）独立光伏电站（系统）接地装置　独立光伏电站（系统）接地装置的作用是把雷电流尽快地散到大地。接地装置包括接地体、接地线和接地引入线，对接地装置的要求是要有足够小的接地电阻和合理的布局。埋在地下的钢管、角钢或钢筋混凝土基础等都可作为接地体使用。

（7）光伏发电系统防雷实例　图 2-108 所示为一般离网光伏发电系统的防雷示意图。太阳能发电和用电设备的防雷保护已进行如下处理。

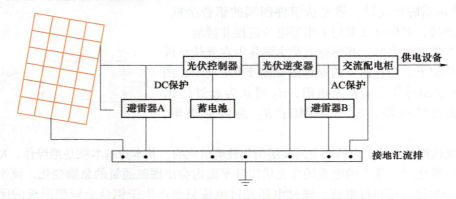

图 2-108　一般离网光伏发电系统的防雷示意图

1）在光伏阵列和光伏控制器之间加装第一级避雷器 A，型号根据现场光伏控制器的最大空载电压进行选择。

2）在光伏逆变器与交流配电柜之间加装第二级避雷器 B，型号根据交流配电柜以及供电设备的工作电压进行选择。

3）光伏阵列边框、光伏逆变器外壳、光伏控制器外壳和所有避雷器必须良好接地。

6. 并网光伏电站防雷设计

根据《光伏发电站设计规范》（GB 50797—2012），光伏发电站的升站区、就地逆变升压室的接地按《交流电气装置的接地设计规范》（GB/T 50065—2011）的规定进行设计；生活辅助建（构）筑物按《建筑物防雷设计规范》（GB 50057—2010）的规定进行设计。

大型并网光伏电站的典型防雷方案如图 2-109 所示。大型并网光伏电站一般定义为装机 30MW 以上，接入电压等级为 66kV 及以上公共电网的光伏电站。

（1）光伏阵列的防雷　光伏阵列可采取以下防雷措施：架设避雷针防止低空直击雷；将光伏阵列支架可靠接地；在直流汇流箱内，输入、输出处加装避雷器；各机壳均可靠接地。

（2）交直流配电柜、并网逆变器、通信设备的防雷　交直流配电柜、并网逆变器是汇流控制和并网输出的重要设备，一般在控制机房室内集中布置，与通信设备等一样，都属于核心、全局控制设备，其防雷不仅要注意防感应雷，而且要注意雷电冲击波。

机房应可靠接地，机房内应敷设等电位带，机房内设备外壳和机架、直流地、屏蔽线缆

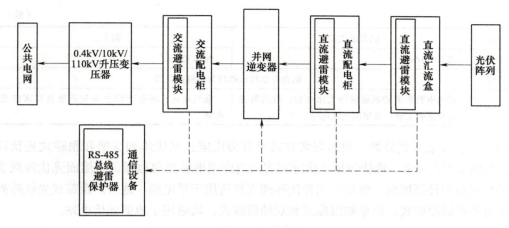

图 2-109　大型并网光伏电站的典型防雷方案

外层、防静电地、电涌保护器（SPD）接地等均应以最短距离与之直接连接。

机房的进、出线处要进行等电位连接，采取屏蔽措施，并应增设防雷隔离箱，内装避雷器，防止感应雷。

直流配电柜应加装有直流断路器、防反接二极管、光伏专用避雷器；交流配电柜同样要加装光伏专用避雷器和交流断路器。对于大型光伏电站，要注意的是，应根据具体并网电压等级来选择相应防护级别的光伏专用避雷器和断路器。

在大型并网逆变器的每路直流输入端，应装设 SPD。

（3）升压站的防雷　如果是 10kV 直接并网，就应在光伏电站的第一级出线杆处加装断路器和避雷器。有单独的 110kV 升压站的大型并网光伏电站，应采取的防雷措施包括：在 110kV 升压站设置独立避雷针，在建筑物屋顶的女儿墙上敷设避雷带；在升压站 110kV 侧及 35kV/10kV 侧应适当配置避雷器，减少雷电冲击波的过电压；110kV 升压站按复合接地网设计，水平接地体为网络状，兼做等电位带，水平接地体镀锌扁钢尺寸为 50mm×6mm，垂直接地体镀锌角钢尺寸为 50mm×5mm。全站工作接地、保护接地和避雷针共用一个接地网，接地电阻值按 ≤0.5Ω 设计。

2.6.2　光伏阵列支架的设计

1. 光伏阵列支架的类型

（1）根据材料分类　根据光伏阵列支架主要受力杆件所采用材料的不同，可分为铝合金支架、钢支架，见表 2-22。铝合金支架防腐性能好、质量小，但价格相对高一些；钢支架防腐性能较差，但强度高，适合强风地区。

表 2-22　光伏阵列支架根据材料分类

支架类型	铝合金支架	钢支架
防腐性能	一般采用阳极氧化（>15μm），铝在空气中能形成保护膜，后期使用不需要防腐维护，防腐性能好	一般采用热浸镀锌（>65μm），后期使用中需要防腐维护，防腐性能较差
机械强度	铝合金型材变形量约是钢材的 2.9 倍	钢材强度约是铝合金的 1.5 倍

(续)

支架类型	铝合金支架	钢支架
材料质量	约 2.71t/m³	约 7.85t/m³
材料价格	铝合金型材价格约为钢材的3倍	
适用项目	对承重有要求的家庭屋顶光伏电站；对抗腐蚀性有要求的工业厂房屋顶光伏电站	强风地区、跨度比较大等对强度有要求的光伏电站

（2）根据安装方式分类 根据安装方式可分为固定式光伏阵列支架和跟踪式光伏阵列支架，如图 2-110 所示。最佳倾角光伏阵列支架适应用平屋面和地面，斜屋面光伏阵列支架适用于瓦屋面和轻钢屋面，倾角可调光伏阵列支架适用于平屋面、地面。跟踪式光伏阵列支架又分为平单轴跟踪式、斜单轴跟踪式和双轴跟踪式，均适用于地面光伏电站。

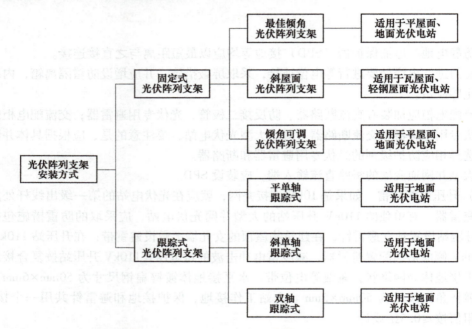

图 2-110 光伏阵列支架根据安装方式分类

1）固定式光伏阵列支架。这类光伏阵列支架不随太阳入射角变化而转动，以固定的方式接收太阳辐射。根据倾角设定情况可以分为最佳倾角光伏阵列支架、斜屋面光伏阵列支架和倾角可调光伏阵列支架，如图 2-111 所示。

① 最佳倾角光伏阵列支架。先计算出当地最佳安装倾角，而后全部光伏阵列采用该倾角固定安装，这类光伏阵列支架目前在平屋面和地面光伏电站广泛使用。

平屋面混凝土基础支架是目前平屋面光伏电站中最常用的安装形式，根据基础的形式可以分为条形基础和独立基础，如图 2-112 和图 2-113 所示。支架支撑柱与基础的连接方式可以是地脚螺栓连接或者直接将支撑柱嵌入混凝土基础。其优点是抗风能力好，可靠性强，不破坏屋面防水结构。其缺点是需要先制作好混凝土基础，并养护到足够强度才能进行后续支架安装，施工周期较长。

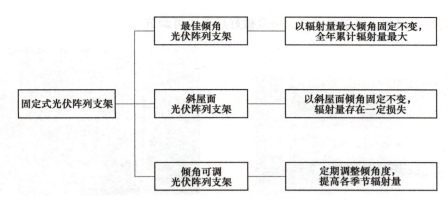

图 2-111 固定式光伏阵列支架分类

图 2-112 平屋面条形混凝土基础

图 2-113 平屋面独立混凝土基础

平屋面混凝土压载支架如图 2-114 所示。其优点是混凝土压载支架施工方式简单，可在制作配重块时同时进行支架安装，节省施工时间。其缺点是混凝土压载支架抗风能力相对较差，设计配重块质量时需要充分考虑到当地最大风力。

图 2-114 平屋面混凝土压载支架

地面光伏电站混凝土基础支架多种多样，根据不同项目的地质情况，可选择对应的安装方式，几种最常见的混凝土基础安装形式如下。

地面光伏电站-现浇钢筋混凝土基础。根据基础形式不同，现浇钢筋混凝土基础可分为现浇混凝土桩和浇注锚杆，如图 2-115 所示。其优点是现浇钢筋混凝土基础开挖土方量少，混凝土钢筋用量小，造价较低，施工速度快。其缺点是现浇钢筋混凝土基础施工易受季节和天气等环境因素限制，施工要求高，一旦做好后无法再调节。

图 2-115　现浇钢筋混凝土基础

图 2-116　地面光伏电站独立混凝土基础

地面光伏电站-独立及条形混凝土基础。地面光伏电站独立混凝土基础如图 2-116 所示，条形混凝土基础如图 2-117 所示。其优点是独立及条形混凝土基础为配筋扩展式基础，施工方式简单，地质适应性强，基础埋置深度可相对较浅。其缺点是独立及条形混凝土基础工程量大，所需人工多，土方开挖及回填量大，施工周期长，对环境的破坏大。

地面电站-金属桩基础支架。金属桩基础支架在地面光伏电站中的应用同样非常广泛，主要可分为螺旋桩基础支架和冲击桩基础支架，如图 2-118 和图 2-119 所示。

图 2-117　地面光伏电站条形混凝土基础

图 2-118　螺旋桩基础支架

图 2-119　冲击桩基础支架

螺旋桩基础支架根据是否带法兰盘可分为带法兰盘螺旋桩基础支架和不带法兰盘螺旋桩基础支架；根据子叶形状可分为窄叶连续型螺旋桩基础支架和宽叶间隔型螺旋桩基础支架。带法兰盘的螺旋桩可用于单柱安装或双柱安装，而不带法兰盘的螺旋桩一般只用于双柱安装。宽叶间隔型螺旋桩基础支架的抗拉拔性要好于窄叶连续型螺旋桩基础支架，在风力较大的地区应优先考虑宽叶间隔型螺旋桩基础支架。

冲击桩基础支架，也叫金属纤杆基础支架，主要是利用打桩机直接将 C 型钢、H 型钢或其他结构钢打入地面而成的，这种安装方式非常简单，但抗拉拔性能较差。其优点是对于金属桩基础，用打桩机可直接把钢桩打入土中，不必开挖地面，更环保，不受季节气温等限制，可在包括北方冬季的各种气候条件下实施，且施工快捷方便，大幅缩短施工周期，能方便地迁移及回收，打桩过程中基础便于调节高度。其缺点是在土质坚硬地区打桩很困难，在含碎石较多地区打桩容易破坏镀锌层，在盐碱地区使用时抗腐蚀能力较差。

② 斜屋面光伏阵列支架。考虑到斜屋面承载能力一般较差，在斜屋面上光伏阵列大都直接平铺安装，其方位角及倾角一般与屋面一致。根据斜屋面的不同，有瓦屋面安装系统与轻钢屋面安装系统，如图 2-120 和图 2-121 所示。

图 2-120　瓦屋面安装系统

图 2-121　轻钢屋面安装系统

瓦屋面安装系统主要用于民用瓦屋顶的光伏安装。

轻钢屋面安装系统主要用于工业厂房、仓库等。根据形式不同，可以将其分为梯形轻钢屋面、直立锁边型钢屋面以及角弛型轻钢屋面，如图 2-122～图 2-124 所示。

③ 倾角可调光伏阵列支架。倾角可调光伏阵列支架（见图 2-125）可以在太阳入射角的变化转折点相应地调节支架倾角，增加太阳光直射吸收，在成本略增加的情况下提高发电量。

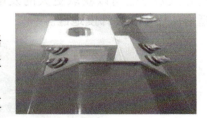

图 2-122　梯形轻钢屋面

图 2-123　直立锁边型钢屋面

图 2-124　角弛型轻钢屋面

图 2-125　倾角可调光伏阵列支架

2）跟踪式光伏阵列支架。跟踪式光伏阵列支架通过机电或液压装置使光伏阵列随着太阳入射角的变化而移动，从而使太阳光尽量直射光伏阵列，提高光伏阵列发电能力。这类支架根据跟踪轴数量可分为单轴跟踪式（包括平单轴和斜单轴）及双轴跟踪式。

① 平单轴跟踪式。平单轴跟踪式支架如图 2-126 所示。光伏阵列可以随着一根水平轴沿东西方向跟踪太阳，以此获得较大的发电量，广泛应用于低纬度地区。其根据南北方向有无倾角又可分为标准平单轴跟踪式和带倾角平单轴跟踪式。

② 斜单轴跟踪式。斜单轴跟踪式支架如图 2-127 所示。其追踪轴在东西方向转动的同时又向南设置了一定倾角，支架围绕该倾斜轴旋转，追踪太阳方位角以获取更大的发电量，这类支架适合应用于较高纬度地区。

图 2-126　平单轴跟踪式支架

图 2-127　斜单轴跟踪式支架

③ 双轴跟踪式。双轴跟踪式支架如图 2-128 所示。其采用两根轴转动（立轴、水平轴），对太阳光线实时跟踪，以保证每一时刻太阳光线都与光伏阵列表面垂直，以此来获得最大的发电量，这类支架适合在各个纬度地区使用。

2. 光伏阵列支架设计原则

应在安装地进行光伏阵列支架设计。在保证强度和刚度的前提下，尽量节约材料，简化

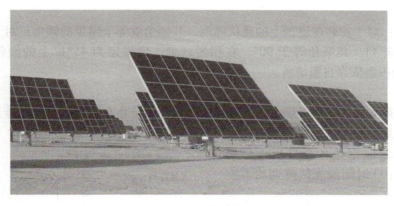

图 2-128 双轴跟踪式支架

制造工艺，降低成本。光伏阵列支架的焊接制造质量需符合国家标准，尽量做到质量小，以便于输送和安装。

光伏阵列支架材料宜采用钢材，材质的选用和支架设计应符合国家标准《钢结构设计标准》（GB 50017）的规定。光伏阵列支架应按承载能力极限状态计算结构和构件的强度、稳定性以及连接强度，按正常使用极限状态计算结构和构件的变形。

按承载能力极限状态设计结构和构件时，应采用荷载效应的基本组合或偶然组合。荷载效应组合的设计值按下式验算

$$\gamma_0 S \leq R \tag{2-16}$$

式中 γ_0——重要性系数。光伏阵列支架的设计使用年限宜为 25 年，安全等级为三级，重要性系数不小于 0.95，在抗震设计中，不考虑重要性系数；

S——荷载效应组合的设计值；

R——结构和构件承载力的设计值，在抗震设计时，应除以承载力抗震调整系数 γ_{RE}，γ_{RE} 应取国家标准《构筑物抗震设计规范》（GB 50191—2012）的规定值。

按正常使用极限状态设计结构和构件时，应采用荷载效应的标准组合。荷载效应组合的设计值应按下式验算

$$S \leq C \tag{2-17}$$

式中 S——荷载效应组合的设计值；

C——结构和构件达到正常使用要求所规定的变形限值。

3. 光伏阵列支架倾斜角选取

离网光伏发电系统的光伏阵列最佳倾角按照最低辐照度月份倾斜面上受到较大辐照量的要求来选取。推荐光伏阵列倾角在当地纬度的基础上再增加 5°~15°，可根据具体情况进行优化。

并网光伏发电系统的光伏阵列最佳倾角按照全年发电量（或辐照量）最优来选取。倾角等于当地纬度时可使全年在光伏阵列表面上的太阳辐照量达到最大，全年发电量也最大。

光伏水泵系统的光伏阵列最佳倾角按照夏天发电量（或辐照量）最优来选取。倾角等于当地纬度减小 5°~15°时可使夏天在光伏阵列表面上的太阳辐照量达到最大，发电量也

最大。

特殊情况：对于安装在屋顶上的光伏阵列，其倾角就等于屋顶的倾角；对于安装在建筑物正面的光伏阵列，其倾角等于90°。在积雪地带，应设定为45°以上的倾斜角，从而使20~30cm厚的积雪依靠自重滑落。

4. 光伏阵列前后排的距离

对光伏阵列支架的安装必须考虑前后排的间距，以防止在日出日落时前排光伏阵列产生的阴影遮挡住后排的光伏阵列而影响光伏阵列的输出功率。

一般的确定原则是冬至日当天早晨9:00到下午3:00时间段光伏阵列均不应被遮挡。

光伏阵列前后排的距离的示意图如图2-129所示。

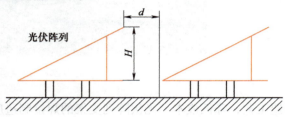

图2-129 光伏阵列前后排的距离的示意图

根据光伏发电系统所在的地理位置、太阳运动情况、安装支架的高度等因素，可以由一个公式计算出固定式光伏阵列支架前后排之间的最小距离，即

$$d = \frac{0.707H}{\tan[\arcsin(0.648\cos\varphi - 0.399\sin\varphi)]} \tag{2-18}$$

式中　φ——安装光伏发电系统的地区的纬度；
　　　H——前排光伏阵列最高点与后排光伏阵列最低点的差距。

 任务实施

参考项目3完成某校园3.6kW离网光伏发电系统防雷、接地和光伏阵列支架的设计。

任务2.7　光伏电站的并网设计

 **任务目标**

1. 能力目标

1) 能阐述光伏电站的主要并网技术。
2) 能阐述光伏电站并网接入的电压等级。
3) 能阐述光伏电站主要并网接入方式。

2. 知识目标

1) 了解光伏电站的级别。
2) 了解光伏电站的并网接入设计方案应考虑的问题。
3) 理解低电压穿越技术、最大功率跟踪技术和孤岛效应的内涵。

3. 素质目标

1) 培养自主学习能力。
2) 培养持续学习能力。
3) 培养学生利用网络查阅资料的能力。

相关知识

2.7.1 设计原则

严格按照《国家电网公司光伏电站接入电网技术规定》设计方案并执行。

2.7.2 电站级别

根据不同电压等级电网的输配电容量、电能质量等技术要求，按照光伏电站接入电网的电压等级，可将光伏电站分为小型、中型或大型。

小型光伏电站——接入电压等级为 0.4kV 电网的光伏电站。

中型光伏电站——接入电压等级为 10~35kV 电网的光伏电站。

大型光伏电站——接入电压等级为 66kV 及以上电网的光伏电站。

2.7.3 设计方案应考虑的问题

光伏电站并网接入设计方案若要满足电网对光伏电站的要求，应考虑以下几个方面的问题。

1. 电能质量问题

光伏电站向电网发送电能的质量应满足国家相关标准。光伏电站接入电网前应明确上网电能和用网电能的计量点，对于大、中型光伏电站，电能质量数据需远程传送到电网企业并对电能质量进行监控；对于小型光伏电站，电能质量数据需存储一年以上，供电网企业随时调用。

2. 功率控制和电压调节问题

光伏电站要考虑功率控制和电压调节的问题。大、中型光伏电站应具有限制输出功率变化率的能力，并按照电网调度机构远程设定的调节方式、参考电压、电压调差率等参数参与电网电压调节，其在启动时输出的和停机时切除的有功功率的变化率不应超过所设定的最大功率变化率。

3. 电网异常响应问题

光伏电站应具有公共电网异常时的响应能力。对于小型光伏电站，当并网点处电压超出表 2-23 规定的电压范围时，应停止向公共电网送电。此要求适用于多相系统中的任何一相。

表 2-23 小型光伏电站在公共电网异常时的响应能力要求

并网点电压	最大分闸时间
$U < 50\% U_N$	0.1s
$50\% U_N \leq U \leq 85\% U_N$	2.0s
$85\% U_N \leq U \leq 110\% U_N$	连续运行
$110\% U_N < U < 135\% U_N$	2.0s
$135\% U_N \leq U$	0.05s

注：U_N 为光伏电站并网点的电网额定电压；最大分闸时间是指异常状态发生时到并网逆变器停止向公共电网送电的时间。

4. 安全与保护问题

光伏电站需具备一定的过电流能力，在 100%～120% 额定电流情况下，光伏电站连续可靠工作时间应不小于 1min；在 120%～150% 额定电流情况下，光伏电站连续可靠工作时间应不小于 10s。光伏电站还应具有防孤岛能力，光伏电站必须具备快速监测孤岛并立即断开与电网连接的能力，其防孤岛保护应与电网侧线路保护相配合。某些用户侧并网的光伏发电系统要求不得向高压电网输送电流（即逆向电流），则此种光伏发电系统应配置逆向功率保护设备。当检测到逆向电流超过额定输出电流的 5% 时，光伏电站应在 0.5～2s 内停止向电网线路送电。

5. 防雷与接地问题

光伏电站和并网点设备的防雷和接地应符合相关规定，不得与市电电网共用接地装置。光伏电站和并网点设备应按照 IEC 60364-7-712 的要求接地或接保护线。

6. 电站监控问题

考虑到电站监控和数据远传的需要，大、中型光伏电站必须具备与电网调度机构之间进行数据通信的能力，并网双方的通信系统应满足继电保护、自动安全装置、调度自动化及调度电话等业务的相关要求。向电网调度机构提供的信息至少应包括如下内容：光伏电站并网状态、辐照度、光伏电站有功和无功输出、发电量、功率因数、并网点的电压和频率、注入电力系统的电流、变压器分接头档位、主断路器开关状态和故障信息等。

2.7.4 光伏电站并网技术

1. 光伏逆变器技术

光伏逆变器是一种由半导体器件组成的电力调整装置，主要用于把光伏阵列发出的直流电转换成与电网同频同相的交流电。图 2-130 为某光伏逆变器的电气结构。

2. 最大功率点跟踪技术

由于光伏阵列的伏安特性呈现非线性的原因，只有光伏阵列在某一输出电压值时其输出的功率才能达到最大值。因此，在光伏发电系统中，为了让光伏阵列能工作在最大功率点，该光伏发电系统就必须根据当前的辐照度和环境温度调整光伏阵列的工作点，这个调整的过程就称为"最大功率点跟踪"。

目前光伏发电系统中，最大功率点跟踪的实现方式是在光伏阵列和负载之间加入一级 DC-DC 变换器，由 MPPT 控制器通过改变 DC-DC 变换器的等效阻抗来实时调整光伏阵列的工作状态，使其工作在最大功率点。图 2-131 所示为最大功率点跟踪的原理。

3. 孤岛效应与防孤岛效应保护技术

孤岛是指当电网供电因故障或停电维修而消失时，各个用户端的分布式并网光伏发电系统因未能及时检测出该状态而将自身切离电网，结果形成的由分布式并网光伏发电系统和周围的负载组成的一个自给供电的体系。

孤岛一旦产生将会危及电网输电线路上维修人员的安全，影响配电系统上的保护开关的动作程序，冲击电网保护装置，影响传输电能质量，而且电力孤岛区域的供电电压与频率将不稳定。当电网供电恢复后会造成相位不同步，且单相分布式光伏发电系统会造成三相负载欠相供电。因此对于一个并网光伏发电系统必须能够进行防孤岛效应检测。

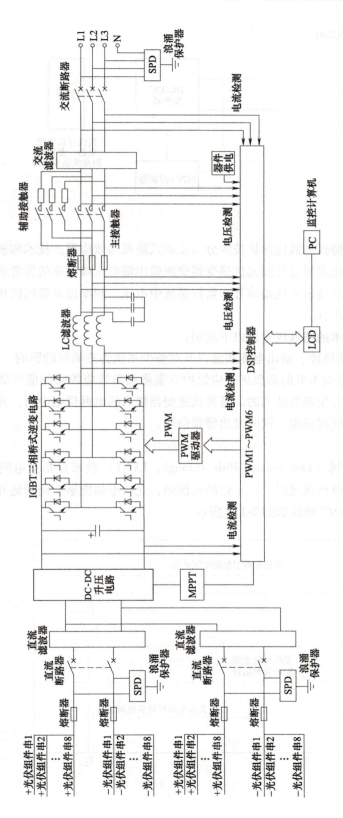

图 2-130 某光伏逆变器的电气结构

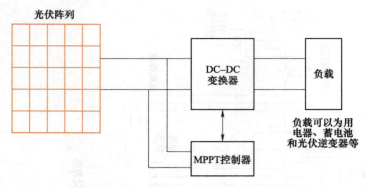

图 2-131 最大功率点跟踪的原理图

基于光伏逆变器的防孤岛效应保护技术分为主动式防孤岛效应保护技术和被动式防孤岛效应保护技术。被动式技术通过检测光伏逆变器交流输出端电压或频率的异常来检测孤岛效应。主动式技术通过有意地引入扰动信号来监控系统中电压、频率以及阻抗的相应变化,以此来确定电网供电是否正常。

防孤岛效应保护技术的选取应考虑以下规则:

1) 要兼顾考虑检测性能、输出电能质量以及对整个系统暂态响应的影响。

2) 如果一个简单且成本低的防孤岛效应保护方案将孤岛效应带来的危害降低到其他的电力危害以下,那么该方案即为适当的。若光伏逆变器接入的电网供电中断,光伏逆变器应在规定的时间内停止向电网供电,同时发出警报信号。

4. 低电压穿越技术

光伏电站低电压穿越(Low Voltage Ride Through,LVRT)技术是指当电网故障或扰动引起的光伏电站并网点电压波动时,在一定的范围内,光伏电站能够不间断地并网运行。

大中型光伏电站 LVRT 曲线如图 2-132 所示。

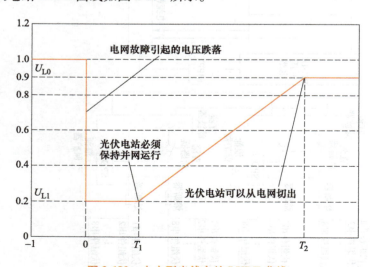

图 2-132 大中型光伏电站 LVRT 曲线

图 2-132 中，U_{L0} 为正常运行的最低电压限值，一般取 0.9 倍额定电压。U_{L1} 为需要耐受的电压下限。T_1 为电压跌落到 U_{L1} 时需要保持并网的时间。T_2 为电压回升到 U_{L0} 时需要保持并网的时间。U_{L1}、T_1 和 T_2 数值的确定需考虑具体的保护需求和合闸动作时间等实际情况。推荐 U_{L1} 设定为 20% 额定电压，T_1 设定为 1s，T_2 设定为 3s。

2.7.5 光伏发电系统接入电压等级

光伏发电系统的输电线路电压等级按照光伏电站规模的不同，一般为 0.4kV、10kV、35kV 和 110kV，具体如下：

低压配电网——0.4kV，即发即用，多余的电能送入电网。

中压电网——10kV、35kV，通过升压装置将电能馈入电网。

高压电网——110kV，通过升压装置将电能馈入电网，远距离传输。

光伏发电系统接入电压等级见表 2-24。

表 2-24　光伏发电系统接入电压等级

装机容量 G	电压等级
$G<200\text{kW}$	0.4kV
$200\text{kW} \leqslant G < 400\text{kW}$	0.4kV 或 10kV
$400\text{kW} \leqslant G < 3\text{MW}$	10kV
$3\text{MW} \leqslant G < 10\text{MW}$	10kV 或 35kV
$G \geqslant 10\text{MW}$	35kV 或 110kV

电网主要接入设备见表 2-25。

表 2-25　电网主要接入设备

电压等级	接入设备
0.4kV	低压配电柜
10kV	低压开关柜：提供并网接口，具有分断功能
	双绕组升压变压器：0.4kV/10kV
	双分裂升压变压器：0.27/0.27/10kV（TL 逆变器）
	高压开关柜：计量、开关、保护及监控
	双绕组升压变压器：0.4kV/10kV，10kV/35kV（二次升压）
	双分裂升压变压器：0.27/0.27/10kV，10kV/35kV（TL 逆变器）
35kV	高压开关柜：计量、开关、保护及监控

2.7.6 光伏发电系统接入电网方式

分布式光伏发电系统接入电网方式主要有以下几种。

（1）可逆流低压并网系统　可逆流低压并网系统如图 2-133 所示，该系统接入三相 400V 或单相 230V 低压配电网，通过交流配电线给当地负载供电，剩余的电量送入公共电网。其一般容量不超过配电变压器容量的30%，并需要将计量系统改为双向电能表，以便发电、用电都能计量。

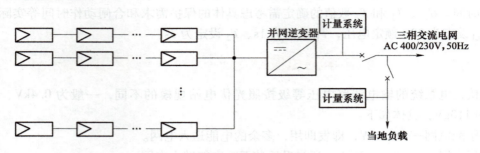

图 2-133　可逆流低压并网系统

（2）不可逆流低压并网系统　不可逆流低压并网系统如图 2-134 所示。不可逆流低压并网系统中安装有逆功率检测装置，它与并网逆变器进行通信，当检测到逆流时，并网逆变器自动控制发电容量，实现最大化利用并网发电且不出现逆流。

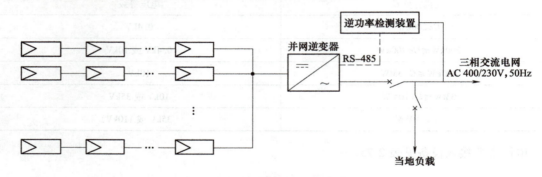

图 2-134　不可逆流低压并网系统

（3）10kV 高压并网系统　10kV 高压并网系统如图 2-135 所示，它将并网逆变器输出的低压电通过三相升压变压器升为 10kV 电压，并入 10kV 电网。

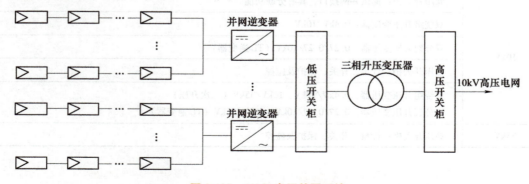

图 2-135　10kV 高压并网系统

（4）35kV 高压并网系统　35kV 高压并网系统如图 2-136 所示，它先把低压升压为 10kV，再通过 10kV/35kV 升压变压器进行二次升压，并入 35kV 高压电网。

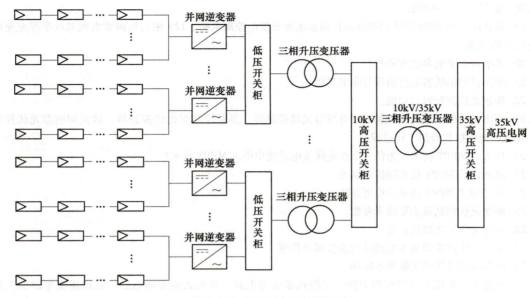

图 2-136　35kV 高压并网系统

任务实施

结合项目 4 完成家用 3kW 分布式光伏发电系统并网接入的设计。

习题

1. 阐述光伏产业链的具体内容。
2. 光伏发电系统的设计内容、设计原则是怎样的？设计时应考虑哪些因素？
3. 什么是方位角、倾角和最长连续阴雨天数？
4. 举例说明什么是峰值日照时数。
5. 说明太阳能电池片、光伏组件和光伏阵列之间的关系。
6. 阐述传统太阳能电池片的结构及单晶硅太阳能、多晶硅太阳能电池片外观上的区别。
7. 太阳能电池片的主要尺寸有哪些？
8. 什么是 PERC 电池？
9. 新型太阳能电池片有哪些？各有什么特点？
10. 太阳能电池片的测试条件是怎样的？主要参数有哪些？
11. 太阳能电池片的功率与辐照度之间有什么关系？
12. 简述光伏组件的结构，画图说明光伏组件的制作工序。
13. 光伏组件的主要技术指标有哪些？
14. 什么是双面光伏组件和 MWT 光伏组件？它们有什么优点？
15. 什么是热斑效应？它有什么危害？如何避免？
16. 简述铅酸蓄电池的结构。
17. 简述铅酸蓄电池的工作原理。
18. 铅酸蓄电池充电过程是怎样的？如何实现铅酸蓄电池充电过程中各阶段的自动转换？如何判断充

电程度？如何实现充停控制？

19. 结合图 2-55 和图 2-58 说明普通铅酸蓄电池充放电控制电路、12V 密封铅酸蓄电池双电平浮充充电器电路工作过程。

20. 铅酸蓄电池的参数有哪些？

21. 举例说明铅酸蓄电池的型号命名规则。

22. 阐述光伏控制器的功能。

23. 画图说明串联型光伏控制器、并联型光伏控制器、多路控制型光伏控制器、脉宽调制型光伏控制器、智能型光伏控制器的工作过程。

24. 什么是 MPPT 技术？为什么要在光伏发电系统中引入 MPPT 技术？

25. 画图说明 MPPT 技术的控制原理。

26. 分别阐述 MPPT 技术的控制方法。

27. 阐述光伏控制器主要技术参数。

28. 阐述光伏逆变器的功能。

29. 阐述光伏逆变器基本电路结构及各部分作用。

30. 画图说明光伏逆变器基本原理。

31. 画图说明单相推挽逆变器电路、半桥式逆变器电路、全桥式逆变器电路、三相逆变电路的工作过程。

32. 什么是正弦脉宽调制技术？

33. 阐述离网和并网逆变器主要技术参数。

34. 阐述雷电的基本形式及危害。

35. 光伏发电系统易遭雷击的主要部位有哪些？

36. 雷电防护设备有哪些？原理是什么？

37. 如何进行离网光伏发电系统的防雷设计？

38. 如何进行并网光伏电站的防雷设计？

39. 光伏阵列支架的安装方式如何分类？

40. 如何进行光伏阵列的设计？

41. 光伏电站的级别是如何分类的？

42. 光伏电站的并网接入设计方案应考虑哪些问题？

43. 光伏电站并网技术有哪些？

44. 光伏发电系统（电站）接入电压等级是怎样的？接入设备有哪些？

45. 光伏发电系统（电站）接入电网的方式有哪些？

项目 3　某校园 3.6kW 离网光伏发电系统设计、施工与运行维护

徐州市位于东经 116°22′~118°40′、北纬 33°43′~34°58′，徐州市地区年均太阳总辐照量可达 5000MJ/(m²·a)，年日照时数为 2284~2495h，属于资源较丰富区。现需在徐州某学院的校园内建设一个离网光伏发电系统，为其主楼南广场路灯供电，系统工作电压为直流 48V，设负载功率为 $P=2.88$kW，负载工作电压为单相交流 220V，平均每天用电时间为 3.5h，阴雨天气下连续工作时间为 2 天，光伏阵列（组件）的峰值日照时数取 4.5h，光伏阵列（组件）水平方位角选择正南方向。

1) 完成太阳能光伏阵列（组件）、蓄电池、光伏控制器和光伏逆变器等设备的选型，要有具体设计或计算过程及选型依据，并通过网络查询相关型号、技术参数。
2) 完成系统施工、运行和维护方案。

任务 3.1　3.6kW 离网光伏发电系统设计

任务目标

1. 能力目标

1) 能进行负载用电量的计算。
2) 能进行光伏阵列（组件）容量的计算，并完成光伏组件的选型。
3) 能进行蓄电池容量的计算，完成蓄电池的选型。
4) 能完成光伏控制器的选型。
5) 能完成光伏逆变器的选型。
6) 能完成直流汇流箱的选型。
7) 能完成光伏阵列支架的选型。
8) 能完成接地和防雷系统的设计。
9) 能完成光伏发电系统中电缆的选型。

2. 知识目标

1) 了解光伏发电系统中各种导线或电缆的特点。
2) 理解离网逆变器的主要技术参数。
3) 掌握离网光伏发电系统的设计原则和步骤。

3. 素质目标

1) 培养自主学习能力。
2) 培养学生利用网络查阅资料的能力。

3）培养质量与成本意识。

4）培养实事求是、精益求精的精神。

3.1.1 离网光伏发电系统的设计原则及步骤

1. 设计原则

离网光伏发电系统的设计原则是，在保证满足负载供电需要的前提下，使用最少的光伏组件功率和蓄电池容量，以尽量减少初始投资。

离网光伏发电系统必须具有高可靠性，保证在较恶劣条件下的正常使用；同时要求系统有易操作性和易维护性，便于用户的操作和日常维护；系统的设计、施工和维护要具有低成本性；设备的选型要标准化、模块化，以提高备件的通用互换性；系统应预留扩展接口，以便于日后扩大规模和容量。

2. 设计步骤

可按以下步骤进行设计：收集资料（项目所在地、辐照量等地理、天气信息，以及光伏发电系统负载等信息）→理论计算（负载用电量、光伏组件安装方位角及倾角、光伏组件峰值日照小时数、蓄电池容量估算、光伏组件功率估算）→设备选型（蓄电池、光伏组件、光伏逆变器、光伏控制器）→光伏阵列设计（光伏组件串、光伏阵列支架系统、前后间距）→电气设计（电气连接、防雷接地等）→辅助设计（数据采集、环境检测、监控系统等）。

3.1.2 离网光伏发电系统的设计过程

在进行离网光伏发电系统的设计之前，需要掌握并获取项目所在地必要的气象数据和设备选型所必需的理论知识，如离网光伏发电系统安装的地理位置，包括地点、纬度、经度和海拔；该地区的气象资料，包括逐月的太阳能总辐照量，年平均气温和最高、最低气温，最长连续阴雨天数、最大风速及冰雹、降雪等特殊气象情况。

1. 负载用电量计算

负载用电量的计算是离网光伏发电系统设计的关键因素之一。首先列出所有负载（交流和直流）的名称、功率大小、额定工作电压和每天工作时间；然后将负载分类，并按工作电压分组，计算每一组的总用电量，进而算出整个系统每天的用电量；接着，选定直流工作电压，计算整个系统在这一电压下所要求的平均安时（A·h）数，即算出所有负载的每天平均耗电量之和。一般情况下，离网光伏发电系统的交流负载工作电压为220V，直流负载工作电压为12V 或 12V 的整数倍，即 24V 或 48V。如果负载需要不同的直流工作电压，应选择具有最大电流的电压作为系统电压，在负载所需电压与系统电压不一致时可用 DC-DC 变换器来提供所需的电压。在以交流负载为主的系统中，直流工作电压应当与选用的离网逆变器输入电压相适应。

【例 3-1】 现为徐州某地设计一套光伏发电路灯系统，灯具功率为 30W，每天工作 6h，工作电压为 12V。求负载日平均用电量。

解： 负载日平均用电量$(A·h) = \dfrac{负载日平均用电量(W·h)}{系统工作电压} = \dfrac{30 \times 6}{12} A·h = 15 A·h$

【例 3-2】 一个离网光伏发电系统交流工作电压为交流 220V，各负载日用电量及总用电量见表 3-1。设离网逆变器效率 η 取 90%，直流工作电压为 24V，求直流负载日平均用电量（A·h）。

表 3-1 例 3-2 表

序号	负载名称	直流/交流	负载功率/W	数量	合计功率/W	日工作时间/h	日用电量/(W·h)
1	彩色电视机	交流	100	1 台	100	3	300
2	节能灯	交流	12	10 台	120	4	480
3	电风扇	交流	40	1 台	40	4	160
4	洗衣机	交流	200	1 台	200	2	400
5	水泵	交流	200	1 台	200	2	400
6	合计	—	—	—	660	—	1740

解：考虑到离网逆变器的效率，直流负载日平均用电量 = 交流负载日用电量/离网逆变器的效率，单位为 W·h(或 kW·h)，再除以直流工作电压得到安时数。

则直流负载日平均用电量为

$$Q = \frac{W_\text{总}}{\eta_\text{逆} U} = \frac{1740}{90\% \times 24} \text{A·h} \approx 81 \text{A·h}$$

2. 蓄电池容量的计算和选型

离网光伏发电系统一般使用蓄电池作为储能装置，有阳光时将光伏阵列发出的电能储存起来，阳光不足或夜间时为负载供电。离网光伏发电系统中使用的蓄电池有镍氢蓄电池、镍镉蓄电池、锂离子蓄电池和铅酸蓄电池，但是考虑到成本、使用维护方便等因素，通常使用铅酸蓄电池。在下面内容中涉及的蓄电池容量计算和选型没有特别说明的都是指铅酸蓄电池。

（1）蓄电池容量的计算　蓄电池容量是指其蓄电的能力，通常用蓄电池放电至终止电压时所放出的容量大小来度量。

微视频
蓄电池容量的计算

离网光伏发电系统配置的蓄电池容量应根据当地日照条件、连续阴雨天数、负载、光伏控制器的效率和离网逆变器的效率等因素来确定。

1）基本计算方法及步骤。

① 将负载日平均用电量乘以根据实际情况确定的连续阴雨天数得到初步的蓄电池容量。

② 将蓄电池容量除以蓄电池的允许最大放电深度。一般情况下浅循环型蓄电池选用 50% 的放电深度，深循环型蓄电池选用 80% 的放电深度。

③ 综合①、②得到的蓄电池容量的基本公式为

$$\text{蓄电池容量} = \frac{\text{负载日平均用电量} \times \text{连续阴雨天数}}{\text{允许最大放电深度}} \tag{3-1}$$

式中，用电量的单位是 A·h，如果用电量的单位是 W·h，应先将 W·h 折算成 A·h，折算关系为

$$\text{负载平均用电量} = \frac{\text{负载日平均用电量}}{\text{系统工作电压}} \tag{3-2}$$

【例3-3】 现需设计一套离网光伏发电系统，负载日平均用电量为1000W·h，直流工作电压为24V，连续阴雨天数选5天，采用深循环型蓄电池，最大放电深度为80%，求蓄电池的容量。

解：蓄电池容量 = $\dfrac{\text{负载日平均用电量} \times \text{连续阴雨天数}}{\text{最大放电深度}}$ = $\dfrac{\dfrac{1000}{24} \times 5}{0.8}$ A·h = 260.42A·h

2) 实用蓄电池容量计算公式。式（3-1）给出的只是蓄电池容量的基本估算方法，在实际情况中还有很多性能参数会对蓄电池容量和使用寿命产生很大的影响，如蓄电池的放电率和环境温度。

蓄电池的容量随着放电率的改变而改变，若放电率降低，蓄电池的容量会相应增加。进行光伏发电系统设计时就要为所设计的系统选择在恰当的放电率下的蓄电池容量。通常，生产厂家提供的蓄电池额定容量是10h放电率下的蓄电池容量。但是在光伏发电系统中，因为蓄电池中存储的能量主要是为连续阴雨天数中的负载需要，所以蓄电池放电率通常较慢，光伏发电系统中蓄电池典型的放电率为100~200h。在设计时要用到在蓄电池技术中常用的平均放电率的概念。

光伏发电系统的平均放电率计算公式为

$$\text{平均放电率} = \dfrac{\text{负载工作时间} \times \text{连续阴雨天数}}{\text{最大放电深度}} \tag{3-3}$$

对于多路不同负载的光伏发电系统，负载工作时间需要用加权平均法进行计算，加权平均的负载工作时间的计算方法为

$$\text{负载工作时间} = \dfrac{\sum \text{负载工作功率} \times \text{负载工作时间}}{\sum \text{负载工作功率}} \tag{3-4}$$

根据式（3-3）和式（3-4）可以计算出光伏发电系统的实际平均放电率，根据蓄电池生产厂商提供的该型号蓄电池在不同放电率下的蓄电池容量，就可以对蓄电池容量进行修正。

蓄电池容量会随着蓄电池温度的变化而变化，当蓄电池温度下降时，蓄电池容量也会下降。通常，铅酸蓄电池的容量是在25℃时标定的。随着温度的降低，0℃时的容量大约下降到额定容量的90%，而在-20℃的时候大约下降到额定容量的80%，所以必须考虑蓄电池的环境温度对其容量的影响。如果光伏发电系统安装地点的气温很低，就意味着按照额定容量设计的蓄电池组容量在该地区的实际使用中会降低，也就是无法满足系统负载的用电需求。在实际工作的情况下就会导致蓄电池的过放电，减少蓄电池的使用寿命，增加维护成本。因此，设计时需要的蓄电池容量就要比根据标准情况（25℃）下蓄电池参数计算出来的容量要大，只有选择安装相对于25℃时计算容量多的容量，才能够保证蓄电池在温度低于25℃的情况下，还能完全提供所需的容量。

蓄电池生产商一般会提供相关的蓄电池温度-放电率-容量修正曲线（见图3-1）。从曲线上可以查到对应温度的蓄电池容量修正系数，除以蓄电池容量修正系数就能对上述的蓄电池容量初步计算结果加以修正。

蓄电池的放电深度也和温度有关。铅酸蓄电池中的电解液在低温下可能会凝固，随着蓄电池的放电，蓄电池中不断生成的水会稀释电解液，导致蓄电池电解液的凝固点不断上升，

直到0℃。在寒冷的气候条件下，如果蓄电池放电过多，随着电解液凝固点的上升，电解液就可能凝固，从而损坏蓄电池。即使系统中使用的是深循环型蓄电池，其最大的放电深度也不要超过80%。图3-2所示为一般铅酸蓄电池的最大放电深度和蓄电池温度的关系（可由蓄电池生产商提供），系统设计时可以参考该图得到所需的修正系数。通常，只是在温度低于-8℃时才考虑进行校正。

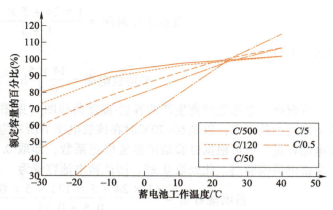

图3-1 蓄电池温度-放电率-容量修正曲线

考虑温度、放电率等对蓄电池容量的影响后，蓄电池的容量为

$$蓄电池容量 = \frac{负载日平均用电量 \times 连续阴雨天数 \times 放电率修正系数}{最大放电深度 \times 温度修正系数} \quad (3-5)$$

如果光伏发电系统位于严寒地区，设计时可以适当地减小最大放电深度来扩大蓄电池的容量，以延长蓄电池的使用寿命。例如，如果使用深循环型蓄电池，进行设计时，可将使用的蓄电池的最大放电深度定为60%而不是80%，这样既可以提高蓄电池的使用寿命，减少蓄电池系统的维护费用，同时又对系统初始成本不会有太大的冲击。可根据实际情况对此进行灵活处理。

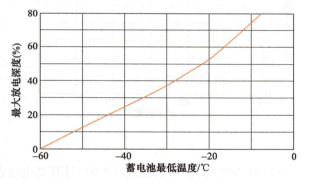

图3-2 铅酸蓄电池最大放电深度和温度的关系

如果手中没有详细的容量-放电率关系的资料时，可对慢放电率（50~200h）光伏发电系统的蓄电池容量进行估算，一般比蓄电池的标准容量提高5%~20%即可，相应的放电率修正系数为0.95~0.8。

温度修正系数：当温度降低的时候，蓄电池的容量将会减少。温度修正系数的作用就是保证安装的蓄电池容量要大于按照25℃标准情况算出来的容量值，从而使得设计的蓄电池容量能够满足实际负载的用电需求。

【例3-4】 建立一套光伏发电系统，为一个地处偏远的通信基站供电。该系统的负载有两个：负载1工作电流为1A，每天工作24h；负载2工作电流为5A，每天工作12h。该系统所处地点的24h平均最低温度为-20℃，系统的连续阴雨天数时间为5天。通信系统一般采用直流48V供电。使用深循环型蓄电池（最大放电深度为80%）。试计算蓄电池的容量。

解： 因为该光伏发电系统所在地区的24h平均最低温度为-20℃，所以必须修正蓄电池的最大放电深度。由蓄电池最大放电深度-温度的关系图（见图3-3）可以确定最大放电深度约为50%，由式（3-4）——在电压一致的情况下，用电流代替负载的大小——得

$$\text{负载工作时间} = \frac{1 \times 24 + 5 \times 12}{1 + 5}\text{h} = 14\text{h}$$

由式 (3-3) 得

$$\text{平均放电率} = \frac{14 \times 5}{0.5}\text{h} = 140\text{h}$$

可根据蓄电池生产商生产的容量-温度曲线图（见图 3-4），找到与平均放电率计算数值最为接近的放电率，以及在 -20℃ 时在该放电率下所对应的温度修正系数，代入公式中计算蓄电池容量。也可根据经验确定温度修正系数，即取 0.75。放电率修正系数可参考蓄电池厂家提供的说明书，此处取 0.85，因此蓄电池容量为

$$\text{蓄电池容量} = \frac{(1 \times 24 + 5 \times 12) \times 5 \times 0.85}{0.5 \times 0.75}\text{A} \cdot \text{h} = 952\text{A} \cdot \text{h}$$

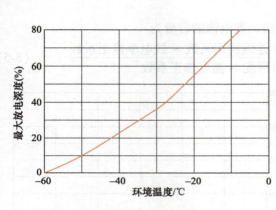

图 3-3　蓄电池最大放电深度-温度的关系　　图 3-4　蓄电池容量-温度曲线图（200h 放电率）

3) 参考公式 1。可以用式 (3-6) 计算蓄电池容量，即

$$C = \frac{P_0 t D}{U K \eta_2} \tag{3-6}$$

式中　C——蓄电池容量，单位为 A·h；

　　　P_0——负载的功率，单位为 W；

　　　t——负载每天的用电小时数，单位为 h；

　　　U——系统的工作电压（或蓄电池组的额定电压），单位为 V；

　　　K——蓄电池的放电系数或蓄电池储存电量的利用率，此值应在考虑蓄电池效率、放电深度和环境温度等影响因素后确定，一般取值为 0.4~0.7；

　　　η_2——逆变器的效率；

　　　D——连续阴雨天数（视当地气象数据而定，一般取 2~3 天）。

【例 3-5】　现需设计一套离网光伏发电系统，负载为荧光灯，总功率 P_0 为 5000W，每天使用 $t = 8\text{h}$，系统工作电压 U 为 48V，逆变器的效率 η_2 取 0.9，连续阴雨天 D 为 2 天，蓄电池的放电系数 $K = 0.5$，计算蓄电池容量。

解：$C = \dfrac{P_0 t D}{U K \eta_2} = \dfrac{5000 \times 8 \times 2}{48 \times 0.5 \times 0.9}\text{A} \cdot \text{h} = 3704\text{A} \cdot \text{h}$

4) 参考公式2。也可用式（3-7）计算蓄电池容量，即

$$C = \frac{TFP_0}{LC_CK_a} \tag{3-7}$$

式中　C——蓄电池容量，单位为 kW·h；
　　　T——最长无日照用电时间，单位为 h（如两天连续阴雨天，每天用电5h，则 $D=2\times 5h=10h$）；
　　　F——蓄电池放电效率的修正因数（通常取1.05）；
　　　P_0——平均负载容量，单位为 kW；
　　　L——蓄电池的维修保养率（通常取80%）；
　　　C_C——蓄电池的放电深度（通常取50%~80%）；
　　　K_a——包括光伏逆变器等的交流回路的损失率（通常取0.7，若光伏逆变器效率高可取0.8以上）。

用通常情况下所取用的常数，式（3-7）可简化为

$$C = 3.75TP_0 \tag{3-8}$$

这就是由平均负载容量和最长无日照用电时间（即负载使用时间）求出蓄电池容量的简单计算公式。式（3-8）中若 T 取值过大，则蓄电池容量较大，需加大投资。同时由于蓄电池容量大，必须加大光伏阵列容量，两者才可以匹配，否则会造成蓄电池充不满，影响其使用寿命。

5) 参考公式3。也可用式（3-9）计算蓄电池容量，即

$$C = \frac{KQ_LDT_0}{C_C} \tag{3-9}$$

式中　C——蓄电池容量，单位为 W·h；
　　　K——安全系数，取1.1~1.4；
　　　Q_L——负载日平均耗电量，单位为 W·h；
　　　D——连续阴雨天数；
　　　T_0——温度修正系数，一般0℃以上取1，-10℃以下取1.1，-10℃以下取1.2；
　　　C_C——蓄电池的放电深度（一般不大于75%，通常取50%）。

【例3-6】 南京某地面卫星接收站使用光伏发电系统供电，K 取1.2，负载电压为12V，功率为25W，每天工作24h，取连续阴雨天数为5天，计算蓄电池组的容量。

解：$C = \frac{KQ_LDT_0}{C_C} = \frac{1.2 \times (25 \times 24) \times 5 \times 1}{0.5}$ W·h $= 7200$ W·h

6) 参考公式4。也可用式（3-10）计算蓄电池容量，即

$$C = \frac{24P_0D}{K_bU} \tag{3-10}$$

式中　C——蓄电池组的容量，单位为 A·h；
　　　P_0——负载日平均耗电量，单位为 W；
　　　D——连续阴雨天数；
　　　K_b——安全系数；
　　　U——系统工作电压，单位为 V。

式（3-9）主要用于24h负载的计算。

式（3-9）和式（3-10）实质上是一样的，只是表达方式不同：采用式（3-10）计算出的蓄电池容量的单位为 A·h，而用式（3-9）计算出的蓄电池容量的单位为 W·h（若除以系统工作电压，则为 A·h）。在式（3-10）中负载日平均耗电量的单位为 W，安全系数包括了温度修正系数 T_0 与放电深度 C_C 的修正系数；在式（3-9）中的日平均耗电量 Q_L（应该说是平均功率）单位为 W。

7）参考公式5。也可用式（3-11）进行估算，即

$$C = Q_L(D+1) \tag{3-11}$$

式中 Q_L——负载日平均耗电量；
$\qquad\;\;$ D——连续阴雨天数。

式（3-11）一般仅用于估算。

（2）蓄电池组串、并联计算 应根据系统直流电压等级的要求来配置蓄电池组串、并联数量。n 个蓄电池串联时电压为单个蓄电池电压的 n 倍，容量不变；n 个蓄电池并联时容量为单个蓄电池容量的 n 倍，电压不变。蓄电池在串、并联时应遵循以下原则：同型号规格、同厂家、同批次、同时安装和使用。

每个蓄电池都有它的标称电压，为了达到负载所需的标称工作电压，可将蓄电池串联起来给负载供电，需要串联的蓄电池的个数等于负载的标称工作电压（系统工作电压）除以蓄电池的标称电压，即

$$蓄电池串联数 = \frac{系统工作电压}{蓄电池标称电压} \tag{3-12}$$

计算出了所需的蓄电池串联数后，下一步就是要决定选择多少个单体蓄电池并联才能得到所需的蓄电池总容量。蓄电池并联数的计算公式为

$$蓄电池并联数 = \frac{蓄电池总容量}{蓄电池标称容量} \tag{3-13}$$

根据计算结果，可以有多种选择。例如，如果计算出来的蓄电池容量为 500A·h，那么可以选择一个 500A·h 的单体蓄电池，也可以选择两个 250A·h 的蓄电池并联，还可以选择 5 个 100A·h 的蓄电池并联。从理论上讲，这些选择都可以满足要求，但是在实际应用当中，要尽量减少并联数目，即最好选择大容量的蓄电池（常见的有 12V 和 2V 系列的蓄电池），这样做的目的是尽量减少蓄电池之间的不平衡所造成的影响，因为处于并联状态的多个蓄电池在充放电的时候即可能造成蓄电池不平衡，而并联的组数越多，发生蓄电池不平衡的可能性就越大。一般来讲，并联的数目不应超过 4 组。

【例3-7】 某离网光伏发电系统的直流工作电压为 24V，经计算后所需蓄电池的容量为 570A·h，如选用 2V/300A·h 的蓄电池，求所需蓄电池的串、并联数目。

解：蓄电池的串联数=24/2=12。

蓄电池的并联数=570/300=1.9，采取向上取整的原则，取 2。

所以该系统需要使用 2V/300A·h 的蓄电池个数为 12(串联)×2(并联)=24(个)。

目前，很多光伏发电系统采用的是两组并联模式。这样一来，如果有一组蓄电池出现故障，不能正常工作，就可以将该组蓄电池断开进行维修，而使用另外一组正常的蓄电池，此时虽然电流有所下降，但系统还能保持在标称电压正常工作。总之，蓄电池组串、并联计算

需要考虑不同的实际情况,根据不同的需要做出不同的选择。

(3) 蓄电池的选型　根据离网光伏发电系统的使用环境及条件,对蓄电池选型有如下要求:
1) 有深循环放电性能。
2) 循环使用寿命长。
3) 过充电、过放电耐受能力强。
4) 有免维护或少维护的特点。
5) 低温下也具有良好的充电、放电特性。
6) 具有较高的能量效率。
7) 具有很高的性能价格比。

能够满足光伏发电系统配套使用的蓄电池种类很多,目前广泛使用的有免维护铅酸蓄电池、普通铅酸蓄电池和碱性镍镉蓄电池3种。国内目前主要使用的蓄电池为免维护铅酸蓄电池,其固有的"免维护"特性很适合于要求性能可靠的光伏发电系统,特别是无人值守的光伏电站。普通铅酸蓄电池由于需要较强的维护能力及对环境污染较大,因此主要用于有维护能力的场合或低档场合使用。碱性镍镉蓄电池虽然有较好的过充、过放电性能,但其价格较高,仅用于较为特殊的场合。

目前离网光伏发电系统大多采用阀控式免维护铅酸蓄电池和胶体铅酸蓄电池。

3. 光伏阵列(组件)容量的计算和选型

(1) 光伏阵列(组件)容量的计算　光伏阵列(组件)设计的一个基本原则是满足平均气候条件下负载的日用电需求。因为天气条件有低于和高于平均值的情况,所以要保证光伏阵列(组件)和蓄电池在天气条件有别于平均值的情况下协调工作。在光伏阵列(组件)输出功率的设计中不要考虑尽可能快地给蓄电池充满电。如果这样,将需要很大的光伏阵列(组件),使得系统成本过高,而在一年中的绝大部分时间里,光伏阵列(组件)的发电量会远远大于负载的用电量,从而造成光伏阵列(组件)不必要的浪费。蓄电池的主要作用是在太阳辐射低于平均值的情况下给负载供电。

在光伏阵列(组件)设计中,较好的方法是使光伏阵列(组件)能满足光照最差季节里的负载需要,也就是要保证在光照最差的情况下使蓄电池能够被完全地充满电,这样蓄电池在全年都能达到全满充电状态,可延长蓄电池的使用寿命,减少维护费用。当然,在全年光照最差的季节,辐照度大大低于平均值,在这种情况下仍然按照最差情况考虑来设计光伏阵列(组件),那么所设计的光伏阵列(组件)在一年中其他时候的输出功率就会超过实际所需,从而增加系统成本。因此设计离网光伏发电系统的关键是选择成本效益最好的方案。有条件的地方,也可以考虑风光互补或市电互补等措施,达到系统整体成本效益最佳。

在设计和计算光伏阵列(组件)时,要以负载日用电量为基本依据进行设计。一般有两种方法:一种方法是以负载平均日用电量为基本数据,以当地太阳能资源参数(如峰值日照时数、年辐射总量等数据)为参照,计算出光伏阵列(组件)的功率,根据计算结果选配或定制相应制的光伏组件,从而得到光伏组件的外形尺寸和安装尺寸。这种方法一般适应于中、小型光伏发电系统的设计,见下文中的设计方法1~4。另一种方法是选定尺寸符合要求的光伏组件,根据该光伏组件峰值功率、峰值工作电流和日发电量等数据,计算和确定光伏组件的串、并联数及总功率。这种方法适用于中、大型光伏发电系统,见下文中的设计方法 5、6。

1）设计方法 1。光伏阵列（组件）容量的计算公式为

$$P = \frac{P_0 t Q}{\eta_1 T} \tag{3-14}$$

式中　P——光伏阵列（组件）的峰值功率，单位为 W；
　　　P_0——负载的功率，单位为 W；
　　　t——负载每天的用电时间，单位为 h；
　　　η_1——系统的效率，包括光伏阵列（组件）失配效率、光伏控制器效率、蓄电池效率、光伏逆变器效率及导线传输效率等（一般可取 0.7 左右）；
　　　T——当地的日平均峰值日照时间，单位为 h；
　　　Q——连续阴雨天富余系数，用于在蓄电池内储存，以应对连续阴雨天（一般取 1.2~2）。

再根据光伏阵列（组件）的功率，结合光伏控制器输入控制路数、系统工作电压等配置光伏阵列（组件）的串、并网的数量。

【例 3-8】　现需设计一套离网光伏发电系统，当地日平均峰值日照时数为 3h，负载为荧光灯，总功率为 5kW，每天使用 8h，计算光伏阵列容量。

解：$P = \dfrac{P_0 t Q}{\eta_1 T} = \dfrac{5 \times 8 \times 1.2}{0.7 \times 3} \text{kW} = 22.9 \text{kW}$

2）设计方法 2。以峰值日照时数为依据的简易计算方法，如式（3-15）所示。此种方法主要用于小型离网光伏发电系统的快速设计与计算。其主要参照的太阳能辐射参数是当地峰值日照时数。

$$\text{光伏阵列（组件）功率} = \frac{\text{负载功率} \times \text{用电时数}}{\text{当地峰值日照时数}} \times \text{损耗系数} \tag{3-15}$$

式中，光伏阵列（组件）功率、负载功率的单位为 W；用电时数、当地峰值日照时数的单位为 h。损耗系数主要有线路损耗、光伏控制器接入损耗、光伏阵列（组件）玻璃表面脏污及安装倾角不能照顾冬季和夏季等因素的损耗，可根据需要在 1.6~2 间进行选取。

【例 3-9】　某小型光伏发电路灯系统，使用 40W/24V 的节能灯为光源，每天工作 5h。已知当地的峰值日照时数为 4h，损耗系数取 1.8，求光伏组件的总功率。

解：把上述参数代入式（3-15）中，有

$$\text{光伏（组件）的总功率} = \frac{40 \times 5}{4} \times 1.8 \text{W} = 90 \text{W}$$

可选择一块 100W 的光伏组件。

以峰值日照时数为依据的多路负载的计算方法如下：当光伏发电系统为多路不同的负载供电时，应先计算出总的负载日用电量（表 3-2 为负载日用电量统计表的示例），再结合当地峰值日照时数进行计算。光伏阵列（组件）功率计算式为

$$\text{光伏阵列（组件）功率} = \frac{\text{负载日用电量}}{\text{当地峰值日照时数} \times \text{系统效率系数}} \tag{3-16}$$

表3-2 多路负载日用电量的计算

序号	负载名称	直流/交流	负载功率/W	数量	合计功率/W	日工作时间/h	日用电量/(W·h)
1	负载1						
2	负载2						
3	负载3						
4	合计						

系统效率系数包括蓄电池的充电效率（一般取0.9）、光伏逆变器的转换效率（一般取0.85）、光伏控制器的效率（一般取0.95）以及光伏阵列（组件）功率衰减、线路损耗和尘埃遮挡等的综合系数（一般取0.9）。以上系数可以根据具体情况进行适当调整，相乘后即系统效率系数。

【例3-10】 某一家庭光伏发电系统工作电压为交流220V，负载日用电量统计见表3-3。当地峰值日照时数为4h，求光伏组件的功率。

解：计算总的负载日用电量，同样见表3-3，则有

$$光伏组件功率 = \frac{1740}{4 \times 0.9 \times 0.85 \times 0.9}W \approx 631.8W$$

表3-3 例3-10表

序号	负载名称	直流/交流	负载功率/W	数量	合计功率/W	日工作时间/h	日用电量/(W·h)
1	彩色电视机	交流	100	1台	100	3	300
2	节能灯	交流	12	10台	120	4	480
3	电风扇	交流	40	1台	40	4	160
4	洗衣机	交流	200	1台	200	2	400
5	水泵	交流	200	1台	200	2	400
	合计	—			660		1740

3）设计方法3。以年辐射总量为依据的计算方法，计算公式为

$$光伏阵列（组件）功率 = \frac{K(负载功率 \times 用电时间)}{当地年总辐射量} \tag{3-17}$$

式中 K——辐照量修正系数，单位是千焦/平方厘米·小时（$kJ/cm^2 \cdot h$）。

当光伏发电系统处于有人维护和一般使用状态时，K取230；处于无人维护且要求可靠性时，K取251；处于无法维护、环境恶劣且要求可靠性非常高时，K取276。

【例3-11】 某一太阳能路灯，使用20W/12V的节能灯作为光源，每天工作5h，要求能连续工作3个阴雨天。已知当地的年辐射总量为$580kJ/cm^2$，求光伏组件的功率。

解：把上述参数代入式（3-17），得光伏组件的功率P为

$$P = 276 \times \frac{20 \times 5}{580}W = 47.59W$$

4）设计方法4。以年辐射总量和斜面修正系数为依据的计算方法，常用于离网光伏发电系统的快速设计与计算，也可以用于对其他设计方法的验算，其主要参照的太阳能辐照参数是当地年辐照总量（即水平面年平均辐射量）和斜面修正系数。

首先应根据各用电器的额定功率和日平均工作的小时数，计算出负载总用电量，即

$$负载总用电量(W \cdot h) = \sum 用电器的额定功率 \times 日平均工作时间 \tag{3-18}$$

组件功率为

$$P = \frac{5618 \times 安全系数 \times 负载用电量}{斜面修正系数 \times 水平面年平均辐射量} \tag{3-19}$$

式中　5618——将充放电效率系数、光伏组件衰减系数等因素，经单位换算及简化处理后得出的系数。

安全系数是根据使用环境、有无备用电源、是否有人值守等因素确定的，一般取值范围在 1.1~1.3 之间。

5）设计方法 5。

① 光伏组件串联数 N_S。光伏组件按一定数目串联起来，就可获得所需要的工作电压。但是，光伏组件的串联数必须适当。串联数太少，串联电压低于蓄电池浮充电压，光伏阵列就不能对蓄电池充电；串联数太多，即使输出电压远高于浮充电压时，充电电流也不会有明显的增加。因此，只有当光伏组件的串联电压等于合适的浮充电压时，才能达到最佳的充电状态。计算方法如下

$$N_S = \frac{U_R}{U_{DC}} = \frac{U_f + U_D + U_C}{U_{DC}} \tag{3-20}$$

式中　U_R——光伏阵列最小输出电压；

U_{DC}——光伏组件最佳工作电压，即 U_{mp}；

U_f——蓄电池浮充电压；

U_D——二极管压降，一般取 0.7V；

U_C——其他因数引起的压降。

蓄电池的浮充电压和所选的蓄电池参数有关，应等于在最低温度下所选蓄电池单体的最大工作电压乘以串联的蓄电池数。

② 光伏组件并联数 N_P。在确定 N_P 之前，应先确定其相关量的计算方法。

将光伏阵列安装地的太阳日辐照量 H_T，转换成在标准辐照度下的平均日照时数 H（我国部分主要城市的日照参数见表 3-4），即

$$H = H_T \frac{2.778}{10000} \tag{3-21}$$

式中　2.778/10000——将太阳日辐照量换算成标准辐照度（1000W/m²）下的平均日照时数的系数。

表 3-4　我国部分主要城市的日照参数表

城市	纬度 $\Phi/(°)$	日辐照量 H_T/(kJ/m²)	平均日照时数 H/h	最佳倾角 Φ_{op}/(°)	斜面日辐照量/(kJ/m²)	斜面修正系数 K_{op}
哈尔滨	45.68	12703	4.39	$\Phi+3$	15838	1.1400
长春	43.90	13572	4.75	$\Phi+1$	17127	1.1548
沈阳	41.77	13793	4.60	$\Phi+1$	16563	1.0671

（续）

城市	纬度 $\Phi/(°)$	日辐照量 H_T/ (kJ/m^2)	平均日照时数 H/h	最佳倾角 Φ_{op} (°)	斜面日辐照量/ (kJ/m^2)	斜面修正系数 K_{op}
北京	39.80	15261	5	$\Phi+4$	18035	1.0976
天津	39.10	14356	4.65	$\Phi+5$	16722	1.0692
呼和浩特	40.78	16574	5.57	$\Phi+3$	20075	1.1468
太原	37.78	15061	4.83	$\Phi+5$	17394	1.1005
乌鲁木齐	43.78	14464	4.6	$\Phi+12$	16594	1.0092
西宁	36.75	16777	5.45	$\Phi+1$	19617	1.1360
兰州	36.05	14966	4.4	$\Phi+8$	15842	0.9489
银川	38.48	16553	5.45	$\Phi+2$	19615	1.1559
西安	34.30	12781	3.59	$\Phi+14$	12952	0.9275
上海	31.17	12760	3.38	$\Phi+3$	13691	0.9900
南京	32.00	13099	3.94	$\Phi+5$	14207	1.0249
合肥	31.85	12525	3.69	$\Phi+9$	13299	0.9988
杭州	30.23	11668	3.43	$\Phi+3$	12372	0.9362
南昌	28.67	13094	3.8	$\Phi+2$	13714	0.8640
福州	26.08	12001	3.45	$\Phi+4$	12451	0.8978
济南	36.68	14043	4.44	$\Phi+6$	15994	1.0630
郑州	34.72	13332	4.04	$\Phi+7$	14558	1.0476
武汉	30.63	13201	3.8	$\Phi+7$	13707	0.9036
长沙	28.20	11377	3.21	$\Phi+6$	11589	0.8028
广州	23.13	12110	3.52	$\Phi-7$	12702	0.8850
海口	20.03	13835	3.84	$\Phi+12$	13510	0.8761
南宁	22.82	12515	3.53	$\Phi+5$	12734	0.8231
成都	30.67	10392	2.88	$\Phi+2$	10304	0.7553
贵阳	26.58	10327	2.86	$\Phi+8$	10235	0.8135
昆明	25.02	14194	4.25	$\Phi-8$	15333	0.9216
拉萨	29.70	21301	6.7	$\Phi-8$	24151	1.0964

光伏组件日发电量 Q_p 为

$$Q_p = I_{oc} H K_{op} C_z \tag{3-22}$$

式中　I_{oc}——光伏组件最佳工作电流，即 I_{mp}；

　　　K_{op}——斜面修正系数（参照表3-4）；

　　　C_z——修正系数，主要为组合、衰减、灰尘、充电效率等的损失，一般取0.8。

下述式（3-23）~式（3-25）的独特之处，主要是考虑了要在两组连续阴雨天之间的最短间隔天数内将亏损的蓄电池电量补充起来，需补充的蓄电池容量 C 为

$$C = KQ_L D \tag{3-23}$$

式中　C——蓄电池的容量，单位为 A·h；

K——安全系数，取 1.1~1.4；

Q_L——负载日平均用电量，单位为 A·h；

D——最长连续阴雨天数。

负载日平均用电量为

$$Q_L = \frac{P_O}{U}t \tag{3-24}$$

式中　Q_L——负载日平均用电量，单位为 A·h；

P_O——负载功率，单位为 W；

U——系统电压，单位为 V；

t——负载每天工作时间，单位为 h。

光伏组件并联数为

$$N_P = \frac{C + N_W Q_L}{Q_P N_W} \tag{3-25}$$

式中　C——蓄电池的容量，单位为 A·h；

N_W——两组最长连续阴雨天之间的最短间隔天数（一般 N_W 取 30 天）；

Q_L——负载日平均用电量，单位为 A·h；

Q_P——光伏组件日发电量，单位为 A·h。

式（3-25）表达的含义为：并联的光伏组件数，应满足在两组最长连续阴雨天之间的最短间隔天数内所发电量，不仅可供负载使用，还应补足蓄电池在最长连续阴雨天内所亏损的电量。

根据光伏组件的串并联数，可得出光伏阵列的功率 P 为

$$P = P_O N_S N_P \tag{3-26}$$

式中　P——光伏阵列功率，单位为 W；

P_O——光伏组件的额定功率，单位为 W；

N_S——光伏组件串联数；

N_P——光伏组件并联数。

【例 3-12】　以南京某地面卫星接收站为例，其负载电压为 12V，功率为 25W，每天工作 24h，最长连续阴雨天数为 5 天，两组最长连续阴雨天之间的最短间隔天数为 30 天。光伏组件参数如下：标准功率 38W，工作电压 17.1V，工作电流 2.22A，蓄电池采用铅酸免维护蓄电池，浮充电压为 (14±1)V。其斜面太阳辐射数据参照表 3-4，日辐照量为 14207（kJ/m²），K_{op} 值为 1.0249，最佳倾角为 37°，计算光伏阵列的功率。

解： 光伏组件的串联数为

$$N_S = \frac{U_f + U_D + U_C}{U_{DC}} = \frac{14 + 0.7 + 2}{17.1} = 0.98 \approx 1$$

光伏组件日发电量为

$$Q_P = I_{oc} H K_{op} C_z = 2.22 \times 14207 \times \left(\frac{2.778}{10000}\right) \times 1.0249 \times 0.8 \text{A·h} = 7.18 \text{A·h}$$

负载日平均用电量为

$$Q_L = \frac{P_O}{U}t = \frac{25}{12} \times 24 \text{A} \cdot \text{h} = 50 \text{A} \cdot \text{h}$$

蓄电池的容量为

$$C = KQ_L D = 1.2 \times \left(\frac{25}{12}\right) \times 24 \times 5 \text{A} \cdot \text{h} = 300 \text{A} \cdot \text{h}$$

光伏组件的并联数为

$$N_P = \frac{C + N_W Q_L}{Q_P N_W} = \frac{300 + 30 \times 50}{7.18 \times 30} = 8.35 \approx 9$$

光伏阵列的功率为

$$P = P_O N_S N_P = 38 \times 1 \times 9 \text{W} = 342 \text{W}$$

6)设计方法6。在考虑蓄电池充电效率、光伏组件损耗系数、光伏逆变器效率等各种因素的影响后,引入相关修正系数,得

$$光伏组件并联数 = \frac{负载日平均用电量(\text{A} \cdot \text{h})}{光伏组件日平均发电量(\text{A} \cdot \text{h}) \times 充电效率 \times 光伏组件损耗系数 \times 光伏逆变器效率} \tag{3-27}$$

$$光伏组件串联数 = \frac{系统工作电压(\text{V}) \times 1.43}{光伏组件峰值电压(\text{V})} \tag{3-28}$$

【例3-13】 某一地区建设的光伏发电系统为以下负载供电:荧光灯4盏,每盏功率为40W,每盏工作4h;电视机两台,每台功率为70W,每天工作5h。系统工作电压为48V,选用光伏组件的参数如下:峰值电压为17.4V,峰值电流为5.75A,峰值功率为100W。当地峰值日照时数为3.43h。修正因数如下:充电效率为0.9,光伏组件损耗系数为0.9,光伏逆变器效率为0.9。试确定光伏组件的数目。

解: 光伏组件的串联数为

$$N_S = \frac{48 \times 1.43}{17.4} \approx 4$$

负载日平均用电量为

$$Q_L = \frac{4 \times 40 \times 4 + 2 \times 70 \times 5}{48} \text{A} \cdot \text{h} \approx 27.92 \text{A} \cdot \text{h}$$

光伏组件的并联数为

$$N_P = \frac{27.92}{5.75 \times 3.43 \times 0.9 \times 0.9 \times 0.9} \approx 2$$

总的光伏组件数 = 4(串) × 2(并) = 8。

当计算光伏组件串、并联数时,采用就高不就低的原则。

该光伏阵列的总功率为

$$P = 2 \times 4 \times 100 \text{W} = 800 \text{W}$$

(2) 光伏组件的选型 从转换效率、光伏组件性能、设备初投资等几方面综合考虑,在工程设计中应采用环保经济型单晶硅光伏组件。目前,世界上光伏组件中90%以上是晶体硅组件。

光伏组件选型的要点：①颜色与质感；②强度与抗变形的能力；③寿命与稳定性；④发电效率；⑤尺寸和形状；⑥价格；⑦环境友好度等。

4. 光伏控制器的选型

光伏控制器的作用是对光伏阵列（组件）所发的电能进行调节和控制，最大限度地对蓄电池进行充电，并对蓄电池起到过充电保护、过放电保护的作用。在温差较大的地方，光伏控制器还应具备温度补偿的功能。

（1）光伏控制器选型考虑的主要技术指标　光伏控制器的配置选型要根据整个系统的各项技术指标和生产厂家提供的产品样本手册来确定。一般要考虑下列内容。

1）系统工作电压。指光伏发电系统中蓄电池的工作电压。光伏控制器的系统工作电压应与蓄电池的工作电压保持一致。如12V光伏控制器用于12V系统，24V光伏控制器用于24V系统等。光伏控制器的电路结构不同，电压范围也不一样，电压范围越宽，选择光伏组件的串、并联方案就越方便。以48V光伏控制器为例，有的范围较窄，电压范围为60~145V，一般可以接2~3块光伏组件，选择余地不多；有的范围较宽，电压范围为120~450V，一般可以接4~12块光伏组件。

2）光伏控制器的额定输入电流和输入路数。光伏控制器的额定输入电流取决于光伏阵列（组件）的输入电流（通常以短路电流作为光伏阵列的最大电流值），选型时光伏控制器的额定输入电流应等于或大于光伏阵列（组件）的输入电流。为提高安全系数，在此短路电流的基础上应再加25%裕量。最大输入电流≥光伏阵列（组件）并联短路电流的1.2~1.5倍。

光伏控制器的控制电流公式为

$$I = \frac{P_0}{U} \tag{3-29}$$

式中　I——光伏控制器的控制电流，单位为A；

P_0——光伏阵列（组件）的峰值功率，单位为W；

U——蓄电池的额定电压，单位为V。

光伏控制器的输入路数要多于或等于光伏阵列（组件）的设计输入路数。各路光伏阵列（组件）的输出电流应小于或等于光伏控制器每路允许输入的最大电流值。

3）光伏控制器的额定负载电流。也就是光伏控制器输出到直流负载或光伏逆变器的直流输出电流，该数据要满足负载或光伏逆变器的输入要求。

在光伏控制器选型中考虑问题的顺序如下：①根据光伏发电系统蓄电池的电压选光伏控制器的工作电压等级；②根据光伏阵列（组件）的容量大小和光伏组件串的并联数量，计算光伏控制器的充电电流和控制方式；③根据负载特点选择是否需要光伏控制器的蓄电池过放电保护功能，如需要，则根据负载功率计算放电电流大小；④依据用户要求选择是否需要其他辅助功能，列出满足要求的光伏控制器生产厂和型号，按系统配置最优原则确定光伏控制器。

（2）离网光伏发电系统的光伏控制器的选型　户用光伏发电系统容量小于1kW，为安全和方便安装移动考虑，蓄电池一般为12V或24V，光伏组件较少，一般采用一组串联的接线方式。选用光伏控制器时也应先确定光伏控制器的工作电压和电流，由于只有一组光伏组件，所以控制方式应选用PWM控制。考虑用户使用和维护的方便，光伏控制器的操作和显示方式越少、越直观越好,尽量不要增加各种辅助功能。对于只给直流负载供电的光伏发电系统,光伏控制器必须提供蓄电池过放电保护功能。目前流行的户用光伏发电系统多为交流供电,系统中配备了离网逆变器,甚至将光伏控制器和离网逆变器制作在一起构成光伏控制逆变一体机,此时光伏控制器就不必要提供单独的蓄电池过放电保护功能了。

  对于安装容量为1~5kW的光伏发电系统,选择光伏控制器时,则先根据系统设计的蓄电池电压等级确定光伏控制器的工作电压,如一般通信基站的仪器设备是48V直流供电的,蓄电池就是48V的标称电压,光伏控制器也要选择48V的;再根据选用光伏阵列(组件)的电流值和光伏组件串并联数量计算最大充电电流,确定光伏控制器的工作电流。对于1~5kW光伏发电系统的光伏控制器,常见的控制方式有PWM控制和多路多阶控制,如果构成系统的光伏组件串的并联数达到5个以上,使用多路多阶控制方式的光伏控制器就可达到较理想的充电效果;如果并联数少于5个,就建议使用PWM控制方式的光伏控制器;其他的辅助功能可以按需要选择。

  安装容量大于5kW的光伏发电系统一般为解决边远地区村落居民生活用电的而建设的电站,具有系统电压高(常见为直流110V或220V)、光伏组件串的并联数多(一般远远大于5个)的特点,一般选择使用多路多阶控制方式的光伏控制器就可以达到满意的效果,如果容量较大,就可使用多个多路多阶控制器构成大功率光伏控制器组的形式。

  需要注意的是,一般通信基站等专业用户使用的直流电源,直接从蓄电池处取电,只要蓄电池还有一点电,就必须保持工作,因此选择此类光伏发电系统的光伏控制器时,一般不使用具有负载放电控制功能的,即使选用具有该功能的光伏控制器,也需要禁止该功能的使用。对于村落光伏电站而言,给交流负载供电必须要用光伏逆变器,光伏逆变器本身就具有蓄电池过放电保护功能,实际的使用说明,光伏控制器和光伏逆变器双重的过放电保护并不会带来更多的安全性,反而会因为过多的保护动作带来不必要的麻烦。

5. 离网逆变器的选型

  离网逆变器的作用是把直流电转换成交流电,给交流负载使用。为了提高光伏发电系统的整体性能,保证系统的长期稳定运行,选择与系统匹配的离网逆变器非常重要,要选择好离网逆变器,则必须正确理解其主要技术参数。

  1)可靠性。离网逆变器是影响离网光伏发电系统可靠性的主要因素之一。由于离网逆变器一般工作在边远地区或无人值守的地方,一旦出现问题维修很不方便,所以离网逆变器的首要要求是必须可靠且安全。

  2)额定输出容量。额定输出容量是指当输出功率因数为1时,离网逆变器额定输出电压与额定输出电流的乘积,其单位为V·A或kV·A。它表征了离网逆变器对负载的供电能力。额定输出容量越大,离网逆变器的带负载能力越强。在此需特别指出的是,当离网逆变器带的不是纯电阻性负载时,离网逆变器的带负载能力将小于它所给出的额定输出容量值。

  3)离网逆变器效率。离网逆变器效率是衡量离网逆变器性能的一个重要技术参数。它是指在规定条件下输出功率与输入功率之比,以百分数表示,其数值用来表征离网逆变器自身损耗功率的大小。《家用太阳能光伏电源系统技术条件和试验方法》(GB/T 19064—2003)规定离网逆变器的输出功率大于等于额定功率的75%时,效率应大于或等于80%。

  容量较大的离网逆变器还应给出满负载效率值和低负载效率值,10kW级以下离网逆变器的效率应为80%~85%，10kW级离网逆变器的效率应为85%~90%。离网逆变器效率的高低对离网光伏发电系统提高有效发电量和降低发电成本有重要影响。

4）起动性能。一般电感性负载，如电动机、电冰箱、空调、洗衣机和大功率水泵等，在起动时，功率可能是额定功率的5~6倍，离网逆变器将承受大的瞬时浪涌功率。离网逆变器应保证在额定负载下可靠起动，高性能的离网逆变器可做到连续多次满负载起动而不损坏功率器件。小型离网逆变器为了自身安全，有时需采用软起动或限流起动。

5）输出电压调整性能。输出电压调整性能表示离网逆变器输出电压的稳压能力。一般离网逆变器产品都给出了当直流输入电压在允许波动范围内变动时，该离网逆变器输出电压的波动偏差的百分率，这个百分率通常称为电压调整率。高性能的离网逆变器应同时给出当负载由0向100%变化时，该离网逆变器输出电压的偏差百分率，这个百分率通常称为负载调整率。性能优良的离网逆变器的电压调整率应在±3%以内，负载调整率应在±6%以内。在离网光伏发电系统中多以蓄电池为储能装置。当标称电压为12V的蓄电池处于浮充状态时，端电压可达13.5V，处于短时间过充状态时，可达15V。蓄电池带负载放电终了时端电压可降至10.5V或更低。蓄电池端电压的起伏可达标称电压的30%左右。这就要求离网逆变器具有较好的输出电压调整性能，才能保证离网光伏发电系统以稳定的交流电压供电。

6）系统输入电压。系统输入电压指离网光伏发电系统的直流工作电压，电压一般为12V、24V、36V、48V、110V和220V等。

7）系统输出电压及频率。指离网逆变器输出至负载的工作电压及频率，一般离网逆变器的额定输出电压值为220V（单相）或者380V（三相），对额定输出电压值有如下规定：在稳定状态运行时，电压波动范围偏差不得超过额定值的±5%；在负载突变时（如额定负载的0%、50%和100%）或其他因素干扰情况下，电压偏差不得超过额定值的±10%。GB/T 19064—2003标准中规定的输出频率应在49~51Hz之间。

8）保护功能。对于一款性能优良的离网逆变器来讲，它还应具备完备的保护功能或措施，以应对在实际使用过程中出现的各种异常情况，使其自身及系统其他部件免受损伤。

① 输入欠电压保护。当输入端电压低于额定电压的85%时，离网逆变器应有保护和显示。

② 输入过电压保护。当输入端电压高于额定电压的130%时，离网逆变器应有保护和显示。

③ 过电流保护。应能保证在负载发生短路或电流超过允许值时及时动作，使其免受浪涌电流的损伤。当工作电流超过额定的150%时，离网逆变器应能自动保护。

④ 输出短路保护。离网逆变器短路保护动作时间应不超过0.5s。

⑤ 输入反接保护。当输入端正、负极接反时，离网逆变器应有防护功能和显示。

⑥ 防雷保护。离网逆变器应有防雷保护。

另外，对无电压稳定措施的离网逆变器来讲，它还应有输出过电压防护措施，以使负载免受过电压的损害。

9）通信功能。离网逆变器应具有通信功能，具有RS-485/RS-232/USB接口等。

离网逆变器的配置除了要根据整个离网光伏发电系统的各项技术指标并参考生产厂家提供的产品样本手册来确定，一般还要重点考虑下列几项技术指标。

1）额定输出功率（容量）。额定输出功率表示离网逆变器向负载供电的能力。选用离网逆变器时,应首先考虑具有足够的额定功率,以满足最大负载下设备对电功率的要求和对系统进行扩容及接入一些临时负载。对于以单一设备为负载的离网逆变器,其额定容量的选取较为简单,当用电设备为纯电阻性负载或功率因数大于 0.9 时,选取离网逆变器的额定容量为用电设备容量的 1.1~1.15 倍即可;如果负载为电动机等电感性负载,则要求额定容量为用电设备容量的 5~10 倍,考虑到离网逆变器本身具有一定过载能力,其容量可适当取小些。在离网逆变器以多个设备为负载时,其容量的选取要考虑几个用电设备同时工作的可能性,即"负载同时系数"。

2)输入电压。离网逆变器的输入电压≥蓄电池串联电压,即与系统电压保持一致。

3)输出电压和频率。输出电压应等于负载额定电压,一般单相负载为 220V,三相负载为 380V;频率一般为 50Hz。

6. 光伏阵列防雷汇流箱选型

(1)防雷汇流箱简介 在光伏发电系统中,用户将一定数量、规格相同的光伏组件串联起来组成的一个个光伏组件串,然后再将若干个光伏组件串并联,而防雷汇流箱可将这些组合好的光伏组件串汇流后再输出。其实物图和电路图如图 3-5 所示。光伏组件串在防雷汇流箱内汇流后,通过直流断路器输出,进入光伏逆变器。为了提高系统的可靠性和实用性,在防雷汇流箱里配置了光伏发电专用的避雷器、熔断器和断路器等。

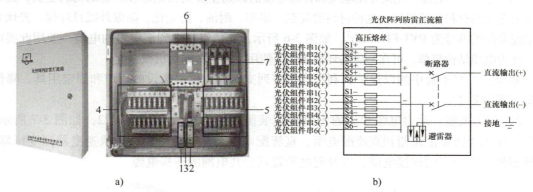

图 3-5 防雷汇流箱实物图和电路图
a)实物图 b)电路图
1—直流正极汇流输出 2—直流负极汇流输出 3—接地端 4—直流正极汇流板(每路输入串联一个熔断器)
5—直流负极汇流板(每路输入串联一个熔断器) 6—断路器 7—避雷器

(2)防雷汇流箱选型应考虑的因素

1)防雷汇流箱的功能。防雷汇流箱除了具有汇流功能外,一般还具有短路保护、防反接、防雷、监控等功能,可根据实际情况进行选择,功能越多制造成本越大,购买费用也就相应增加,一般短路保护、防雷、防反接是必须具备的,监控系统可根据实际情况决定是否需要,如果系统中另外有一套监控系统,那么箱子本身的监控系统就不必要了。

2)技术参数。技术参数方面可参考的有输入路数(常用的有 6、8 和 16 路等),最大输入电压(可达 DC 1500V),每路输入电流,检测单元监测每路输入电流、输出电压等。其中防雷汇流箱熔断器选型要求其电流大小为 $1.56I_{sc}$,I_{sc} 为光伏阵列(组件)短路电流。

3)使用环境要求。使用环境温度要求、海拔要求、防护等级及体积大小也应作为选型依据。

7. 光伏阵列支架的选型

应在安装地进行光伏阵列支架选型。在保证强度和刚度的前提下，尽量节约材料，简化制造工艺，降低成本。

离网光伏发电系统的光伏阵列最佳倾角按照最低辐照度月份倾斜面上受到较大辐照量来选取。推荐倾角在当地纬度的基础上再增加 5°~15°，也可根据具体情况进行优化。当然，还可以采用 PVSYST 软件优化设计。

对于较小的光伏发电系统可以选择铝合金型材；较大的光伏发电系统可以选择镀锌钢材。

光伏阵列前后排的距离可以通过公式计算或用 PVSYST 软件仿真得出。

8. 防雷、接地系统的设计

离网光伏发电系统接地装置的作用是把雷电流尽快地散到大地。一般需要把光伏设备外壳接地，并通过并网避雷器的方式进行防雷保护。

9. 光伏发电系统中的电缆选型

（1）光伏发电系统中的电缆种类、特点及敷设方式　光伏发电系统常用电缆主要有光伏专用电缆、动力电缆、控制电缆、通信电缆和射频电缆等。

1）光伏专用电缆。光伏专用电缆和普通电缆的区别主要是在绝缘和护套的材料上面，光伏专用电缆用的材料是辐照料，这种材料耐高温、耐寒、耐油、防老化、防紫外线且环保。光伏专用电缆常用的型号为 PV1-F1×4mm^2，如图 3-6 所示，光伏组件串到汇流箱的电缆一般用此类电缆。此类电缆结构简单，可在恶劣的环境条件下使用，具备一定的机械强度。

敷设：可穿于管中加以保护，利用光伏阵列支架作为电缆敷设的通道和固定用具，降低环境因素的影响。

2）动力电缆。动力电缆常见的为钢带铠装阻燃交联电缆 ZRC-YJV22，如图 3-7 所示，它广泛应用于防雷汇流箱到直流配电柜、直流配电柜到光伏逆变器、光伏逆变器到变压器、变压器到配电装置的连接电缆，以及配电装置到公共电网的连接电缆。

图 3-6　PV1-F1×4mm^2 电缆　　　　　图 3-7　动力电缆

光伏发电系统中比较常见的 ZRC-YJV22 电缆标称截面积有：2.5mm^2、4mm^2、6mm^2、10mm^2、16mm^2、25mm^2、35mm^2、50mm^2、70mm^2、95mm^2、120mm^2、150mm^2、185mm^2、240mm^2 和 300mm^2。

其特点如下：①质地较硬，耐温等级 90℃，使用方便，介质损耗小、耐化学腐蚀和敷设不受落差限制；②具有较高机械强度，耐环境应力好，具有良好的耐热老化性能和电气性能。

其敷设条件如下：可直埋，适用于固定敷设，适应不同敷设环境（地下，水中，沟管及隧道）的需要。

3）控制电缆。控制电缆常用 ZRC-KVVP 铜芯聚氯乙烯绝缘聚氯乙烯护套编织屏蔽控制电缆，如图 3-8 所示。适用于交流额定电压 450V/750V 及以下控制回路、监控回路及保护线路。

其特点如下：长期允许使用温度为 70℃。最小弯曲半径不小于外径的 6 倍。

其敷设条件如下：一般敷设在室内、电缆沟、管道等要求屏蔽、阻燃的固定场所。

图 3-8　控制电缆

4）通信电缆。通信电缆一般采用 DJYVRP2-22 聚乙烯绝缘聚氯乙烯护套铜丝编织屏蔽铠装计算机专用软电缆，如图 3-9 所示，适用于额定电压 500V 及以下对于防干扰要求较高的电子计算机和自动化设备的连接电缆。

其特点如下：DJYVRP2-22 电缆具有抗氧化性好、绝缘电阻高、耐电压好和介电系数小的特点，在确保使用寿命的同时，还能减少回路间的相互串扰和外部干扰，因此信号传输质量高。最小弯曲半径不小于电缆外径的 12 倍。

其敷设条件如下：电缆允许在环境温度 -40~50℃ 的条件下固定敷设使用。可敷设于室内、电缆沟和管道等要求静电屏蔽的场所。

5）射频电缆。射频电缆常用实心聚乙烯绝缘聚氯乙烯护套射频同轴电缆 SYV，如图 3-10 所示。监控中常用的视频线主要是 SYV75-3 和 SYV75-5 两种。如果要传输视频信号，在 200m 内可以用 SYV75-3；如果在 350m 范围内就可以用 SYV75-5，可穿管敷设。

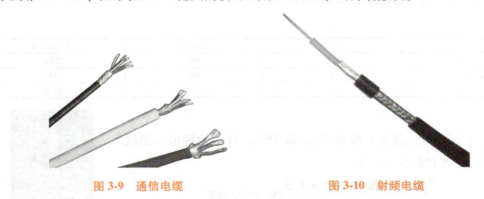

图 3-9　通信电缆　　　　图 3-10　射频电缆

(2) 光伏发电系统中的电缆选型的基本要求

1）直流供电回路宜采用两芯电缆，当需要时可采用单芯电缆。

2）高温 100℃ 以上或低温 -20℃ 以下场所不宜用聚氯乙烯绝缘电缆。

3）直埋敷设电缆时，当电缆承受较大压力或者有机械损伤危险时，应用钢带铠装电缆。

4）最大工作电流作用下的电缆芯温度，不得超过按电缆使用寿命确定的允许值。

5）确定电缆持续允许载流量的环境温度，如果电缆敷设在空气中或电缆沟内，应取最热月份的日最高温度的平均值。

(3) 光伏发电系统中的电缆选型的计算 电缆截面积的选择应满足允许温升、电压损失和机械强度等要求,直流系统电缆按电缆长期允许载流量选择,并按电缆允许压降校验,计算公式如下:

按电缆长期允许载流量为

$$I_{pc} \geq I_{cal}$$

按回路允许电压降为

$$S_{cac} = P \frac{2LI_{ca}}{\Delta U_p}$$

式中 I_{pc} ——电缆允许载流量,单位为 A;
I_{ca} ——计算电流,单位为 A;
I_{cal} ——回路长期工作计算电流,单位为 A;
S_{cac} ——电缆计算截面积,单位为 mm^2;
P ——电阻系数,铜导体为 $0.0184\Omega \cdot mm^2/m$,铝导体为 $0.0315\Omega \cdot mm^2/m$;
L ——电缆长度,单位为 m;
ΔU_p ——回路允许电压降,单位为 V。

3.1.3　3.6kW 离网光伏发电系统设计

需建设离网光伏发电系统的徐州某学院将在其主楼东侧建造该系统,以供电给主楼南广场照明,负载情况见表3-5。

微视频
3.6kW离网光伏发电系统设计

1. 负载总功率计算

参考表3-5,可知总功率为 2.88kW。

表3-5　徐州某学院主楼南广场照明负载情况

用电负载	数量	功率/W	总功率/W
路灯	12	60	720
广场灯	6	360	2160
合计	—	—	2880

2. 光伏阵列设计

参考式(3-14),此处系统效率 η_1 取 75%,日平均峰值日照时数取 4.5h,则光伏阵列功率为

$$P = \frac{P_0 t Q}{\eta_1 T} = \frac{2.88 \times 3.5 \times 1.2}{0.75 \times 4.5} kW \approx 3.6 kW$$

所选用光伏组件为图3-11所示的 AD250P6-Ab 型光伏组件(说明:这个项目的设计时间是在 2013 年,当时多晶硅光伏组件是主流,为了和这一时期的设计思路保持一致,光伏组件的选型未做修改),光伏组件技术参数见表3-6。

光伏组件总数为

$$n = \frac{3600}{250} \approx 15$$

图 3-11　AD250P6-Ab 型光伏组件

光伏组件串联数为

$$n_{串} = \frac{系统电压 \times 1.43}{组件峰值电压} = \frac{48 \times 1.43}{30.67} = 2.24 \approx 3(向上取整)$$

光伏组件并联数为

$$n_{并} = \frac{15}{3} = 5$$

根据以上计算可知，光伏组件串联数为3，并联数为5，共需15块250W（总功率为3750W）的光伏组件构成光伏阵列，其连接示意图如图3-12所示。

表3-6 AD250P6-Ab型光伏组件技术参数

项目	参数名称	参数情况	项目	参数名称	参数情况
电气参数	最大输出功率	250W	机械参数	太阳能电池片尺寸	多晶硅,156mm×156mm(6寸)
	最大工作电压	30.67V		太阳能电池片数量	60(6×10)
	最大工作电流	8.15A		产品尺寸	1640mm×992mm×40mm
	开路电压	37.88V		产品质量	18.5kg
	短路电流	8.71A		玻璃	钢化玻璃
	转换效率	15.37%		边框材料	银色、阳极氧化铝
	工作温度	−40~85℃	温度参数	额定工作温度	±45℃
	最大系统电压	DC 1000V		最大功率温度系数	−0.42%/℃
	最大系列熔断器	15A		开路电压温度系数	−0.30%/℃
				短路电压温度系数	0.06%/℃

3. 光伏控制器选型

因系统电压为48V，所以光伏控制器的额定电压取值也为48V。

因光伏阵列功率为3.6kW，则总的输入电流为3.6kW/48V = 75A；又因负载总功率为2.88kW，则输出电流为60A。

综合以上因素，考虑一定的冗余量，选择48V/100A光伏控制器，如图3-13所示，其技术参数见表3-7。

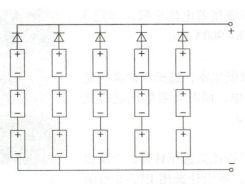

图3-12 光伏阵列连接示意图

图3-13 48V/100A光伏控制器

表 3-7　48V/100A 光伏控制器技术参数

参数描述	具体参数	参数描述	具体参数
电气参数		蓄电池电压参数	
额定系统电压	DC 48V	欠电压断开恢复电压	50V
额定充电电流	100A	欠电压断开电压	43.2V
蓄电池端子允许电压	≤70V	均衡持续时间	—
光伏阵列输入电压	DC≤100V	提升持续时间	2h
光伏阵列最小输入电压	DC≥58V	环境参数	
光伏阵列输入功率	≤4800W	工作环境温度范围	-35~55℃
静态损耗	<0.2A	储存温度范围	-35~80℃
充电回路压降	≤0.5V	相对湿度范围	10%~90%无凝结
放电回路压降	≤0.5V	防护等级	IP30
蓄电池电压参数		海拔高度	≤3000m
过电压断开电压	60V	机械参数	
充电限制电压	58V	外形尺寸	355mm×273mm×142mm
过电压断开恢复电压	56V	安装孔尺寸	295mm×353mm
均衡电压	—	安装孔大小	Φ7
提升电压	56.8V	接线端子截面积	24mm²
浮充电压	55.2V	净质量	7.1kg

4. 蓄电池的选型

参考式（1-4）所示，蓄电池的容量为

$$C = \frac{P_0 tD}{UK\eta_2} = \frac{2880 \times 3.5 \times 2}{48 \times 0.6 \times 0.8} \text{A} \cdot \text{h} = 875 \text{A} \cdot \text{h}$$

选择 GFM-300 型蓄电池，其技术参数见表 3-8。

表 3-8　GFM-300 型蓄电池技术参数

型号	电压/V	容量/(A·h)	长/mm	宽/mm	高/mm	重量/kg
GFM-300	2	300	124	181	346	18

由于系统电压为 48V，因此选择 24 块该型蓄电池串联，再把 3 个串联蓄电池组并联，总容量为 3×300A·h=900A·h。

5. 离网逆变器的选型

离网逆变器选择 XTM4000-48 型（为降低成本，选择双向离网逆变器，当蓄电池耗尽时，由市电对负载供电，同时对蓄电池进行充电），如图 3-14 所示，其技术参数见表 3-9。

6. 防雷汇流箱的选型

由于光伏阵列中光伏组件串共有 5 串，因此应选择具有 5 个及以上输入的防雷汇流箱，如 6 路或 8 路输入，本设计选用 PVX-8 型防雷汇流箱，如图 3-15 所示。

图 3-14　XTM4000-48 型离网逆变器

表3-9　XTM4000-48型离网逆变器参数

技术参数	参考值
额定蓄电池电压	48V
输入电压范围	38~48V
持续功率（25℃）	3500V·A
30min 功率（25℃）	4000V·A
最大负载	高达短路
功耗（关闭/待机/打开）	1.8W/2.1W/14W
输出电压	正弦波，AC（230±2%）V
输出频率	可调 45~60Hz（晶体控制）
谐波畸变	<2%
交流输入电压范围	AC 150~265V

图 3-15　PVX-8 型防雷汇流箱

7. 光伏阵列支架及倾斜角的选择

本系统光伏阵列支架选用热浸镀锌钢和铝型材（与光伏组件边框接触的横轨）。为减小风压对支架的影响（成本需增加），同时为了减少光伏阵列间距、减少占地面积，确定安装倾角为 30°。

设计好的电气原理图如图 3-16 所示。系统连接线按照不小于 $3A/mm^2$ 的电流密度进行选取。

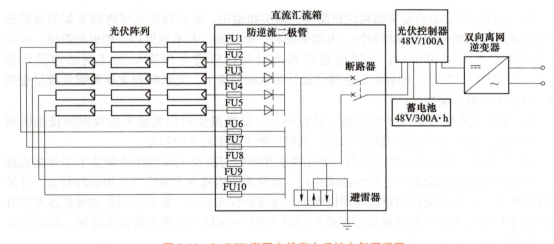

图 3-16　3.6kW 离网光伏发电系统电气原理图

任务 3.2　3.6kW 离网光伏发电系统施工

任务目标

1. 能力目标

1）能完成光伏阵列支架的安装。

2) 能完成光伏阵列的安装。
3) 能完成防雷汇流箱的安装。
4) 能完成蓄电池的安装。
5) 能完成光伏控制器的安装。
6) 能完成离网逆变器的安装。

2. 知识目标

1) 掌握光伏阵列支架的安装方法。
2) 掌握光伏阵列的安装方法。
3) 掌握防雷汇流箱的安装方法。
4) 掌握蓄电池的安装方法。
5) 掌握光伏控制器的安装方法。
6) 掌握离网逆变器的安装方法。

3. 素质目标

1) 培养质量与成本意识。
2) 培养实事求是、精益求精的精神。
3) 培养学生的正确劳动价值观、积极的劳动精神和良好的劳动品质。

3.2.1 光伏阵列支架安装

1. 光伏阵列支架安装的基本要求

1) 光伏阵列支架的安装结构应该简单、结实和耐用。要求制造光伏阵列支架的材料能够耐受风吹雨淋的侵蚀及各种腐蚀。电镀铝型材、电镀钢以及不锈钢都是理想的选择。光伏阵列支架材料宜采用钢材，材质的选用和支架设计应符合国家标准《钢结构设计标准》（GB 50017—2017）的规定。在符合设计要求的前提下，光伏阵列支架的质量应尽量减小，以便于运输和安装。

2) 在光伏阵列基础与支架的施工过程中，应尽量避免对相关建筑物及附属设施的破坏，如因施工需要不得不造成局部破损，则应在施工结束后及时修复。

3) 当要在屋顶安装光伏阵列时，要使基座预埋件与屋顶主体结构的钢筋牢固焊接或连接，如果受到结构限制无法进行焊接或连接，就应采取措施加大基座与屋顶的附着力，并采用铁丝拉紧法或支架延长固定法等加以固定。基座制作完成后，要对屋顶的破坏或涉及部分按照国家标准《屋面工程质量验收规范》（GB 50207—2012）的要求做防水处理，以防止渗水、漏雨的现象发生。

4) 应按设计要求将光伏阵列支架安装在基础上，安装位置要准确，安装公差应满足设计要求，与基础固定牢靠。

5) 按设计图样安装光伏阵列支架，要求光伏阵列安装表面的平整度、安装孔位和孔径应与光伏组件要求一致。

6) 光伏阵列各边框及支架要与接地系统可靠连接，如图 3-17 所示。

2. 地面式光伏阵列的安装

混凝土基础支架是目前平面光伏电站中最常用的安装形式，如图 3-18 所示。支架支撑柱与基础的连接方式可以通过地脚螺栓连接或者直接将支撑柱嵌入混凝土基础。

本系统采用条形混凝土基础形式。通过在光伏阵列支架前后立柱之间设置基础梁，从而将基础重心移至前后立柱之间，增大了基础的抗倾覆力臂，可以仅通过自重抵抗风载荷造成的光伏阵列支架倾覆力矩；条形混凝土基础与地基土的接触面积较大，适用于场地较为平坦、地下水位较低的地区。因为基础的表面积相对较大，所以一般埋深在200~300mm之间。

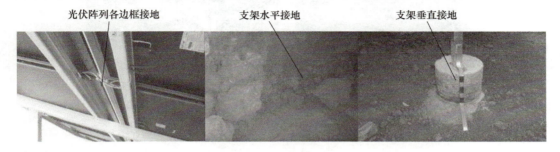

图3-17 光伏阵列各边框及支架与接地系统可靠连接

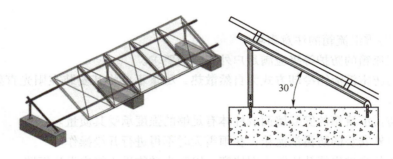

图3-18 混凝土基础支架

优点：基础埋置深度可相对较浅，不需要专门的施工工具，施工工艺简单。

缺点：需要大面积的场平，开挖量、回填量较大，混凝土需求量大且养护周期长，所需人工多；对环境影响较大；基础埋深不够则抗洪水能力差。

3.2.2 光伏组件安装

安装光伏组件的注意事项如下：在现场安装使用前，在确认光伏组件外形完好无损，若发现有明显变形、损伤，则应及时更换；在光伏组件安装或接线时，推荐用不透明材料将光伏组件覆盖；光伏组件安装前，不要拆卸光伏组件的接线盒；当光伏组件置于光线照射下时，不要触摸接线端子，当光伏组件电压大于DC 30V时，应注意适当防护，使用绝缘工具；光伏组件的排列连接应按技术图样要求完成且固定可靠，外观应整齐，光伏组件之间的连接件应便于拆卸和更换；光伏组件之间的连接方式应符合设计规定。

安装步骤如下。

1) 用边扣夹和中扣夹固定光伏组件，如图3-19所示。

2) 根据技术图样进行光伏组件连接。为了保证光伏

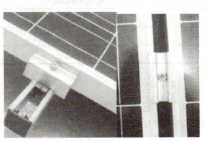

图3-19 固定光伏组件

组件串连接的可靠,在进行作业时需认真按照操作规范进行。光伏组件的连接如图 3-20 所示。

a)

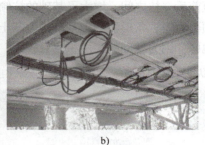
b)

图 3-20 光伏组件的连接
a)串联组件 b)并联组件

3.2.3 防雷汇流箱安装

1. 安装的基本要求

(1) 安装防雷汇流箱的注意事项

1) 防雷汇流箱的防护等级应满足户外安装的要求。

2) 一般的防雷汇流箱冷却方式为自然散热,尽量不要将其安装在阳光直射或者环境温度过高的区域。

3) 确定防雷汇流箱的安装墙面或柱体有足够的强度承受其质量。

4) 对于户外安装的防雷汇流箱,在雨雪天时不得进行开箱操作。

5) 箱体的各个进出线孔用防火泥堵塞,以防小动物进入箱内发生短路。

(2) 安装方式选择原则 防雷汇流箱安装方式可以根据工作现场的实际情况做出选择,通常采用的有挂墙式、抱柱式和落地式。

1) 挂墙式。建议采用膨胀螺钉,通过防雷汇流箱左右两边的安装孔,将其固定在墙体上。

2) 抱柱式。建议采用抱箍、角钢作为支撑架,用螺栓将防雷汇流箱安装在柱上。

(3) 端子型号与连接线 可以根据表 3-10 查询不同的端子并选择合适的接线。

表 3-10 端子与推荐接线表

端子说明	推荐接线截面积/mm^2
直流正极输入	4
直流负极输入	4
直流正极汇流输出	10
直流负极汇流输出	10
接地端子	10

2. 电气连接

(1) 输入接线 离网逆变器的输入端位于防雷汇流箱的下部,与光伏组件正极输出的接线位于防雷汇流箱底面右侧,而与光伏组件负极输出的接线位于防雷汇流箱底面左侧,接线时需要拧开防水端子,然后引入接线至熔断器插座,再拧紧螺钉,固定好接线,最后拧紧外侧的防水端子。

(2) 输出接线　防雷汇流箱的输出包括直流正极汇流输出、直流负极汇流输出与接地,接地线为黄绿色。接线时需要拧开防水端子,引入接线,然后拧紧螺钉,固定好接线,最后拧紧外侧的防水端子。

3. 防雷汇流箱的试运行

防雷汇流箱通电后可自动运行,断电后停机。通过内部的断路器,可以关停其直流输出。试运行前应满足以下要求。

1) 设备上无遗留下的杂物。
2) 逐步检查防雷汇流箱内部接线,应全部正确。
3) 使用万用表对每路电压进行测量,每路电压均应显示正常。

所有检查都合格后,方可送电试运行。

3.2.4　蓄电池安装

在安装蓄电池时应注意以下几点。

1) 应将蓄电池直立放置,不可倒置或平躺,且应放置于较为干燥、周边环境温度变化范围较小的地方。蓄电池充电时可能产生酸性气体,应确保环境周围通风良好。室外安装时应避免阳光直晒和雨水渗入。
2) 蓄电池互相之间及与光伏控制器之间的连接应牢固不松动,其绝缘导线的粗细应根据蓄电池容量选择。
3) 在搬运、安装蓄电池时,应做好正负极接线柱的防护工作,蓄电池的端面不能受压,安全阀不允许松动,应轻拿轻放,禁止倒置、翻滚、摔撞、暴晒和雨淋,严禁短路等。
4) 在安装蓄电池时,应尽量靠近光伏阵列及负载,选用的电缆、铜排及接线要合适,以免增加线路的压降。多路并联使用时应尽量使线路压降大致相同,且每组蓄电池应配熔断器。
5) 为防止发生电击危险,在装卸导电连接条时,应使用绝缘工具;在安装和搬运蓄电池时,要戴绝缘手套。蓄电池附近应避免放置金属物件,防止蓄电池发生短路。
6) 在安装末端连接件和接通蓄电池之前,应认真检查蓄电池的总电压和正、负极,以确保安装正确。
7) 在进行蓄电池和光伏控制器或负载连接时,应断开电路开关,并要确保连接正确。
8) 应保持蓄电池外部清洁,可用湿布擦拭,但不能用有机溶剂清洗蓄电池外部。

3.2.5　光伏控制器安装

(1) 选择安装地点　避免将光伏控制器安装在阳光直射、高温和容易进水的地方,并且要保证光伏控制器周围通风良好。

(2) 开箱及检查　运抵现场的光伏控制器应先检查包装是否有明显破损或者变形,然后再打开包装箱,取出光伏控制器,先检查外观有无损坏、内部连接线和螺钉有无松动等。

(3) 选择安装方式　光伏控制器可水平安装,也可垂直悬挂安装。如选择水平安装方式,可以直接将光伏控制器放置于安装台上即可;如选择垂直悬挂安装方式,可取出附件,将其水平颠倒放置,如图3-21所示,再将附件安装在光伏控制器上。然后将光伏控制器放在将要安装的位置,检查上下是否有空间通风,周围是否有空间接线。

（4）做记号　在安装表面用笔在 8 个安装孔的对应位置做记号。

（5）钻孔　移开光伏控制器，在 8 个记号处钻 8 个大小合适的安装孔。

（6）固定光伏控制器　再把光伏控制器放到安装表面，对准第（5）步所钻的 8 个孔，用螺钉固定。

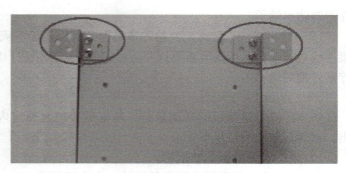

图 3-21　将附件安装在光伏控制器上

（7）接线　小功率光伏控制器在安装时要先连接蓄电池，再连接光伏组件的输入，最后连接负载或光伏逆变器，还要注意正负极不要接反。在进行大中型光伏控制器接线时，要将工作开关放在关的位置，先连接蓄电池输出引线，再连接光伏阵列输出引线，在有阳光照射时闭合开关，观察是否有正常的直流电压和充电电流，在一切正常后，再进行与光伏逆变器的连接。3.6kW 离网光伏发电系统所用光伏控制器接线端子情况如图 3-22 所示。

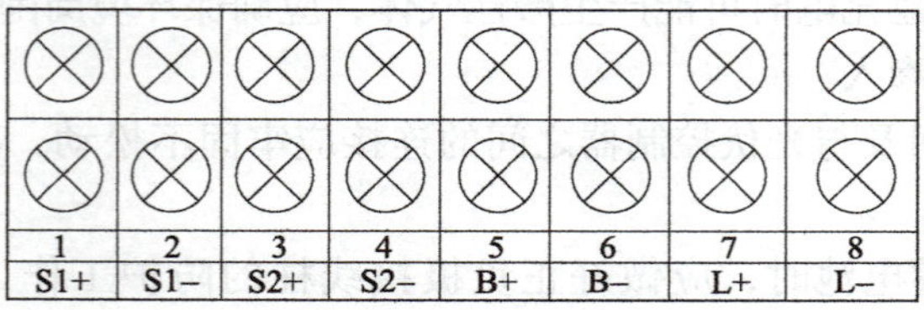

1	2	3	4	5	6	7	8
S1+	S1−	S2+	S2−	B+	B−	L+	L−

图 3-22　所用光伏控制器接线端子情况

1—光伏阵列 1 路正极 S1+　2—光伏阵列 1 路负极 S1−　3—光伏阵列 1 路正极 S2+　4—光伏阵列 1 路负极 S2−　5—蓄电池正极 B+　6—蓄电池负极 B−　7—负载正极 L+　8—负载负极 L−

（8）光伏控制器面板按键概述　光伏控制器面板按键如图 3-23 所示。

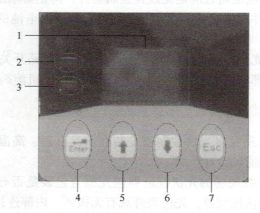

图 3-23　光伏控制器面板按键

1—液晶显示器，显示系统运行参数　2—充电指示灯，指示充电状态　3—蓄电池指示灯，指示蓄电池电压状态及放电状态　4—设置按键，按此按键进入设置界面或者更换设置参数　5—向上翻页/加按键，按此按键向上翻页或者数字加 1　6—向下翻页/减按键，按此按键向下翻页或者数字减 1　7—退出按键，在设置界面下按此按键退出设置界面到浏览界面，掉电不保存设置数据

3.2.6 离网逆变器安装

1. 离网逆变器的安装步骤、说明及注意事项

（1）安装步骤及说明　离网逆变器的安装步骤如图 3-24 所示，其安装说明见表 3-11。

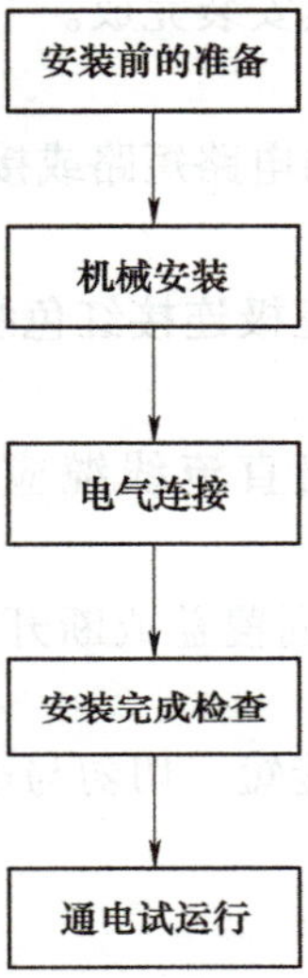

表 3-11　离网逆变器的安装说明

安装步骤	安装说明
安装前的准备	产品配件是否齐全 安装工具以及零件是否齐全 安装环境是否符合要求
机械安装	安装的布局是否合理 移动、运输离网逆变器是否方便
电气连接	直流侧接线 交流侧接线 接地连接 通信线连接
安装完成检查	光伏阵列的检查 交流侧接线检查 直流侧接线检查 接地、通信和附件连接检查
通电试运行	试运行的检查 开机前的检查 首次运行步骤 完成试运行

图 3-24　离网逆变器的安装步骤

（2）安装基本要求　根据离网逆变器室内/室外的安装形式，应将其安装在清洁的环境中，且应通风良好，并保证环境温度、湿度和海拔高度满足规格要求。如有必要，则应安装室内排气扇，以避免室温过高。在尘埃较多的环境中，应加装空气过滤网。

（3）安装注意事项

1）安装与维护前，必须保证交、直流侧均不带电。任何直流输入电压均不能超过直流输入电压限值。

2）按照设计图样和离网逆变器电气接线的要求，进行电气接线，并标明对应的编号。在电气接线前，应用万用表确认光伏阵列的正、负极。

3）应在离网逆变器前方留有足够间隙，以易于观察数据和维修。

4）尽量安装在远离居民生活的地方（因其运行过程中会产生一些噪声）。

5）确保安装的地方不会晃动。

2. 离网逆变器的安装

安装所用工具及器件包括扳手、剥线钳、螺钉旋具、绝缘电阻表和万用表等。

（1）安装前的准备

1）在安装前应对机器进行检查。若检查到任何损坏情况，则应与生产厂商联系。

2）根据包装内的装箱单，检查交付内容是否完整。

3）安装环境的检查。勿将离网逆变器安装在阳光直射处，否则可能会导致额外的离网逆变器内部温升，这时离网逆变器为保护内部元器件将降额运行，温度过高甚至会引发离网逆变器故障；选择安装场地应足够坚固，能长时间支撑离网逆变器；所选择安装场地的环境温度应在-25~50℃之间，应保证安装环境清洁；所选择安装场地环境相对湿度不超过95%。

（2）电气接线　离网逆变器接线注意事项如下：

1）所有的电气安装必须符合电气安装标准，并由专业人员安装完成。

2）确保输入/输出开关都处于断开状态。

3）绝对禁止直流输入与离网逆变器输出端相接，禁止输出电路短路或接地。

4）直流输入与离网逆变器之间的接线应尽可能短。

5）在进行接线过程中，应选择不同颜色线缆以示区别。正极连接红色线缆，负极连接蓝色线缆。

6）为保证各路光伏组件串之间的平衡，所选择的各路直流线缆应具有相同的截面积。

7）在进行电气接线之前，务必采用不透光材料将光伏阵列覆盖或断开直流侧断路器。若将光伏阵列暴露于阳光下，则会产生危险电压。

8）系统的接地端子必须可靠接地，并使接地线长度尽可能短。切勿与电焊机、电动机等其他大电流设备共用接地。

接线方法如下：

1）面板上的断路器、直流输入、交流输出和控制开关均处于"OFF"状态，并检查负载有无短路等危险情况。

2）将直流输入线连接到端子排的相应端子（注意确保接线正确、安全、牢固）上。

3）将交流输出线正确接到交流输出端子上。

（3）安装后的检查

1）光伏阵列。在离网逆变器开机运行之前，需要对现场的光伏阵列进行检查，检查每一个光伏组件的开路电压是否符合要求，以确保正负极性正确。

2）离网逆变器直流端的连接。检查直流电路的接线。注意正负极不能接反且应与光伏阵列正负极保持一致。测量每一个直流输入的（开路）电压。检查电压偏差（在稳定天气条件下），若偏差大于3%，则可能是光伏组件线路故障、电缆损坏或接线松动。

3）离网逆变器交流端的连接。检查相电压是否都在预定范围内。如果可能的话，测量各相的总谐波失真（THD），并查看曲线。若畸变情况很严重，则离网逆变器可能无法正常运行。

（4）上电运行

1）在确保直流输入电压正确后，可合上直流输入开关。

2）将控制逆变的开关打开，检查是否有 AC 220V 电压输出。

施工完毕后的 3.6kW 离网光伏发电系统如图 3-25 所示（图中方框标记处还有 15 块光伏组件，上面 8 块，下面 7 块）。

图 3-25 施工完毕后的 3.6kW 离网光伏发电系统

任务 3.3　3.6kW 离网光伏发电系统运行维护

 任务目标

1. 能力目标

1) 能进行离网光伏发电系统运行前检查。
2) 能进行离网光伏发电系统运行前测试。
3) 能进行离网光伏发电系统运行操作。
4) 能进行离网光伏发电系统停机操作。
5) 能进行离网光伏发电系统运行性能测试。
6) 能进行离网光伏发电系统日常维护。
7) 能进行离网光伏发电系统常见故障排除。

2. 知识目标

1) 掌握离网光伏发电系统运行前检查内容和方法。
2) 掌握离网光伏发电系统运行前测试和方法。
3) 掌握离网光伏发电系统运行操作步骤。
4) 掌握离网光伏发电系统停机操作步骤。
5) 掌握离网光伏发电系统运行性能测试内容和方法。
6) 掌握离网光伏发电系统日常维护内容。
7) 掌握离网光伏发电系统常见故障检修方法。

3. 素质目标

1）培养质量与成本意识。
2）培养实事求是、精益求精的精神。
3）培养学生正确的劳动价值观、积极的劳动精神和良好的劳动品质。

3.3.1　光伏发电系统运行前检查

光伏发电系统运行前检查主要是对各电气设备、部件等进行外观检查，包括各电气设备的开关状态、光伏阵列、汇流箱和光伏逆变器等。

1. 检查电气设备的开关状态

检查汇流箱开关是否处于断开状态；光伏控制器开关是否处于断开状态；光伏逆变器开关是否处于断开状态等。

2. 光伏阵列

检查各光伏组件表面有无污物、裂纹、划伤、变形；外部布线有无损坏；支架是否有腐蚀、生锈；接地线有无损伤，接地端子是否松动等。

3. 汇流箱

检查汇流箱外部是否有腐蚀、生锈；外部布线有无损伤，接线端子是否松动；接地线有无损伤，接地端子是否松动等。

4. 光伏逆变器

检查外壳是否有腐蚀、生锈；外部布线有无损伤，接线端子是否松动；接地线有无损伤，接地端子是否松动；工作时声音是否正常；换气口过滤网是否堵塞；安装环境是否有水或高温等。

3.3.2　光伏发电系统运行前测试

1. 运行前绝缘电阻测试

（1）光伏阵列电路绝缘电阻测试　光伏阵列在白天始终有较高的电压存在，在进行光伏阵列的绝缘电阻测试时，要准备一个能够承受光伏阵列短路电流的开关，主要用于将光伏阵列的输出端短路。用500V或1000V的绝缘电阻表，测量光伏阵列各输出端子对地的绝缘电阻。

具体测量步骤如下。

1）准备好绝缘电阻表（500V或1000V）和能承受光伏阵列短路电流且能短路的开关。
2）断开直流汇流箱中全部开关。
3）将绝缘电阻表和短路开关（处于断开状态）按图3-26所示接好电路。
4）闭合测量回路中的开关S_n。
5）闭合短路开关，使光伏阵列的输出短路。
6）测量光伏阵列输出端对地的绝缘电阻。
7）断开短路开关，使光伏阵列输出开路。
8）断开测量回路中的开关S_n。
9）重复3）~6）的操作，测量所有子阵列的绝缘电阻，并判断是否达到要求。

绝缘电阻判定标准见表3-12。

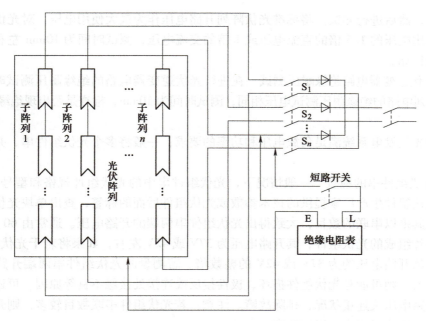

图 3-26　光伏阵列电路绝缘电阻测试

表 3-12　绝缘电阻判定标准

光伏阵列容量/kW	系统电压/V	测试电压/V	最小绝缘电阻值/MΩ
<10	<120	250	0.5
	120~150	500	1
	>500	1000	1

（2）光伏逆变器绝缘电阻测试　测试项目包括光伏逆变器输入回路的绝缘电阻以及光伏逆变器输出回路的绝缘电阻。光伏逆变器的输入、输出回路绝缘电阻判定标准同样见表 3-12。

光伏逆变器绝缘电阻的测试电路如图 3-27 所示。根据光伏逆变器的额定电压选择不同电压等级的绝缘电阻表（500V 或 1000V）。

在测试输入回路的绝缘电阻时，首先将光伏阵列与汇流箱分离，并将光伏逆变器的输入回路和输出回路短路，然后测量输入回路与大地间的绝缘电阻。

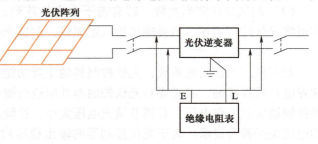

图 3-27　光伏逆变器绝缘电阻的测试电路

在测试输出回路的绝缘电阻时，同样将光伏阵列与汇流箱分离，并将光伏逆变器的输入回路和输出回路短路，然后测量输出回路与大地间的绝缘电阻。

2. 运行前绝缘耐压测试

对于光伏阵列和光伏逆变器，根据要求有时需要进行绝缘耐压测试，以此测量光伏阵列电路和光伏逆变器电路的绝缘耐压值。测量的条件和方法与前述的绝缘电阻测试相同。

（1）光伏阵列电路绝缘耐压测试　在进行光伏阵列电路的绝缘耐压测试时，一般将避雷装置取下，然后进行测试。将标准光伏阵列开路电压作为最大使用电压，对光伏阵列电路加上最大使用电压的 1.5 倍的直流电压或 1 倍的交流电压，测试时间为 10min 左右，检查是否出现绝缘损坏。

（2）光伏逆变器电路绝缘耐压测试　在进行光伏逆变器电路的绝缘耐压测试时，测试电压与光伏阵列电路的绝缘耐压测试电压相同，测试时间为 10min，检查是否出现绝缘损坏。

3. 光伏阵列测试

为了使光伏发电系统满足负载电压和功率的要求，一般将多个光伏组件串、并联构成光伏阵列。

（1）光伏组件串的检查　一般情况下，光伏组件串中的光伏组件规格和型号是一致的，可以根据光伏组件生产厂家提供的技术参数或光伏组件后面的标签，查出单块光伏组件的开路电压，将其乘以串联的数目，大致得出光伏组件串两端的开路电压。通常由 60 片或 72 片太阳能电池片组成的光伏组件，其开路电压为 37V 或 42V 左右，如果将若干光伏组件串联，那么其两端的开路电压约为 37V 或 42V 的整数倍。若测量的光伏组件串两端开路电压与理论值相差过大，则可能是光伏组件损坏、极性接反或连接处接触不良等原因。可逐个检查光伏组件的开路电压及连接状况，排除故障。注意：若光伏组件串联数目较多，则开路电压会较高，测量时应注意安全，以防电击。

光伏组件的短路电流大小应符合设计要求，若相差较大，则可能是光伏组件性能不良，应予以更换。由于光伏组件的短路电流随着日照强度的变化而变化，因此在安装场地不能完全根据短路电流的测量值判断有无异常的光伏组件。但是，如果存在处于同一电路条件下的光伏组件串，就可通过光伏组件串相互之间的比较，判断光伏组件是否异常。

（2）光伏组件串的并联检查　只有所有待并联的光伏组件串的开路电压基本相同后方可进行并联。并联后电压基本不变，但总的电流应大体等于各个光伏组件串的短路电流之和。由于短路电流较大，测量时可能产生火花，甚至造成设备或人身事故，所以在测量时尤其要注意安全。

（3）测试光伏阵列参数　若有若干个光伏阵列，则均应按以上方法进行测试，合格后方可将光伏阵列的正、负极输出接入汇流箱，测试光伏阵列总的工作电压和电流等参数。

4. 光伏控制器的性能测试

对于离网光伏发电系统，光伏控制器的主要功能是防止蓄电池过充电和过放电。在与光伏发电系统连接前，有必要对光伏控制器性能进行测试。可用一个可调的直流稳压电源给光伏控制器提供工作电压，并调节输出电压大小，检验其充满断开、自动恢复及低电压断开时的电压是否符合要求。对于光伏控制器的输出稳压功能、智能控制、设备保护、数据采集、状态显示和故障报警等功能，也可进行适当检测。

对于小型光伏发电系统或确认光伏控制器在出厂前已调试合格，并在运输和安装过程中没有任何损坏的，在现场可以不再进行上述测试。

3.3.3　光伏发电系统运行操作

光伏发电系统起动运行步骤如下：

1）全面复核各支路接线的正确性，再次确认直流回路正、负极性的正确性。
2）确认系统中所有隔离开关、断路器处于断开位置。

3）确认所有设备的熔断器处于完好状态。
4）测量光伏阵列的开路电压，确认电压正常。
5）接入蓄电池，闭合蓄电池开关盒内的开关，闭合光伏控制器的蓄电池输入开关。
6）接入光伏阵列。依次闭合光伏阵列输入开关，开始对蓄电池充电。
7）蓄电池初充电完成后，闭合光伏控制器的负载输出开关，向后面电路（光伏逆变器或负载）供电。
8）确认光伏逆变器的直流输入电压极性正确，闭合光伏逆变器的直流输入开关。
9）开启光伏逆变器，检测并确认光伏逆变器交流输出电压值是否正确。
10）闭合交流配电柜输入开关，检查配电柜开关、指示仪表状态是否正常，若正常，则闭合配电柜的输出开关，向公共电网供电。

3.3.4　光伏发电系统停机操作

如果光伏发电系统在使用过程中出现异常情况，就需要停机检修，此时，应按照以下步骤进行。

1）断开负载电源开关。
2）断开光伏阵列输入开关。
3）断开蓄电池接线。

3.3.5　光伏发电系统运行性能测试

理想的光伏发电系统性能测试条件为3～10月某天晴朗的中午。如果不可能达到理想测试条件，那么也可以在阳光良好的某个中午进行测试，测试步骤如下：

1）检查光伏阵列是否被阳光照射，并且没有任何遮挡。
2）如果光伏发电系统没有运行，就应先让它运行15min，然后再进行性能测试。
3）用下面的方法1或方法2测试太阳辐照度，并将测试值记录下来。用最高辐射值除以1000W/m²，得出的数据即为辐射比。如

$$\frac{692}{1000} = 0.692$$

方法1：用标准的日照计或日射强度计测试。

方法2：选择一个与本系统光伏阵列使用光伏组件同一型号且正常运行的光伏组件，与所要测试的光伏阵列保持同样的方向和角度，将其置于阳光下，暴晒15min后，用万用表测试短路电流，并进行记录（单位为A）。用此值除以印在光伏组件背面的短路电流（I_{sc}），再乘以1000W/m²，即可得到实际辐射值。如实测短路电流为3.6A，印在光伏组件背面的短路电流为5.2A，则实际辐射值=(3.6/5.2)×1000W/m²=692W/m²。

4）将光伏组件的输出功率汇总并记录这些值，然后乘以0.7（系统性能比），即得到预期交流输出的峰值。
5）用光伏逆变器附带的功率测量功能或系统仪表测量交流输出功率，并记录此值。
6）用交流测量功率除以当时的辐射比值，得到估算的交流输出功率，并记录此值。
7）判断光伏发电系统运行是否正常。用估算的交流输出功率值与预期交流输出的峰值的比值判断光伏发电系统是否正常工作。如高于估算值的90%或者更多，则说明光伏发电

系统运行正常；如低于估算值的90%，则说明这个光伏发电系统运行不正常，有遮挡、光伏组件表面脏、连线错误、熔断器损坏、光伏逆变器等问题。

【例3-14】 一个光伏发电系统由10块100W的光伏组件组成光伏阵列，运行的光伏阵列的实际太阳辐照度为$692W/m^2$，实际测量的交流输出功率为510W。试计算太阳辐照度为$1000W/m^2$时的输出功率，并确定这个系统是否正常运行。

解：光伏阵列的总额定功率为

$$100 \times 10W = 1000W$$

预期的交流输出的峰值为

$$1000 \times 0.7W = 700W$$

估算的交流输出功率值为

$$510 \div 0.692W \approx 737W$$

$$737 \div 700 \approx 1.05$$

1.05≥0.9，说明该光伏发电系统运行正常。

3.3.6 光伏发电系统维护

3.6kW离网光伏发电系统不需要专门安排工作人员进行维护，为了保持长久的工作性能，建议每年进行两次下面的检查。

1）确认光伏控制器被牢靠地安装在清洁、干燥的环境中。
2）确认光伏控制器周围的气流不会被阻挡住，清除散热器上的污垢或碎屑。
3）检查裸露的导线是否因日晒、与周围其他物体摩擦、昆虫或鼠类破坏等导致绝缘受到损坏。如果有，应维修或更换导线。
4）仔细检查设备连接端子的螺钉是否拧紧。
5）检查系统部件的接地，核实接地导线都被牢固而且正确地连接。
6）查看接线端子是否有腐蚀、绝缘损坏、高温或燃烧/变色迹象。
7）检查是否有污垢、昆虫筑巢和腐蚀现象，如有，按要求清理。
8）若避雷器已失效，应及时更换，以防止造成光伏控制器甚至用户其他设备的雷击损坏。

3.3.7 光伏发电系统常见故障及排除

3.6kW离网光伏发电系统常见故障、产生原因及排除方法见表3-13。

表3-13 3.6kW离网光伏发电系统常见故障、产生原因及排除方法

故障现象	可能原因	解决方法
当有阳光直射光伏阵列时，光伏控制器红色充电指示灯不亮	蓄电池充满或者光伏阵列接线开路	首先检查蓄电池电量是否趋于饱和，在蓄电池电量趋于饱和的情况下不在充电状态，因此充电指示灯熄灭；其次检查光伏阵列接线是否正确，接触是否可靠
光伏控制器绿色指示灯不亮	蓄电池处于过电压状态	待蓄电池恢复正常后自动恢复
光伏控制器绿色指示灯闪烁	蓄电池欠电压	待蓄电池充足电后指示灯自动恢复

项目3 某校园3.6kW离网光伏发电系统设计、施工与运行维护

习题

现有客户需设计一套离网光伏发电系统（地点：徐州某地），负载为10盏220V交流荧光灯，每盏为50W，总功率为500W，每天使用10h，蓄电池按照连续阴雨天数2天计算。该系统效率取0.7，直流工作电压为48V，峰值日照时间取4.5h。

（1）完成整个离网光伏发电系统的设计与选型（如光伏组件容量、数量计算，蓄电池容量、数量计算，光伏组件、蓄电池、光伏控制器、光伏逆变器、防雷汇流箱的选型等），要有具体设计或计算过程及选型依据，并通过网络查询相关型号、技术参数。

（2）完成系统施工、测试、运行和维护方案。

技能拓展

1. 在全国职业技能大赛光伏电子工程的设计与实施赛项竞赛平台中完成离网光伏发电系统的搭建和测试

根据电气图要求、功能要求及工艺要求，对离网光伏发电系统进行部署与安装，并完成设备安装、线路连接与测试。

1）认识光伏电子工程的设计与实施赛项控制平台。光伏电子工程的设计与实施赛项控制平台如图3-28所示，环境平台如图3-29所示，环境平台控制按钮及开关如图3-30所示。

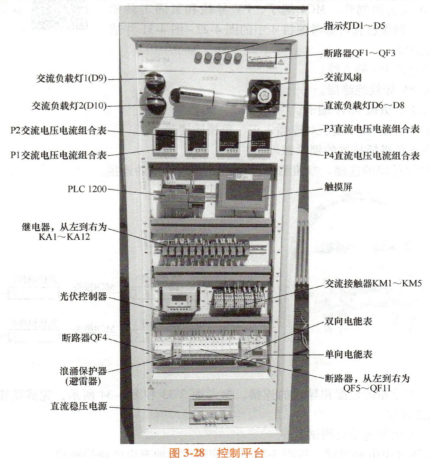

图3-28 控制平台

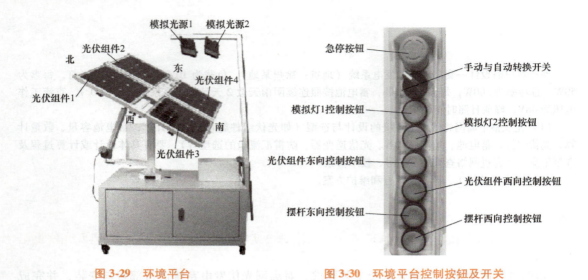

图 3-29　环境平台　　　　　图 3-30　环境平台控制按钮及开关

2）光伏组件的安装。参照图 3-29 所示光伏组件的位置，完成 4 块光伏组件的安装。

3）MC4 接头的制作。MC4 端子、PV 导线和紧固工具如图 3-31 所示，制作过程可参考项目 4 中的图 4-27~图 4-31 并结合具体情况获知。

① 准备直流 PV 输入线。
② 剥去 PV 导线绝缘层。
③ 压接正、负极 MC4 端子。
④ 将正、负极 MC4 端子对应插入正、负极插接器。
⑤ 紧固正负极插接器的锁紧螺母。

4）光伏组件串的连接。参照图 3-32 完成光伏组件串的连接。

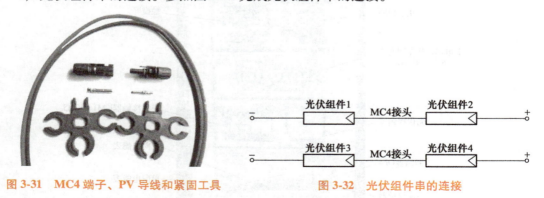

图 3-31　MC4 端子、PV 导线和紧固工具　　　　图 3-32　光伏组件串的连接

5）防雷汇流箱的装配和导线的连接。参考图 3-33 和图 3-34 所示，完成防雷汇流箱的装配和导线的连接。

6）离网光伏发电系统测试。

① 蓄电池充电电路测试。按图 3-35 所示完成蓄电池充电电路的搭建。

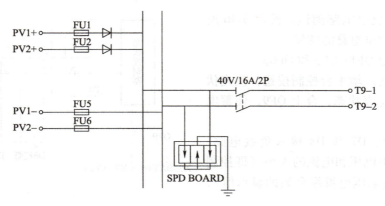

图 3-33 防雷汇流箱电气原理图

图 3-34 防雷汇流箱内部结构和连线

按顺序合上 QF1~QF3 和 QF6。

把手动与自动转换开关打到手动位置。

反复按下光伏组件东向控制按钮、光伏组件西向控制按钮、摆杆东向控制按钮和摆杆西向控制按钮，使光伏组件与摆杆呈垂直状态。合上 QF9，使蓄电池接入电路。

先后按下模拟灯 1、模拟灯 2 控制按钮，分别打开模拟灯 1、模拟灯 2，通过光伏控制器上面的显示记录蓄电池的充电电压和充电电流，填入表 3-14 中。说明充电电流大小和光照的关系。

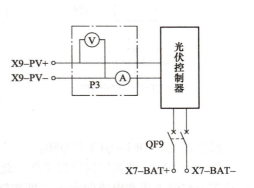

图 3-35 蓄电池充电电路

表 3-14 蓄电池充电电路测试

测试项目	充电电压/V	充电电流/A
交流负载灯 1 亮		
交流负载灯 1、交流负载灯 2 同时亮		

② 蓄电池放电电路测试。按图 3-36 所示完成蓄电池放电电路的搭建。

按顺序合上 QF1~QF3 和 QF6。

按下相应的环境平台控制按钮，使光伏组件与摆杆呈垂直状态，合上 QF9，使蓄电池接入电路。

分别把 D6、D7 和 D8 接入负载电路，记录蓄电池放电电压和电流的大小（即控制平台上 P4 直流电压电流组合表的显示值），填入表 3-15 中。

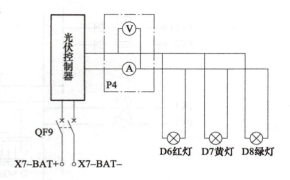

图 3-36 蓄电池放电电路

表 3-15 蓄电池放电电路测试

测试项目	放电电压/V	放电电流/A
D6 红灯亮		
D6 红灯亮、D7 黄灯亮		
D6 红灯亮、D7 黄灯亮、D8 绿灯亮		

③ 交流负载放电电路测试。按图 3-37 完成交流负载放电电路的搭建。

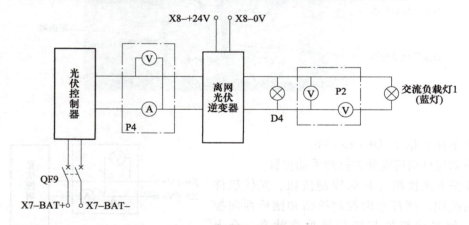

图 3-37 交流负载放电电路

按顺序合上 QF1~QF3 和 QF6。

再合上 QF9，使离网逆变器工作，此时控制平台离网指示灯 D4 和交流负载灯 1 亮，记录负载上交流电压和电流的大小（即控制平台上 P2 交流电压电流组合表的显示值），填入表 3-16 中。

表 3-16 交流负载放电电路测试

测试项目	交流电压/V	交流电流/A
交流负载灯 1 亮		

2. 离网光伏发电系统设计

离网光伏发电系统拟采用定制光伏组件 4 块,安装方式为固定在单轴逐日支架上,转换效率为 79%,首年衰减率 1.8%,光伏组件参数详见表 3-17。项目地址拟位于山东德州,德州辐照量参数详见表 3-18。根据以上参数,计算出该离网光伏发电系统每月的月发电量和首年的年发电量。

表 3-17 光伏组件参数

参数项目	数值	单位
功率	20(1±3%)	W
最大系统电压	1000	V
开路电压	22.32	V
短路电流	1.2	A
工作电压	18	V
工作电流	8.95	A
光伏组件尺寸	440×350×20	mm

表 3-18 德州辐照量参数

月份	辐照量/(kW·h/m²)	月份	辐照量/(kW·h/m²)
一月	64	七月	152
二月	80	八月	136
三月	123	九月	117
四月	143	十月	97
五月	174	十一月	67
六月	155	十二月	56

离网光伏发电系统主要由光伏阵列(组件)、光伏控制器、蓄电池和离网逆变器等部件组成。其中光伏控制器的型号为 VS3024AU,主要技术参数如下:系统额定电压为 12V/24V 自动识别,蓄电池电压范围为 9~32V,最大 PV 开路电压为 50V,额定充、放电电流为 30A。蓄电池电压为 12×2V=24V。完成该离网光伏发电系统光伏组件串、并联设计。

项目 4　家用 3kW 分布式光伏发电系统设计、施工与运行维护

针对普通家庭的用电需求，拟在徐州（北纬 34°15′48.37″，东经 117°11′16.35″）某小区屋顶安装家用 3kW 分布式光伏发电系统（市电 230V 并网），屋顶可利用面积为 40m²，整体面向正南，屋顶为斜面结构（角度为 34°），峰值日照时间按 4h 估算。

1）完成整个系统的设计与选型（如光伏组件数量，并网逆变器、双向电能表等的选型），要有具体设计或计算过程及选型依据，并通过网络查询相关型号、技术参数。

2）完成施工、运行和维护方案。

任务 4.1　家用 3kW 分布式光伏发电系统设计

任务目标

1. 能力目标

1）能阐述分布式光伏发电系统的特点。
2）能阐述不同分布式光伏发电系统结构组成及应用场所。
3）能阐述集中式、组串式和微型逆变器的优缺点。
4）能阐述单晶硅光伏组件的优点。
5）能完成并网光伏发电系统中光伏组件、并网逆变器、双向电能表、交流配电箱的选型。

2. 知识目标

1）了解分布式光伏发电系统的概念及项目应用。
2）掌握分布式光伏发电系统的特点。
3）掌握分布式光伏发电系统结构组成及应用场所。
4）掌握不同建筑部位的光伏发电系统安装面积比例情况。
5）掌握屋顶面积与光伏发电系统功率大小的关系。
6）掌握集中式、组串式和微型逆变器的优缺点。
7）掌握单晶硅光伏组件的优点。
8）掌握并网光伏发电系统中光伏组件、并网逆变器、双向电能表、交流配电箱的选型依据。

3. 素质目标

1）培养自主学习能力。
2）培养学生利用网络查阅资料的能力。

3）培养质量与成本意识。
4）培养实事求是、精益求精的精神。

4.1.1 分布式光伏发电简介

1. 分布式光伏发电概念

分布式光伏发电是指区别于集中式光伏发电的光伏发电方法。分布式光伏发电充分利用了太阳能广泛存在的特点，并且避免了集中建设的场地限制因素，具有建设灵活的优点，一般建在用户侧。目前应用最为广泛的分布式光伏发电系统，是建在建筑物屋顶的光伏发电系统。该类系统必须接入公共电网，并与公共电网一起为附近的用户供电。如果没有公共电网支撑，分布式光伏发电系统就无法保证用户的用电可靠性和用电质量，所以为了减小光伏发电系统对当地公共电网的影响，一般要求其装机容量不能大于当地配电变压器容量的30%。

微视频
分布式光伏发电系统简介

分布式光伏发电系统（电站）的特点是：

1）电压等级低、容量小。该类电站所安装的光伏阵列（组件）朝向、倾角及阴影遮挡情况较复杂，规模受有效屋顶面积限制，装机容量一般为3kW～20MW，是当前分布式光伏发电应用的主要形式，其所发电能直接馈入低压配电网或35kV及以下的中压公共电网，基本能就地消纳，且单个并网点总装机容量不超过6MW。

2）并网点在配电侧。

3）电流是双向的，可以从公共电网取电，也可以向公共电网送电。

4）接近负载，大部分所发电量直接被负载消耗。

分布式光伏发电的构成主要包括光伏阵列（组件）、保护装置、并网逆变器、公共电网接口等。光伏阵列（组件）是分布式光伏发电系统中的核心部件，其作用是把太阳能转化成电能。并网逆变器是将直流电转换成交流电的设备。由于光伏阵列（组件）产生的电为直流电，而实际应用过程中绝大部分负载都是交流负载，因此需要此装置将直流电转换成交流电以供负载使用。

2. 分布式光伏发电项目应用

分布式并网光伏屋顶电站是指利用厂房和公共建筑等的屋顶资源开发的分布式光伏电站，如图4-1所示。

图4-1 分布式光伏电站

在用电量比较大、购电成本比较高的工厂，通常其厂房屋顶面积很大，屋顶也相对开阔平整，适合安装光伏阵列，同时由于用电负载较大，分布式光伏发电系统可以做到就地消纳所发电能，抵消一部分网购电量，从而节省用户的电费。在商业建设方面，由于商业建筑多为混凝土屋顶，因此更有利于安装光伏阵列，但是这类建筑往往对建筑美观性有要求，所以要按照商厦、写字楼、酒店和会议中心等商业建筑的特点进行安装。用户负载特性一般表现为白天较高、夜间较低，能够较好地匹配光伏发电的特性。居民区有大量的可用屋顶，包括自有住宅屋顶、蔬菜大棚和鱼塘等，居民区往往处在公共电网的末梢，其电能质量较差，在居民区建设分布式光伏发电系统可提高用电保障率和电能质量。

对于上网电量的计量，国际上常用的方式有净计量和总计量，并搭配适当的上网电价制度。净计量方式指分布式光伏发电系统发电量优先供给用户侧使用，多余发电量按上网电价并网。而总计量方式则为单独测量用户的发电量和用电量，用户用电量按市电价格支付，而用户发电量按上网电价计算给予补贴。

3. 典型分布式光伏电站结构

（1）家用分布式光伏电站结构　家用分布式光伏电站主要由光伏阵列（组件）、并网逆变器、交流配电箱、双向电能表、光伏侧电能表组成（见图4-2）。光伏阵列（组件）把太阳能转换成电能；并网逆变器把光伏阵列（组件）送来的直流电转换成与市电同频同相的交流电，优先供给负载使用，余电上网；交流配电箱用于安装电表、接线等；双向电能表用于计量用户用电和卖到公共电网的电量。考虑到很多家庭用户不会看并网逆变器，所以在交流配电箱输出端会再装一块计量光伏发电量的电能表。

微视频
典型分布式光伏电站结构

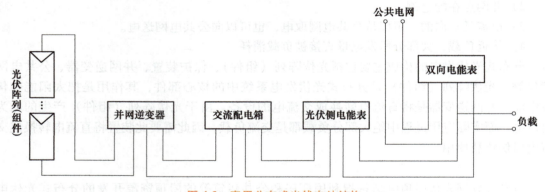

图4-2　家用分布式光伏电站结构

（2）工商业屋顶分布式光伏电站结构　工商业屋顶分布式光伏电站包括集中式逆变方案和组串式逆变方案两种结构形式。

1）集中式逆变方案。其组成结构如图4-3所示。集中式逆变方案的工业屋顶分布式光伏电站则适合于屋面平坦、无遮挡的屋顶，一般是采用10kV或更高电压等级接入公共电网或用户电网。

2）组串式逆变方案。其组成结构如图4-4所示。商业屋顶和户用屋顶的并网光伏电站，一般采用组串式且具备多路MPPT的逆变方案，其中商业屋顶组串式逆变方案采用380V电压等级接入公共电网或用户电网，常见于屋面不平整、朝向不一致的商用建筑、中小公共建筑屋顶。

4. 不同建筑部位的光伏发电系统安装面积比例

（1）坡屋面安装

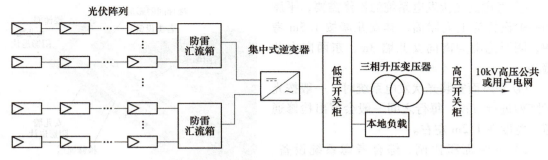

图 4-3 集中式逆变方案组成结构

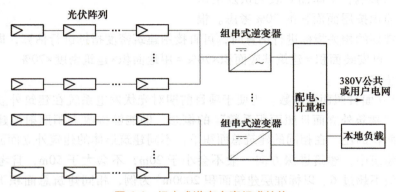

图 4-4 组串式逆变方案组成结构

1) 坡屋面安装比例影响因素。坡屋面主要应用于低层住宅建筑，朝向以南北向为主，坡度在 20°~35° 之间。由于屋面北坡安装光伏发电系统效率过于低下，不建议安装。

2) 安装面积比例。对于双坡屋面而言，仅南坡适合安装，安装面积约为屋面面积的 50%；对于四坡屋面而言，优先考虑南坡，其次东、西坡也可以安装，安装面积约为屋面面积的 70%。由于坡屋面与地面水平夹角的三角函数关系，坡度 30° 时，屋面面积约为水平投影面积的 1.15 倍，由于通常情况下屋面并不规整，高低错落，在进行屋面安装面积估算时，可按水平投影面积的 60% 计算。

3) 安装面积估算。根据控制性详细规划的相关指标进行估算时，可直接用建筑密度指标进行估算，即

$$可安装面积 = 建筑基底面积 \times 60\% = 用地面积 \times 建筑密度 \times 60\%$$

（2）平屋面安装

1) 平屋面安装比例影响因素。光伏发电系统与平屋面同时应用的工况主要存在于大型的商业、文化及医院等类型的建筑中。这些类型的建筑中安装光伏发电系统时，受到的影响因素主要包括以下几方面（见图 4-5）。

① 建筑设备对光伏发电系统安装规模造成的影响主要包括系统设备自身占用面积、周围的安全距离、系统设备阴影遮挡三个方面，影响范围约为设备区域边界周边 2m。

② 屋顶楼梯间及电梯机房这些突出屋面的构筑物一般在 4m 以上，其阴影对光伏发电系统的安装面积会造成损失，影响范围一般在 4m 左右。

③ 考虑到光伏发电系统的检修需要，平屋面一般设置为上人屋面，其女儿墙按1.5m考虑，阴影范围为南向女儿墙3m，东西向女儿墙2m。

④ 平屋面安装光伏发电系统时，一般按光伏阵列进行布置，每行之间一般会留出检修通道，宽度在1.2m左右。

2) 安装面积比例。综合考虑系统设备、楼梯间及电梯机房、女儿墙、光伏发电系统检修通道等因素的影响，平屋面安装光伏发电系统时，可安装面积按屋面面积的70%考虑。根

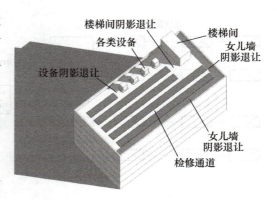

图4-5 平屋面安装比例影响因素

据控制性详细规划的相关指标进行估算时，可直接用建筑密度指标进行估算，即

$$可安装面积=建筑基底面积\times70\%=用地面积\times建筑密度\times70\%$$

(3) 墙面安装

1) 建筑外立面日照面积系数。为便于项目前期对光伏发电系统在建筑外立面安装规模的估算，引入"建筑外立面日照面积系数"的概念，即能够接收太阳照射的建筑外立面全面积与建筑总面积的比。在相同的建筑总面积下，不同建筑形体的建筑外立面面积不同，在常规大型公共建筑中，建筑进深方向一般不会小于20m，不会大于50m，且考虑到抗震需求，长宽比一般不超过6。以标准层建筑面积2000m^2为例，相同建筑总面积下，其平面形状变形范围为（44.7m×44.7m）~（20m×100m），即其平面周长为179~240m。

为避免西晒，建筑朝向绝大多数为南北向，由于北外立面不适合安装光伏发电系统，故去掉标准层北侧边长，则南、东、西各方向的边长之和在130~140m。大部分公共建筑的建筑层高为4m左右，则标准层的南、东、西各外立面面积之和的范围在（130m×4m）~（140m×4m）之间，即520~560m^2。则适合安装光伏发电系统的建筑外立面日照面积系数等于南、东、西各外立面面积之和与建筑总面积之比，即单层各外立面面积之和与标准层面积之比，即0.26~0.28，当标准层面积越小，比值越趋向较大值，故宜取0.28。

2) 墙面安装比例。图4-6所示为公共建筑非幕墙立面安装范围示意图，开窗面积对于非幕墙的公共建筑而言，南立面窗墙比一般在0.4~0.7；而东西墙为了减少西晒对建筑的影响，窗墙比一般在0.2~0.6；综合考虑，非幕墙立面的窗墙比约为0.5，可安装面积占立面面积的比例同样约为0.5。

遮挡问题主要分为两种情况：一种为外部环境遮挡，主要是周围其他建筑的遮挡；另一种为建筑自身遮挡，主要是由于建筑造型的凹凸形成的遮挡。对新建的光伏建筑来说，在方案阶段时即已考虑到光伏组件的安装要求，均会尽力避免自身遮挡，因此主要遮挡来自其

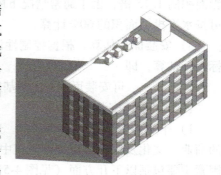

图4-6 公共建筑非幕墙立面安装范围示意图

他建筑的遮挡。综合考虑日照间距、视觉卫生间距对建筑日照的积极作用，可将遮挡因素造成的安装面积损失降低到20%，即遮挡因子为0.2。

3)安装面积估算。综合以上影响因素,在大型商业建筑的墙面上用于建筑光伏的面积约占所安装墙面面积比例为 0.5×(1−0.2)= 0.4。

根据控制性详细规划的相关指标进行估算时,可用容积率指标进行估算,即:墙面可安装面积=用地面积×容积率×立面日照面积系数(0.28)×安装面积系数(0.4)。

(4)光伏幕墙安装

1)光伏幕墙安装影响因素。幕墙可广泛应用于各类公共建筑中,影响光伏幕墙安装面积的因素主要包括以下两个:

① 开启扇比例。根据《公共建筑节能设计标准》(GB 50189—2015),甲类公共建筑外窗(包括透光幕墙)应设可开启窗扇,其有效通风换气面积不宜小于所在房间外墙面积的 10%,通常情况下,开启扇比例多在 20% 左右,则可安装光伏幕墙的比例为80%。幕墙开启扇示意图如图 4-7 所示。

图 4-7　幕墙开启扇示意图

② 遮挡情况。与墙面安装情况相同,幕墙安装同样受外部环境遮挡和自身遮挡两种情况的影响,根据经验值,遮挡因素造成的安装面积损失为 20%,遮挡因子为 0.2。

2)安装面积比例。考虑前述开启扇比例与遮挡情况,则幕墙的光伏组件安装面积系数为(1−0.2)×0.8 = 0.64。

根据控制性详细规划的相关指标进行估算时,可用容积率指标进行估算,即
墙面可安装面积=用地面积×容积率×立面日照面积系数(0.28)×安装面积系数(0.64)

4.1.2　家用屋顶分布式光伏发电系统的设计

典型的家用屋顶分布式光伏发电系统如图 4-8 所示。在该系统中,白天不用的电量可以通过并网逆变器出售给当地的公共电网,夜晚需要用电时,再从公共电网中购回。

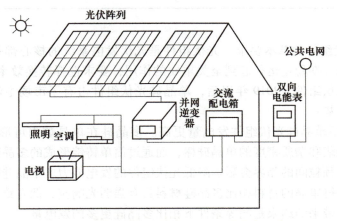

图 4-8　典型的家用屋顶分布式光伏发电系统

家用屋顶分布式光伏发电系统有别于大型集中式并网光伏发电系统，由于受到安装光伏组件的可用面积等影响，一般容量较小，往往只有几千瓦至几十千瓦，它有以下特点：

1) 并网点在配电侧（并网电压为230V或400V）。
2) 电流是双向的，可以从公共电网取电，也可以向公共电网送电。
3) 大部分光伏发电系统的发电量直接被用户负载消耗，自发自用，余电上网。

因为并网光伏发电系统不需要蓄电池和光伏控制器，且其供电对象是较稳定的公共电网，所以并网光伏发电系统的设计比离网光伏发电系统简单。它不需要考虑发电量与用电量之间的平衡，也不需要考虑负载的电阻、电感特性。通常只需根据光伏阵列（组件）总功率选择合适的防雷汇流箱、并网逆变器，再根据系统中的各种损耗估算其发电量，评估收益；反之，也可根据需要的发电量逆向设计所需光伏组件的总功率及并网逆变器选型等。并网光伏发电系统没有储能问题，所发电量及时上传公共电网，所以会按最大发电量来确定最佳倾角。

1. 屋顶面积与系统功率大小关系

光伏发电系统的容量也就是光伏发电系统中的光伏阵列（组件）的总功率，一般根据居民的可建设屋顶面积来设计。安装空间可以是斜屋顶，也可以是平屋顶。平屋顶 $1m^2$ 的面积目前可安装约 75~100W（与项目地的经纬度有关，光伏组件的面积与所占地面积的比约为50%）的光伏组件，屋面承重增加 35~45kg。南向斜屋顶 $1m^2$ 可安装 130~150W 的光伏组件，屋面承重增加约 15kg。一般居民可以构建 3~5kW 的光伏电站。屋顶面积与系统功率大小关系见表 4-1（以朝南为例）。

表 4-1 屋顶面积与系统功率大小关系

屋顶面积（向阳面）/m^2	可安装系统容量/kW	
	平屋顶	斜屋顶
30~40	2	3
40~60	3	5
60~80	4	7
80~100	5	8

2. 光伏组件选型

（1）选择光伏组件的基本要求　光伏组件是光伏发电系统的核心部件，其技术性能和指标对整套系统的长期稳定运行起到至关重要的作用，要求选择转换效率高、使用寿命长、技术性能稳定的光伏组件。2019年以后，单晶硅光伏组件占有了市场主流地位，单晶硅光伏组件具有以下优势：

1) 同等条件下单晶硅光伏组件发电量更高。多晶硅在单晶炉内可形成具有单一晶向、无晶界、低位错缺陷和杂质密度的单晶硅棒，而通过简单铸锭形成的多晶硅棒是由众多小单晶硅颗粒组成的，颗粒间的晶界会影响降低光伏组件的发电能力。单晶硅材料结构单一，晶体结构更稳定，使得单晶的材料相比多晶硅材料具有强弱光响应、低光致衰减、低工作温度和低线损的优势，带来的结果是同等条件下相比多晶硅更多的发电量。

2) 单晶硅光伏组件长期使用过程中功率衰减更少。光致衰减现象是指在光照下，光伏组件发电功率发生衰退，这是影响单晶硅光伏组件和多晶硅光伏组件稳定性和发电量的重要因素。单晶硅光伏组件的初始光衰在光照 2~3 个月之后达到顶峰（3%左右），在继续接受光照 3~4 个月之后，输出功率会恢复到接近初始水平，随后以较低的稳定水平缓慢下降；多晶硅光伏组件几乎不存在初始光衰，其功率在投入使用后持续衰退。从第 2 年起，单晶硅光伏组件平均每年输出功率衰减不超过 0.55%，多晶硅光伏组件平均每年衰减 0.71%~0.73%。到使用年限（25 年）时，单晶硅光伏组件的衰减后功率比多晶硅光伏组件高出近 4%。

3）单晶硅光伏组件弱光响应更强。弱光响应是光伏组件在光照有限的条件下发电能力的重要参考因素，弱光响应越强，说明光伏组件光敏感性越强，发电量越稳定。在辐照度高时，单晶、多晶硅光伏组件相差不大，但在辐照度低时，单晶硅光伏组件的弱光响应明显高于多晶硅光伏组件，造成单晶硅光伏组件相比多晶硅光伏组件全年的发电量更高。

以西部某地 10MW 单晶硅光伏阵列和 10MW 多晶硅光伏阵列为例进行对比。在近两年的监测周期内，使用单晶硅光伏组件的总发电量比使用多晶硅光伏组件的高出 5.12%，由于弱光响应方面的优势，在阴天条件下单晶硅光伏电站与多晶硅光伏电站的发电量差异更为显著，高达 10.06%。

(2) 光伏组件串并联设计约束条件

1）在当地最低气温条件下运行时，光伏组件串的开路电压值 U_{oc} 应低于并网逆变器的最高直流输入电压值。

2）在当地最高气温条件下运行时，光伏组件串的最大功率电压值 U_{mp} 应高于并网逆变器的 MPPT 工作范围内的最低直流输入电压值。

3）光伏组件串的总电流不高于并网逆变器的最大直流输入电流值。

4）输入同一台并网逆变器的光伏组件串，要通过对光伏组件的参数分选和位置安排，使其电压值之间的差别控制在 5% 以内。

(3) 光伏阵列倾角设计原则　如直接在斜屋顶安装可不考虑倾角，与屋面一致即可；如在平屋顶安装，则要求光伏阵列发电量最大，倾角一般选择和当地纬度一致，此时光伏阵列全年接收的太阳辐射最大，有时考虑到提高装机容量、减少风压，也可适当降低安装倾角，可用 PVSYST 软件进行优化。

3. 并网逆变器的选型

并网逆变器是并网光伏电站中的核心设备，它的可靠性、性能和安全性会影响整个光伏发电系统。对并网逆变器的输出电压即并网电压的选择，国家电网要求如下：8kW 以下可接入 220V；8~400kW 可接入 380V；400kW~6MW 可接入 10kV。

家用 3kW 分布式光伏发电系统常用的并网逆变器有组串式逆变器和微型逆变器。

(1) 组串式逆变器　组串式逆变器指的是能够直接跟光伏组件串连接，用于室外挂式安装的单相或者三相输出逆变器，其功率多为几千瓦到几十千瓦，大的功率可以达到几百千瓦。

1) 优点。

① 组串式逆变器采用模块化设计，每个光伏组件串对应一个逆变器模块，各直流端都具有 MPPT 功能，交流端并联并网，其优点是不受光伏组件串间模块差异和阴影遮挡的影响，同时减少光伏组件最佳工作点与组串式逆变器不匹配的情况，最大程度增加了发电量。

② 组串式逆变器 MPPT 电压范围宽，一般为几十伏至几百伏，光伏组件配置更为灵活。在阴雨天或雾气多的地区，发电时间长。

③ 组串式逆变器的体积小、质量小，搬运和安装都非常方便，不需要专业工具和设备，也不需要专门的配电室，在各种应用中都能够简化施工、减少占地，直流线路连接也不需要直流防雷汇流箱和直流配电柜等。

④ 使用组串式逆变器的光伏电站可以在同一个项目中使用不同类型的光伏组件，这是在传统集中型光伏逆变器中无法实现的。

⑤ 组串式逆变器自耗电低、故障影响小、更换维护方便。

⑥ 组串式逆变器使用方便，防护等级高，多为 IP65，能够直接在室外安装；直流输入为光伏发电专用的 MC4 防水端子，能够直接与光伏组件相连，不需要经过直流防雷汇流箱；组串式逆变器体积较小，占地面积小，不用专用机房，安装灵活。

2）缺点。

① 功率器件电气间隙小，不适合高海拔地区。采用户外型安装，风吹日晒很容易导致外壳和散热片老化。

② 不带隔离变压器设计，电气安全性稍差，不适合薄膜光伏组件负极接地系统。

③ 多个组串式逆变器并联时，总谐波高，单台逆变器模块的 THDI 可以控制到 2% 以上，但如果超过 40 台逆变器模块并联时，总谐波会叠加，而且较难抑制。

④ 逆变器模块数量多，总故障率会升高，系统监控难度大。

⑤ 没有直流断路器和交流断路器，当系统发生故障时，不容易断开电路。

⑥ 单台逆变器模块可以实现零电压穿越功能，但多机并联时，零电压穿越功能、无功调节、有功调节等功能实现较难。

3）适用范围。分散的屋顶光伏电站、不平坦的山地光伏电站、滩涂光伏电站、有阴影遮挡的光伏电站、光伏阵列朝向不同的光伏电站、农业大棚光伏电站等。

(2) 微型逆变器　微型逆变器（见图 4-9）一般指具有光伏组件级 MPPT 的光伏逆变器，全称是微型光伏并网逆变器。

微视频
微型逆变器

微型逆变器的逆变方式是每个微型逆变器模块一般只对应单块或数块光伏组件，可以对每一块光伏组件进行单独的 MPPT，再经过逆变以后并入公共电网。微型逆变器的单体容量一般在 5kW 以下。根据每台微型逆变器所连光伏组件数量的不同，可将其分为一拖一、一拖二、一拖四和一拖六这 4 类。

微型逆变器的主要优点如下。

1）当一个甚至多个模块出现故障时，系统仍可继续向公共电网提供电能，可用性高；可选配多个冗余模块，提高系统可靠性。

2）配置灵活，在家用市场可以按照用户需要安装光伏组件大小。

3）有效降低局部遮挡造成的阴影对输出功率的影响。

4）无高压电，更安全，安装简单，更快捷，维护和安装成本低廉，对安装服务商依赖性减少。

5）提高每一个逆变器模块的发电量。微型逆变器能够对每块光伏组件进行独立的 MPPT 控制，从而实现对每块光伏组件的输出功率进行精细化调节及监控，可大大提高光伏

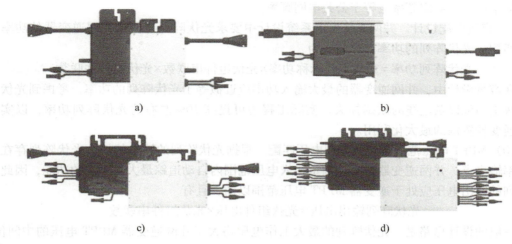

图 4-9 微型逆变器

a) HM400（一拖一） b) HM-800（一拖二） c) HM-1500（一拖四） d) HMT-2250（一拖六）

发电系统的发电量。

（3）并网逆变器的选型 对于并网逆变器的选型，应注意以下几个方面的指标：

1）具有实时监测功能。光伏发电系统必须对公共电网和光伏组件输出情况进行实时监测，对周围环境做出准确判断，完成相应的动作，如对公共电网的投、切控制，以及系统的启动、运行、休眠、停止和故障状态检测，以确保系统安全、可靠的工作。

2）具有 MPPT 功能。由于光伏阵列的输出曲线是非线性的，受环境影响很大，为确保光伏发电系统能最大程度输出电能，需采用 MPPT 控制技术，通过自寻优方法使光伏发电系统跟踪并稳定运行在光伏发电系统的最大输出功率点，从而提高光伏利用率。

3）并网逆变器输出效率要高。并网逆变器在满载时，效率必须在 95% 以上。在 $50W/m^2$ 的辐照度下，即可向公共电网供电，在并网逆变器输入功率为额定功率的 10% 时，也要保证 90% 以上的转换效率。

4）并网逆变器的输出波形要符合并网要求。为使光伏阵列所产生的直流电在逆变后向公共电网并网供电，就必须使并网逆变器的输出电压波形、幅值及相位与公共电网一致，实现无扰平滑供电。

5）具有孤岛保护的能力。光伏发电系统作为分散供电电源，当公共电网由于电气故障、误操作或自然因素等外部原因引起供电中断时，为防止损坏用电设备以及确保公共电网维修人员的安全，光伏发电系统必须具有孤岛保护的能力。

6）具有完善的保护功能，如输入欠电压、过电压保护、过电流保护、输出短路保护、输入反接保护、防雷保护等功能。

7）并网逆变器直流输入电压范围要宽。由于光伏阵列的端电压随负载和日照强度变化的范围比较大，这就要求并网逆变器在较大的直流输入电压范围内正常工作，并保证交流输出电压稳定性。且并网逆变器最小直流输入电压大于光伏阵列最小电压；并网逆变器最大直流输入电压大于光伏阵列最大电压（空载）。

8）并网逆变器的输出电压和频率应满足并网要求。并网逆变器额定输出电压等于公共电网额定电压,额定频率应等于公共电网频率。

9)容量匹配设计。并网光伏发电系统设计中要求光伏阵列与所接并网逆变器的功率容量相匹配,光伏阵列的功率计算公式为

$$光伏阵列功率=光伏组件标称功率×光伏组件串联数×光伏组件并联数$$

在容量设计中,并网逆变器的最大输入功率应近似等于光伏阵列的功率,考虑到光伏阵列的灰尘损失以及电缆的欧姆损失,实际工程中可提高10%左右的光伏阵列功率,以实现并网逆变器资源的最大化利用。

10)MPPT电压范围与光伏阵列电压匹配。根据光伏阵列的输出特性,光伏阵列存在最大功率输出点,并网逆变器具有在额定输入电压范围内自动追踪最大功率点的功能,因此光伏阵列的输出电压应处于逆变器MPPT电压范围以内,且有

$$光伏阵列输出电压=光伏组件电压×光伏组件串联数$$

一般的设计思路是,光伏阵列的最大工作电压略大于并网逆变器MPPT电压的中间值,这样可以达到MPPT的最佳效果。

11)最大输入电流与光伏阵列电流匹配。光伏阵列的最大输出电流应小于并网逆变器最大输入电流。为了减少光伏阵列到并网逆变器过程中的直流损耗,以及防止电流过大使并网逆变器过热或电气损坏,并网逆变器最大输入电流值与光伏阵列的电流值的差值应尽量大一些,且

$$光伏阵列最大输出电流=光伏组件短路电流×光伏组件并联数$$

4. 双向电能表的选型

双向电能表(见图4-10)就是能够计量用电和发电的电能表,功率和电能都是有方向的,从用电的角度看,耗电记为正功率或正电能,发电计为负功率或负电能,双向电能表可以通过显示屏分别读出正电能和负电能并将其数据存储起来。

安装双向电能表的原因是由于光伏阵列发出的电能存在不能全部被用户消耗的情况,而余下的电能则需要输送给公共电网,电能表需要计量这一电能数字;在光伏阵列发电不能满足用户需求时则需要使用公共电网的电能,这又需要计量另一个电能数字,普通单向电能表不能达到这一要求,所以需要使用具有双向计量功能的双向电能表。

图4-10 双向电能表

双向电能表主要有以下技术参数:

1)电压:表示适用电源的电压。我国低压工作电路的单相电压是220V,三相电压是380V。标定220V的电能表适用于单相电源负载电路。标定380V的电能表适用于三相电源负载电路。

2)电流:一般电能表的电流参数有两个。如10(20)A,一个是反映测量精度和启动电流指标的标定工作电流I_b(10A),另一个是在满足测量标准要求的情况下允许通过的最大电流I_{max}(20A)。如果电路中的电流超过允许通过的最大电流I_{max},电能表会计数不准甚至会损坏。

3)电源频率:表示适用电源的频率。电源频率表示交流电流的方向在1s内改变的次数。我国交流电的频率规定为50Hz。

4)耗电计量:电子式电能表的计量参数标注的是×××imp/kW·h,表示用电器每消耗1kW·h的电能,电能表脉冲计数即产生××个脉冲。

在选择双向电能表时，重点从电压和电流两个参数进行考虑。

5. 公共电网接入方式

家用 3kW 分布式光伏发电系统大多采用低电压接入方式，即系统接入单相 230V 的低压配电网，通过交流配电箱给当地负载供电，剩余的电能送入公共电网。

6. 交流配电箱选型

交流配电箱主要用于安放双向电能表、剩余电流断路器、避雷器等部件。主要从耐用、经济、防雨雪和安全等角度考虑。

4.1.3 家用 3kW 分布式光伏发电系统设计

1. 现场情况

该光伏发电系统位于徐州市区某小区屋顶面，如图 4-11 所示，有效利用面积约 $30m^2$。

图 4-11　现场情况

2. 装机容量

根据业主的用电需要及可安装面积，初步设计为在屋顶采用专用 L 型支架在瓦面下面固定，不破坏屋顶结构。在上面安装支架固定光伏组件，装机容量约为 3kW。

3. 光伏组件选型

选用 TSM-DE09 型光伏组件，如图 4-12 所示。其技术参数见表 4-2。根据用户调研和现

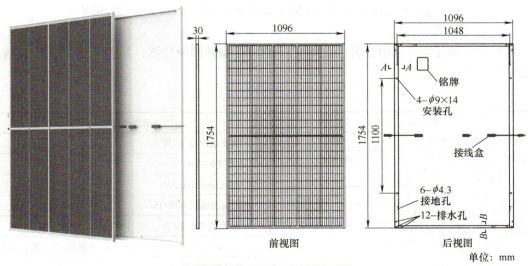

图 4-12　TSM-DE09 型光伏组件

场勘察,共需要(3000/390)块≈8块光伏组件。实际光伏发电系统装机容量为390W×8＝3120W。

表 4-2 TSM-DE09 型光伏组件技术参数

项目	参数名称	参数情况	项目	参数名称	参数情况
电气参数	最大输出功率	390W	机械参数	太阳能电池片数量	120
	最大工作电压	33.8V		产品尺寸	1754mm×1096mm×30mm
	最大工作电流	11.54A		产品质量	21.0kg
	开路电压	40.8V		玻璃	3.2mm,高透、AR 涂层热强化玻璃
	短路电流	12.14A		边框材料	30mm 铝合金框
	转换效率	20.3%		接线盒	防护等级 IP68
	工作温度	-40~85℃	温度参数	额定工作温度	20℃
	最大系统电压	DC 1500V		最大功率温度系数	-0.34%/℃
	最大系列熔断器	20A		开路电压温度系数	-0.25%/℃
				短路电流温度系数	0.04%/℃

把 8 块光伏组件串联在一起构成光伏组件串,如图 4-13 所示。

若不考虑温度对光伏组件开路电压的影响,则有:

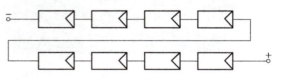

图 4-13 光伏组件串

串联后的开路电压为 40.8×8V＝326.4V,最佳工作电压为 33.8×8V＝270.4V。

徐州地区冬季的最低气温可达-10℃,根据表 4-2 可知,该光伏组件的开路电压温度系数为-0.25%/℃,则在-10℃时,光伏组件的开路电压为

$$U_{oc,-10℃} = 326.4 × [1 + (-10 - 25) × (-0.25\%)]V = 354.96V$$

夏季光伏组件背板温度可达 50℃,此时光伏组件开路电压为

$$U_{oc,50℃} = 326.4 × [1 + (50 - 25) × (-0.3\%)]V = 301.92V$$

4. 并网逆变器的选型

根据并网逆变器的选用要求,选择 GW3000-NS 型并网逆变器,如图 4-14 所示,其技术参数见表 4-3。

表 4-3 GW3000-NS 型并网逆变器技术参数

直流输入参数		交流输出参数	
最大直流输入电压/V	500	额定输出功率/W	3000
MPPT 工作电压范围/V	50~450	最大视在功率/V·A	3300
启动电压/V	50	额定输出电压/V	220
额定输入电压/V	360	额定输出电压频率/Hz	50
每路 MPPT 最大输入电流/A	12.5	最大输出电流/A	14.3
每路 MPPT 最大短路电流/A	15.6	功率因数	约 1(0.8 超前~0.8 滞后可调)
MPPT 路数	1	总电流波形畸变率	<3%
每路 MPPT 输入数	1		

(续)

效率		基本参数	
最大效率	97.6%	工作温度/℃	-25~60
中国加权效率	97.2%	相对湿度（%）	0~100
保护		最高工作海拔/m	4000
绝缘阻抗检测	集成	冷却方式	自然散热
剩余电流检测	集成	人机交换	LCD 和 LED
输入反接保护	集成	通信方式	4G 或 RS-485
防孤岛保护	集成	重量/kg	5.8
交流过电流保护	集成	尺寸（宽×高×厚）	295mm×230mm×113mm
交流短路保护	集成	拓扑结构	非隔离型
交流过电压保护	集成	夜间自耗电/W	<1
直流开关	集成	防护等级	IP65
直流浪涌保护	集成	认证标准	
交流浪涌保护	集成	并网标准	NBR 16149/NBR 16150
交流端子温度检测	集成	安全标准	IEC 62109
直流拉弧保护	集成		

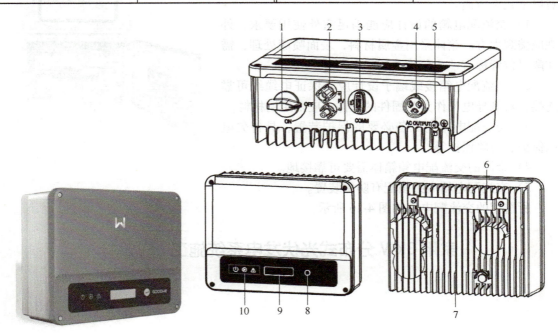

图 4-14　GW3000-NS 型并网逆变器

1—直流开关　2—PV 直流输入端　3—通信模块或 USB 接口　4—交流输出接线端子　5—保护接地端子
6—挂装件　7—散热片　8—显示屏操作按键　9—显示屏　10—指示灯

5. 双向电能表的选型

分布式光伏发电系统所用的双向电能表一般由电力公司免费提供。选用 DDS238 型单相双向电能表，如图 4-15 所示。

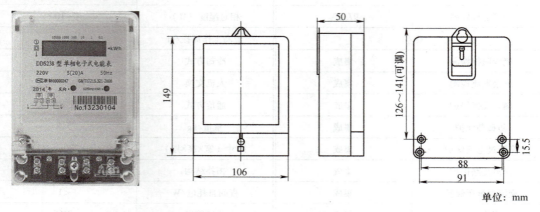

图 4-15　选用的双向电能表

6. 交流配电箱的选型

交流配电箱用于连接光伏发电系统和用户配电系统，需安装保护及计量装置。选择交流配电箱时，应注意以下几个方面。

1）交流配电箱的设计应能满足室外使用要求，外观应美观大方。箱体采用金属材料，表面喷漆处理，需在醒目位置标有"电气安全警示"标志。

2）交流配电箱接线端子设计应能保证电缆线可靠连接，对既导电又作为紧固件的部件，应采用铜材料。

3）交流配电箱应配备必要的保护装置，具备欠电压保护、短路保护等。

4）金属的交流配电箱箱体需要可靠接地。

5）交流配电箱内必须配有防雷装置。

所选用的交流配电箱如图 4-16 所示。

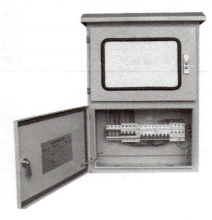

图 4-16　所选用的交流配电箱

任务 4.2　家用 3kW 分布式光伏发电系统施工

任务目标

1. 能力目标

1）能完成光伏阵列支架和光伏组件的安装。
2）能完成组串式逆变器的安装。
3）能完成双向电能表的安装。

2. 知识目标

1) 掌握光伏组件的安装方法。
2) 掌握光伏逆变器的安装方法。
3) 掌握双向电能表的接线方法。

3. 素质目标

1) 培养质量与成本意识。
2) 培养实事求是、精益求精的精神。
3) 培养学生正确的劳动价值观、积极的劳动精神和良好的劳动品质。

4.2.1 光伏组件安装

斜屋顶安装所需固定部件如图 4-17 所示。

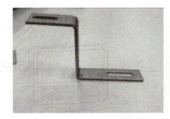 

图 4-17 斜屋顶安装所需固定部件

屋顶光伏组件的安装方法，是将瓦面揭开，把回形固定支架直接固定在木望板、椽子或者混凝土结构上，然后将瓦面复原，安装导轨和光伏组件，如图 4-18 所示。

图 4-18 屋顶光伏组件的安装方法

4.2.2 光伏逆变器安装

光伏逆变器在家用光伏发电系统中的典型应用如图 4-19 所示。

下面以 GW3000-XS 型组串式逆变器为例,说明此类光伏逆变器的安装过程。

1. 安装位置的选择

安装光伏逆变器必须考虑以下因素:

1) 安装位置应适合光伏逆变器质量和尺寸。
2) 应在坚固表面安装。
3) 安装位置应通风良好。
4) 竖直安装或向后倾斜不超过 15°。
5) 为保证散热良好,拆卸方便,光伏逆变器周边最小间隙如图 4-20 所示。

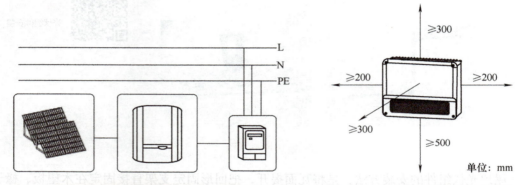

图 4-19 光伏逆变器在家用光伏发电系统中的典型应用　　图 4-20 光伏逆变器周边最小间隙

2. 安装光伏逆变器

1) 将背板水平放置在墙面或支架上,使用标记笔标记打孔位置,如图 4-21 所示。
2) 使用 $\phi 10mm$ 的冲击钻进行打孔,确保孔深约 80mm,如图 4-22 所示。
3) 使用膨胀螺钉,将背板固定在墙面或支架上,如图 4-23 所示。

图 4-21 使用标记笔标记打孔位置　　图 4-22 用冲击钻进行打孔　　图 4-23 将背板固定在墙面或支架上

4) 将光伏逆变器挂装在背板上,如图 4-24 所示。
5) 安装防盗锁,如图 4-25 所示。

3. 电气安装

(1) 安装注意事项

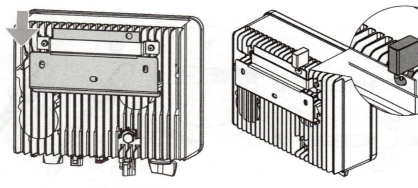

图 4-24　挂装光伏逆变器　　　　　　图 4-25　安装防盗锁

1）进行电气连接时，应按照要求穿戴安全鞋、防护手套和绝缘手套等个人防护用品。

2）进行电气连接前，应断开光伏逆变器的直流输入开关、交流输出开关，确保设备已断电。严禁带电操作，否则可能出现电击等危险。

3）接线时应将线缆预留一定长度后，再连接至光伏逆变器接线端子。以防止因线缆承受拉力过大，导致接触不良的现象。

（2）连接保护地线　连接保护地线操作步骤如图 4-26 所示。

用剥线钳把导体截面积 $4mm^2$ 的户外单芯黄绿铜线按图中要求剥去绝缘皮；在导线一端套上热缩管；用压线钳压好 OT 端子，把热缩管套在 OT 端子上，用热风枪加热热缩管，待热缩管加热到完全收缩之后关闭热风枪，把接地螺钉穿入 OT 端子，用十字螺钉旋具旋到光伏逆变器的接地端上。

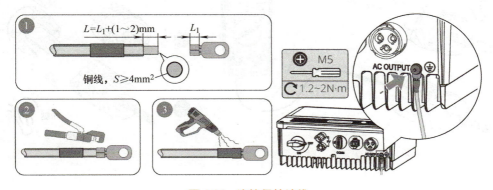

图 4-26　连接保护地线

（3）直流输入端连接

1）按图 4-27 所示准备直流线缆。

2）按图 4-28 所示，压接直流输入端子。

3）按图 4-29 所示，拆装直流插接器。

4）按图 4-30，检测直流输入电压。

5）按图 4-31 所示，将直流插接器连接至光伏逆变器直流端子。

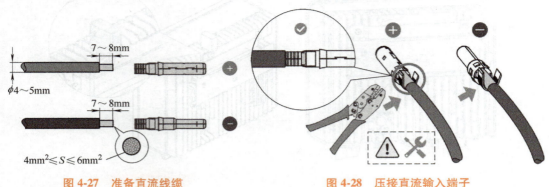

图 4-27 准备直流线缆　　图 4-28 压接直流输入端子

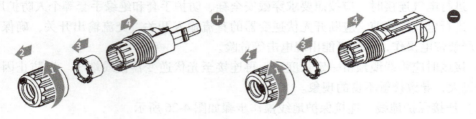

图 4-29 拆装直流插接器

图 4-30 检测直流输入电压　　图 4-31 将直流插接器连接至光伏逆变器直流端子

(4) 交流输出端连接

1) 按图 4-32 所示，制作交流输出线缆。

2) 按图 4-33 所示，拆开交流端子。

3) 按图 4-34 所示，连接交流输出线缆与交流端子。

4) 按图 4-35 所示，将交流端子连接到光伏逆变器。

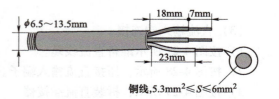

图 4-32 制作交流输出线缆

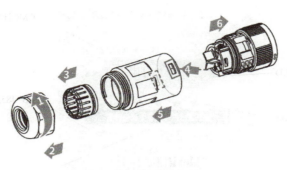

图 4-33 拆开交流端子

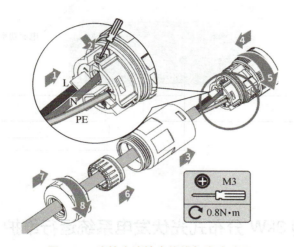

图 4-34 连接交流输出线缆与交流端子

（5）通信连接　光伏逆变器支持通过蓝牙和 GPRS/4G/5G 通信模块连接至手机或 Web 界面来设置设备相关参数和查看设备运行信息、错误信息，以及时了解系统状态。通信连接比较简单，以 GPRS/4G/5G 通信模块为例，把模块插入光伏逆变器后端的通信接口即可。在通信模块插入光伏逆变器且上电一段时间后，查看光伏逆变器的通信灯是否为常亮，常亮为通信正常。如不正常，应重新插入 SIM 卡并检查通信模块是否安装到位。

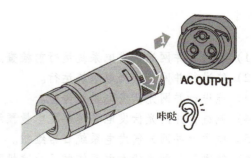

图 4-35 将交流端子连接到光伏逆变器

4.2.3 双向电能表连接

按图 4-36 所示，完成双向电能表连接。其中 1、3 端接市电输入，2、4 端接负载或并网逆变器。

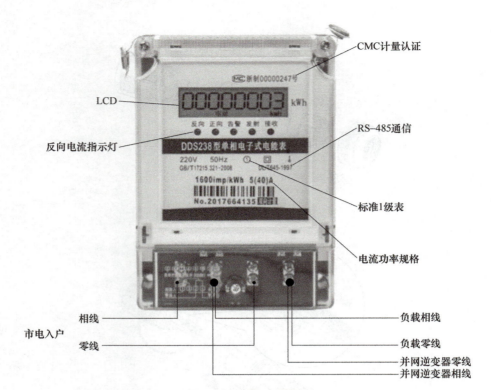

图 4-36 双向电能表连接

任务 4.3　家用 3kW 分布式光伏发电系统运行维护

 **任务目标**

1. 能力目标

1）能进行并网光伏发电系统运行前检查。
2）能进行并网光伏发电系统运行。
3）能进行并网光伏发电系统停机。
4）能进行并网光伏发电系统年发电量预测计算和节能减排效益分析、计算。
5）能进行并网光伏发电系统日常维护。
6）能进行并网光伏发电系统常见故障排除。

2. 知识目标

1）掌握并网光伏发电系统运行前检查内容和方法。
2）掌握并网光伏发电系统运行操作步骤。
3）掌握并网光伏发电系统停机操作步骤。
4）掌握并网光伏发电系统日常维护内容。
5）掌握并网光伏发电系统常见故障检修方法。

微视频
家用3kW分布式光伏发电系统运行维护

3. 素质目标

1）培养质量与成本意识。
2）培养实事求是、精益求精的精神。
3）培养学生正确的劳动价值观、积极的劳动精神和良好的劳动品质。

4.3.1 系统运行

1. 系统运行前的检查

1）检查各设备连接是否正确。
2）检查交流断路器是否处于断开状态。

2. 试运行

试运行调试时，要避免选在太阳辐射最强的中午，最好选在晴天的早上 8~9 时开始。因为此时的太阳辐射不是很强，系统的发电功率不大，可避免发生严重的故障。

1）闭合并网逆变器与公共电网之间的交流开关。
2）将并网逆变器底部直流开关旋转至"ON"位置。若光照充足且公共电网条件满足并网要求，则并网逆变器进入"运行"状态，将交流电馈入公共电网。
3）观察并网逆变器面板指示灯的状态，其面板及指示灯的状态说明如图 4-37 所示。

分类	状态	说明
电源	长亮	长亮:无线监控正常
	单次闪烁	单次闪烁:无线模块复位或重置
	两次闪烁	两次闪烁:未连接路由器/未连接基站
	四次闪烁	四次闪烁:未连接监控网站、未连接监控服务器
	闪烁	闪烁:RS-485通信正常
	熄灭	熄灭:无线模块正在恢复出厂设置
运行	长亮	长亮:公共电网正常，并网成功
	熄灭	熄灭:未并网
故障	长亮	长亮:系统故障
	熄灭	熄灭:无故障

图 4-37 并网逆变器面板及指示灯的状态说明

4.3.2 系统停机

需要进行维护或维修工作时，需要关停并网光伏发电系统，即关停并网逆变器，步骤如下：

1）断开并网逆变器与公共电网之间的交流开关。
2）断开并网逆变器的直流开关，即将并网逆变器直流开关旋至"OFF"位置。

4.3.3 系统能效分析

徐州市位于中纬度地区，属暖温带湿润及半湿润气候，四季分明，光照充足，雨量适中，雨热同期。年均太阳总辐照量可达 5000MJ/(m^2·a)，年均峰值日照时数 1460h 以上，属于太阳能资源丰富地区。

1. 太阳能辐照量分析

本工程采用光伏组件 34°倾角安装，与屋顶倾斜面一致。表 4-4 对徐州水平面和最佳倾角 34°时的各月份日太阳辐照量的数据做了比对，但想获得更精确的数据要从当地的气象站获取，这里的数据是由卫星观测再根据模型计算得到的，仅供参考。

表 4-4　各月份日太阳辐照量的数据比对

月份	日太阳辐照量（水平）/（kW·h/m^2）	月太阳辐照量（水平）/（kW·h/m^2）	日太阳辐照量（34°）/（kW·h/m^2）	月太阳辐照量（34°）/（kW·h/m^2）
1	2.93	90.83	4.48	138.88
2	3.57	99.96	4.71	131.88
3	4.22	130.82	4.78	148.18
4	5.07	152.10	5.10	153.00
5	5.45	168.95	5.04	156.24
6	5.44	163.20	4.86	145.80
7	4.91	152.21	4.47	138.57
8	4.63	143.53	4.48	138.88
9	4.19	125.70	4.48	134.40
10	3.42	106.02	4.17	129.27
11	2.93	87.90	4.24	172.20
12	2.63	81.53	4.17	129.27
平均	4.12	125.23	4.58	143.05

2. 并网光伏发电系统的效率分析

并网光伏发电系统的效率是指系统实际输送上网的交流发电量与光伏组件标称容量在没有任何能量损失情况下的理论发电量之比。标称容量 1kW 的光伏组件，在接收到 1kW·h/m^2 太阳照射量时的理论发电量为 1kW·h。

并网光伏发电系统的总效率由光伏阵列的效率、并网逆变器的效率和交流并网效率这 3 部分组成。

（1）光伏阵列效率 η_1　光伏阵列效率是光伏阵列在 1000W/m^2 辐照度下，实际的直流输出功率与标称功率之比。光伏阵列在能量转换与传输过程中的损失包括：光伏组件匹配损失（光伏组件功率不一致时，存在木桶短板效应，该损失一般在 3%~5%）、表面尘埃遮挡损失、不可利用的弱太阳辐射损失、温度影响造成的损失、MPPT 精度有限造成的损失以及直流线路欧姆损失等，其中主要的是温度影响造成的损失，光伏组件的功率温度系数一般都在-0.4%/℃左右，而光伏组件在 1000W/m^2 的辐照度下的工作温度将达到 40~50℃。

综合以上各因素，一般取 $\eta_1 = 86\%$。

（2）并网逆变器的转换效率 η_2　并网逆变器的交流输出功率与直流输入功率之比即并网逆变器的转换效率，可取 $\eta_2 = 95\% \sim 97\%$。

（3）交流并网效率 η_3　即从并网逆变器输出至公共电网的传输效率。一般情况下取

$\eta_3 = 99\%$。

并网光伏发电系统的总效率等于上述各部分效率的乘积,即

$$\eta = \eta_1 \times \eta_2 \times \eta_3 = 86\% \times 96\% \times 99\% \approx 81.73\%$$

实际上网电量还会受到安装倾角、方位角、灰尘、局部阳光遮挡和安装损失等综合因素的影响。

3. 系统年发电量预测

并网光伏发电系统上网电量可按下式计算

$$E_P = H_A \frac{P_{AZ}}{E_S} K \tag{4-1}$$

式中　H_A——水平面太阳总辐照量,单位为 $kW \cdot h/m^2$,峰值日照时数;

　　　E_P——上网发电量,单位为 $kW \cdot h$;

　　　E_S——标准条件下的辐照量,其为常数,即 $1kW \cdot h/m^2$;

　　　P_{AZ}——光伏组件安装容量,单位为 kW;

　　　K——综合效率系数,包括光伏组件类型修正系数、光伏阵列的倾角、光伏发电系统可用率、光照利用率、并网逆变器效率、集电线路损耗、升压变压器损耗、光伏组件表面污染修正系数、光伏组件转换效率修正系数等。

本并网光伏发电系统年发电量为

$$光伏组件总功率 \times 日平均峰值日照时数 \times 365 \times K$$
$$= 3.12kW \times 4.58h \times 365 \times K$$
$$\approx 4263 kW \cdot h$$

其中日平均峰值日照时数按表4-4取4.58h,K 用 η 值。

4. 节能减排效益分析

本项目采用可再生的太阳能,并在设计中采用节电、节水及节约原材料的措施,以使对能源和资源的利用更合理。

光伏组件工作按25年计算,有

$$25 年总发电量 = 25 \times 4263 kW \cdot h = 106575 kW \cdot h$$

该并网光伏发电系统总发电量为 $106575kW \cdot h$,可节约 32.56t 标准煤 [以平均标准煤 $305.5g/(kW \cdot h)$ 的燃烧计算,2020年底数据],减少 106.26t 二氧化碳 [以平均 $0.997g/(kW \cdot h)$ 的排放量计算]、3.20t 二氧化硫 [以 $0.03kg/(kW \cdot h)$ 的排放量计算]、1.60t 氮氧化物 [以 $0.015kg/(kW \cdot h)$ 的排放量计算]。该并网光伏发电系统对于环境保护和大气污染物减少具有明显的促进作用,并有显著的节能、环保和社会效益,可达到充分利用可再生能源,节约不可再生资源的目的。对于改善大气环境有积极作用。

4.3.4　系统维护

并网光伏发电系统维护重点在于对光伏组件和并网逆变器进行维护。

1) 光伏组件长时间运行后,表面会沉积尘土或污垢,这降低了光伏组件的功率输出。一般建议定期清洁光伏组件来保证其最大功率输出。为了减少潜在的电冲击或热冲击,一般建议在早晨或者下午较晚的时候进行光伏组件清洁工作,因为那时太阳辐照度较弱,光伏组件温度也较低。在清洁光伏组件玻璃表面时可用柔软的刷子和干净温和的水,且清洁力度要小一些。

2）一般光伏组件能够承受正面 5400Pa 的雪荷载。清除光伏组件表面积雪时，应用刷子轻轻清除积雪。不能贸然清除光伏组件表面上冻结的冰。

3）定期清理并网逆变器箱体上的灰尘，清理时最好使用吸尘器或者柔软刷子；在必要时，清除通气孔内的污垢，防止灰尘引起并网逆变器热量过高，导致性能受损。

4）检查并网逆变器和电缆的表面有没有损伤，如有损伤应及时修复或更换。

4.3.5　系统常见故障检修

在正常情况下，并网逆变器不必维护。若出现问题，操作面板上的红色指示灯会点亮，显示屏上也会显示相关信息，详见表 4-5。

表 4-5　并网光伏发电系统（并网逆变器）常见故障检修

显示内容	故障排除
绝缘故障	① 断开直流开关，取下直流插接器，测量直流插接器正、负极与地之间的阻抗 ② 阻抗若低于 150kΩ，应检查光伏组件串的接线对地的绝缘情况 ③ 取下交流插接器，测量零线对地的阻抗，如高于 10Ω，应检查交流线
剩余电流故障	① 断开直流开关，排查光伏组件串对地的绝缘情况 ② 排查完成后闭合直流开关，如仍有问题，可与生产商联系
电网电压故障	① 断开直流开关，取下交流插接器，测量交流插接器中相线与零线间的电压，确认其与并网逆变器的并网规格是否相符 ② 如果不符，应检查公共电网配线 ③ 如果相符，接上交流插接器，闭合直流开关，并网逆变器将会自动恢复并网。如仍有问题，可与生产商联系
电网频率故障	如果电网频率恢复正常，并网逆变器将会自动恢复并网。如仍有问题，可与生产商联系
无市电	① 断开直流开关，取下交流插接器，测量交流插接器中相线与零线间的电压，确认电压与并网逆变器的并网规格是否相符 ② 如果不符，检查配电开关是否合上，供电是否正常 ③ 如果相符，接回交流插接器，闭合直流开关。如仍有问题，可与生产商联系
无显示（指示灯和显示屏都不亮）	① 断开直流开关，取下直流插接器，测量光伏组件串电压 ② 插好直流插接器，再闭合直流开关 ③ 若电压低于 160V，应检查光伏组件串配置情况 ④ 若电压高于 160V 仍无显示，可与生产商联系

习题

现要为客户设计一套家用分布式光伏发电系统（地点：徐州某地），安装位置位于屋顶，倾面角为 30°，面积约为 50m²，平均日照时数为 4h，系统容量为 5kW，自发自用，余电上网（230V）。

1）完成系统的设计与选型（光伏组件、并网逆变器和双向电能表等的选型），要有具体设计或计算过程及选型依据，并通过网络查询相关型号、技术参数。

2）完成系统施工、测试、运行和维护方案。

技能拓展

1. 在全国职业技能大赛光伏电子工程的设计与实施赛项竞赛平台中完成并网光伏发电系统的搭建和测试

根据电气图要求、功能要求及工艺要求,对并网光伏发电系统进行部署与安装,并完成设备安装与线路连接。

(1) 模拟全额上网运行模式 如图 4-38 所示,完成全额上网运行模式并网光伏发电系统的搭建。

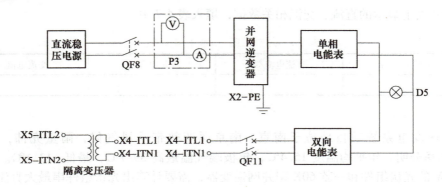

图 4-38 全额上网运行模式并网光伏发电系统

按顺序合上 QF1~QF3 和 QF6。

把直流稳压电源调到 60V,合上 QF8,模拟光伏发电输入。合上 QF11,使并网逆变器输出通过隔离变压器与公共电网相连。几十秒后指示灯 D5 亮,说明并网逆变器启动工作,并网成功,记录并网逆变器上显示的直流、交流相关数据(注意:如没有合上 QF11,并网逆变器检测不到公共电网电压,将进行孤岛保护,此时并网逆变器不能正常工作)。

并网逆变器显示情况记录如下。

直流电压:_____   直流电流:_____
交流电压:_____   交流电流:_____

(2) 模拟自发自用、余电上网运行模式 如图 4-39 所示,完成模拟自发自用、余电上网运行模式并网光伏发电系统的搭建。

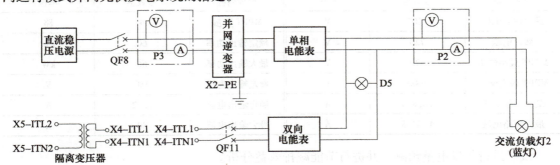

图 4-39 自发自用、余电上网运行模式并网光伏发电系统

按顺序合上 QF1~QF3 和 QF6。

把直流稳压电源调到 60V，合上 QF8，模拟光伏发电输入。合上 QF11，使并网逆变器输出通过隔离变压器与公共电网相连。几十秒后指示灯 D5 亮，说明并网逆变器启动工作，并网成功。同时交流负载灯 2 点亮。记录 P2、P3 测量的电压电流值，填入表 4-6 中。

表 4-6　并网逆变器的测试

测试项目	P2 交流电压/V	P2 交流电流/A	P3 直流电压/V	P3 直流电流/A
交流负载灯 2 亮				

记录逆变器上显示的直流、交流相关数据，填入表 4-7 中。

表 4-7　并网逆变器上显示的数据

项目	直流电压/V	直流电流/A	交流电压/V	交流电流/A
数据				

2. 并网光伏发电系统设计

并网光伏发电系统项目地位于南京。南京属亚热带季风气候，雨量充沛，年降水1200mm，四季分明，年平均温度 15.4℃，年极端气温最高 39.7℃，最低 -13.1℃。现拟采用一款 340W 的光伏组件和一款 60K 型并网逆变器，需要计算出光伏组件串最大直流电压允许块数、单路 MPPT 最小电压允许块数、单路 MPPT 最大电压允许块数，并选择最优的光伏组件串数量；光伏组件及并网逆变器参数见表 4-8 和表 4-9。

表 4-8　340W 光伏组件参数

参数名称	参数值	单位	参数名称	参数值	单位
光伏组件功率	340	W	工作电流	8.95	A
最大系统电压	1500	V	光伏组件效率	19.68%	—
开路电压	46.79	V	功率温度系数	-0.410%	—
短路电流	9.37	A	电压温度系数	-0.310%	—
工作电压	38.02	V	光伏组件尺寸	1968mm×992mm×6mm	

表 4-9　60K 型并网逆变器参数

参数名称	参数值	单位	参数名称	参数值	单位
最大输入电压	1100	V	MPPT 数量	4	路
额定电压	720	V	额定输出功率	60	kW
MPPT 最小电压	720	V	最大输出功率	66	kW
MPPT 最大电压	1000	V	额定输出电压	380	V
最大工作电流	4×28.5	A	额定输出电流	72.2	A
最大短路电流	4×44.5	A	最大输出电流	80	A

最后进行年发电量预测，并进行节能减排效益分析。

项目 5　10MW 集中式光伏发电系统设计、施工与运行维护

利用徐州某河滩地建设集中式光伏发电系统，系统容量为 10MW，采用 35kV 交流电并网。

1）完成 10MW 集中式光伏发电系统设计与选型（如光伏组件数量设计和直流汇流箱、直流配电柜、并网逆变器、交流配电柜与升压变压器等的选型），要有具体设计或计算过程及选型依据，并通过网络查询相关设备的型号、性能参数。

2）完成施工、运行、维护方案。

任务 5.1　10MW 集中式光伏发电系统设计

任务目标

1. 能力目标

1）能阐述光伏阵列横向布置和竖向布置的优缺点。
2）能完成光伏组件的选型和光伏阵列的设计。
3）能进行光伏阵列安装方式、倾角和方位角的选取。
4）能进行光伏阵列前后排距离大小的计算。
5）能阐述集中式光伏发电系统（光伏电站）的两种逆变方案及优缺点。
6）能分别画出 10MW 光伏发电系统集中式和组串式逆变方案的整体电气结构图。
7）能完成集中式逆变器和组串式逆变器的选型。
8）能完成交流汇流箱、直流汇流箱、直流配电柜、交流配电柜和升压变压器的选型。
9）能进行交流和防雷接地系统的设计。

2. 知识目标

1）了解集中式光伏发电系统（光伏电站）选址要求。
2）了解集中式和组串式逆变器的优缺点。
3）理解光伏组件串联和光伏组件并联的原则。
4）掌握光伏组件串联的计算方法和光伏组件并联的计算方法。
5）掌握光伏阵列布置的要求。
6）掌握交流配电柜的组成、功能和分类。
7）理解分裂变压器、隔离变压器和升压变压器的原理。

3. 素质目标

1）培养自主学习能力。

2）培养质量与成本意识。
3）做好民族自信教育。
4）培养查阅和应用国家标准的能力。

集中式光伏发电系统（光伏电站）的组成如图 5-1 所示，主要由光伏阵列、直流汇流箱、并网逆变器、交（直）流配电柜和升压系统等组成。光伏阵列将太阳能转换成直流电能，通过直流汇流箱进行一次汇流，再通过直流配电柜进行二次汇流，然后经并网逆变器将直流电转换成交流电，根据光伏电站接入电网技术规定的光伏电站容量，确定光伏电站接入公共电网的电压等级，由升压系统升压后，接入公共电网。

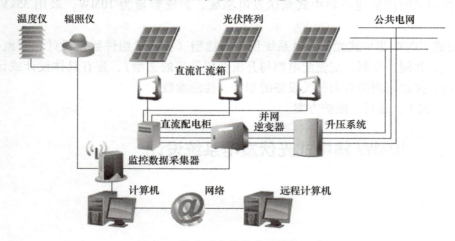

图 5-1 集中式光伏发电系统的组成

光伏电站是以光伏发电系统为主，包括各类建（构）筑物及检修、维护、生活等辅助设施在内的发电站，其一般具有的是系统容量比较大的集中式光伏发电系统。

5.1.1 光伏电站选址

1. 光伏电站可用地类型

我国土地依据用途可划分为：农用地、建设用地和未利用地。其中，农用地指直接用于农业生产的土地，包括耕地、林地、草地、农田水利用地、养殖水面等；建设用地指建造建筑物、构筑物的土地，包括城乡住宅和公共设施用地、工矿用地、交通水利设施用地、旅游用地、军事设施用地等；未利用地则指农用地和建设用地以外的土地。对于光伏、风力发电等项目使用戈壁、荒漠、荒草地等未利用地的，对不占压土地、不改变地表形态的用地部分，可按原地类认定；不改变土地用途的，在年度土地变更调查时做出标注；用地允许以租赁等方式取得，双方签订好补偿协议，用地报当地县级国土资源部门备案。由此可见，光伏电站占用未利用地可灵活采取租赁等方式进行。

微视频
光伏电站选址

2. 光伏电站用地控制指标

2015 年 12 月 2 日，国土资源部发布了《光伏发电站工程项目用地控制指标》（以下简称"指标"），对单个光伏电站的总体用地指标和光伏阵列、变电站及运行管理中心、集电线路用地、场内道路用地 4 个功能分区单项用地指标进行了划定。即光伏电站总体用地规模要在规定范围之内,具体功能区的用地面积也有红线限定。至于具体指标数,由于光伏电站工程项目用地的规模大小与光伏组件的发电效率、安装所在纬度、项目所在地形类别、光伏阵列排列安装方式以及升压站的升压等级有直接关系,所以因项目而异。项目建设方可查询"指标"全文及各指标对应计算方法。

3. 光伏电站的选址工作内容

光伏电站项目的选址工作可分为两个阶段:项目预可行性研究阶段的选址工作和项目可行性研究阶段的选址工作。

光伏电站项目在预可行性研究阶段的选址工作主要是对具体的选址区域进行基本评估,确定是否存在地质灾害、明显的阳光遮挡、不可克服的工程障碍、土地使用价格超概算等导致选址不适合建设光伏电站的重大影响因素;针对选址的初步勘测结果规划装机容量、提出方案设想;对所提方案实施估算和经济性评价。因此,预可行性研究阶段需要对选址场地进行地形测绘和岩土初勘,但并不需要进行图样设计。

可行性研究阶段的选址工作是对于预可行性研究时的选址工作的论证,包括项目对环境的影响评价、水土保持方案、地质灾害论证、压覆矿产和文物情况的论证等选址咨询工作,该阶段需要对选址进行土地详勘,并对方案设想进行设计计算、提供相应图样,为项目实施方案做出投资概算和经济性评价。

项目选址获得审查批复通过后,选址工作即宣告完成,项目进入初步设计阶段。

4. 光伏电站的选址应考虑的因素

光伏电站的站址选择应根据国家可再生能源中长期发展规划、地区自然条件、太阳能资源、交通运输、地区经济发展规划和其他设施等因素全面考虑。

(1) 光伏电站选址行政要求　站址的土地性质为可用于工业项目的土地,即非基本农田、非林业用地、非绿化用地及非其他项目规划用地等。在选址时需与当地相关部门确认上述土地性质的准确信息。此外,最终确定的选址需得到当地环保部门的环境评价认可。

(2) 太阳能资源等气候条件　首先,光伏电站选址优先考虑在太阳能资源丰富地区进行,可参照国家标准《光伏发电太阳能资源评估规范》(GB/T 42766—2023)中的太阳能资源评估内容作为参考依据。以日峰值日照时数为指标,进行并网发电适宜程度评估,水平面日峰值日照时数等级见表5-1。

表5-1　水平面日峰值日照时数等级

等级	太阳总辐射年总量	日峰值日照时数	并网发电适宜程度
1	>6660MJ/($m^2 \cdot a$)	>5.1h	很适宜
	>1850kW·h/($m^2 \cdot a$)		
2	6300~6660MJ/($m^2 \cdot a$)	4.8~5.1h	适宜
	1750~1850kW·h/($m^2 \cdot a$)		
3	5040~6300MJ/($m^2 \cdot a$)	3.8~4.8h	较适宜
	1400~1750kW·h/($m^2 \cdot a$)		
4	<5040MJ/($m^2 \cdot a$)	<3.8h	较差
	<1400kW·h/($m^2 \cdot a$)		

其次,需要考虑的重要气候因素还有当地最大风速及常年主导风向。当地风力以及风向

是影响光伏电站支架设计强度的主要因素,如当地常见灾害性强度的风力,则不适合建设光伏发电系统。

再有,还需考虑其他气象因素对光伏阵列的影响,如冰雹、沙尘暴、大雪等灾害性天气,应分析这些灾害性天气对并网光伏电站的影响程度。

(3) 地理和地质情况 光伏电站选址的地理和地质情况因素包括:选址地形的朝向(将影响光伏阵列朝向、阴影遮挡等)、坡度起伏程度、岩壁及沟壑等地表形态(将影响支架基础的施工方案,从而影响土建的施工难度和成本)面积占可选址总面积的比例、地质灾害隐患(塌陷等潜在地质灾害直接影响光伏阵列的设备安全性,需慎重考虑)、冬季冻土深度、一定深度的岩层结构以及土质的化学特性(将影响支架基础形式、强度以及施工方法设计)等。为保证选址的有效性,需对选址进行初步地质勘测。

地面光伏电站宜选择在地势平坦的地区或北高南低的坡度地区;坡屋面光伏电站的建设主要朝向宜为南或接近南向,宜避开周边障碍物对光伏组件的遮挡;应避开危岩、泥石流、岩溶发育、滑坡的地段和地震断裂带等地质灾害易发区;当站址选择在采空区及其影响范围内时,应进行地质灾害危险性评估,综合评价地质灾害危险性的程度,提出建设站址适宜性的评价意见,并应采取相应的防范措施;应避让重点保护的文化遗址,不应设在有开采价值的露天或地下浅层矿区上。

(4) 水文条件 拟选址地的水文条件包括:短时最大降雨量、积水深度、洪水水位和排水条件等。上述因素直接影响光伏电站的支架系统和支架基础的设计,以及电气设备安装高度。

光伏电站防洪设计应符合以下要求:

1) 按不同规划容量,光伏电站的防洪等级和防洪标准应符合表 5-2 中的规定。对于站内地面低于洪水高水位的区域,应采用防洪措施。防洪措施宜在首期工程中按规划容量统一规划,分期实施。

表 5-2 光伏电站的防洪等级和防洪标准

防洪等级	规划容量/MW	防洪标准(重现期)
Ⅰ	>500	≥100 年一遇的高水(潮)位
Ⅱ	30~500	≥50 年一遇的高水(潮)位
Ⅲ	<30	≥30 年一遇的高水(潮)位

注:重现期是指某随机变量的取值在长时期内平均多少年出现一次,又称多少年一遇。

2) 位于海滨的光伏电站在设置防洪堤(或防浪堤)时,其堤顶标高应依据表 5-2 中防洪标准(重现期)的要求,按照重现期为 50 年,波列累计频率为 1% 的浪爬高加上 0.5 的超高确定。

3) 位于江、河、湖旁的光伏电站设置防洪堤时,其堤顶标高应按表 5-2 中防洪标准(重现期)的要求再加 0.5m 的安全超高确定;当受风、浪、潮影响较大时,还应再加重现期为 50 年的浪爬高。

4) 在以内涝为主的地区建站并设置防洪堤时,其堤顶标高应按 50 年一遇的设计内涝水位加 0.5m 的安全超高确定;难以确定时,可采用历史最高内涝水位加 0.5m 的安全超高确定。如有排涝设施时,则应按设计内涝水位加 0.5m 的安全超高确定。

5）对位于山区的光伏电站，应设防山洪和排山洪的措施，防排设施应按频率为2%的山洪设计。

6）当站区不设计防洪堤时，站区设备基础顶标高和建筑物室外地坪标高不应低于表5-2中的防洪标准（重现期）或50年一遇最高内涝水位的要求。

（5）大气质量　大气质量因素包括：空气透明度（当地太阳辐射总量中因空气透明度低而导致反射光和散射光占太阳辐射总量的比例较大，从而影响光伏组件种类的选择）、空气内悬浮尘埃的量及物理特性（这将影响该光伏电站在设计时是否需要考虑清洗用水和清洗频率）、盐雾（盐雾对金属支架系统有腐蚀性，容易减少支架的使用寿命，设计时需要充分考虑防腐措施；盐雾同样极易导致光伏组件表面沉积固体盐分，降低太阳光对光伏组件表面的穿透特性，影响发电量）等。选择站址时，应避开空气经常受悬浮物严重污染的地区。

（6）交通运输条件和电力输送条件等　如果是对地面光伏电站项目进行选址，应考虑施工阶段大型施工设备的进出和大型设备（如大功率并网逆变器、升压变压器等）的运输问题，避免因开辟道路等带来投资费用增加。

大规模地面光伏电站选址地点通常比较偏僻，因此应考虑该光伏电站项目的电力输送条件，即电力送出和厂用电线路。如项目选址离接入公共电网的变电站较远，将会造成输电线路造价高和输电线路沿线的电量损失。因此在选址工作期间，需要与当地电网公司（或供电公司）充分沟通，对列入选址备选地点周边可用于接入公共电网的变电站的容量、电压等级等进行详细了解，为将来进行项目的相关设计提供详细的参考。

5. 光伏电站的选址原则

光伏电站的选址原则是使项目建设在各类条件上都具备可行性，应考虑合理的能量回收期以及投资收益，使得项目既取得符合可再生能源发展初衷的环保、社会效益，又为项目的投资经济性提供保障。

5.1.2　光伏阵列排布设计

1. 光伏组件的选型

光伏组件是光伏发电系统的重要组成部分，其作用是将太阳的辐射能量转换为直流电能。目前市场上的光伏组件主要是晶体硅光伏组件，可分为：单晶硅光伏组件、多晶硅光伏组件和非晶硅薄膜光伏组件。

微视频
光伏组件的选型

对于兆瓦级的光伏电站，其光伏组件用量大、占地面积广，应优先选用单位面积容量比较大（即效率高）的单晶硅光伏组件。这样可使光伏发电系统所用的光伏组件数量相对少一些，光伏组件连接点少，则故障率、接触电阻和线缆用量均减小，光伏发电系统整体损耗也会降低。

2. 光伏组件串联设计

（1）设计原则　光伏组件应规格相同，安装角度一致。根据并网逆变器的MPPT电压范围来设计光伏组件串联的数量时，需要考虑温度与电压之间的变化关系，在温度变化范围内，光伏组件串的最佳工作电压应在并网逆变器的MPPT电压范围内（晶体硅光伏组件工作电压温度系数为$-0.45\%V/℃$，晶体硅光伏组件开路电压温度系数为$-0.34\%V/℃$；非晶体硅光伏组件工作电压温度系数为$-0.28\%V/℃$，非晶体硅光伏组件开路电压温度系数为

-0.28%V/℃，具体系数可参考光伏组件生产厂家提供的说明书）。光伏组件串的开路电压不应超过并网逆变器的最大允许电压。

（2）光伏组件串联数量计算 若不考虑温度对光伏组件开路电压的影响，光伏组件串联数为

$$\frac{U_{\text{DCmin}}}{U_{\text{mp}}} \leq N \leq \frac{U_{\text{DCmax}}}{U_{\text{oc}}} \tag{5-1}$$

式中　U_{DCmax}——并网逆变器直流输入侧最大电压；
　　　U_{DCmin}——并网逆变器直流输入侧最小电压；
　　　U_{oc}——光伏组件开路电压；
　　　U_{mp}——光伏组件最大（佳）工作电压；
　　　N——光伏组件串联数。

若考虑温度对光伏组件电压的影响，则有

$$\frac{U_{\text{mpptmin}}}{U_{\text{mp}}[1+(t'-25)K'_v]} \leq N \leq \frac{U_{\text{mpptmax}}}{U_{\text{mp}}[1+(t-25)K'_v]} \tag{5-2}$$

$$N \leq \frac{U_{\text{DCmax}}}{U_{\text{oc}}[1+(t'-25)K_v]} \tag{5-3}$$

式中　K_v——光伏组件开路电压温度系数；
　　　K'_v——光伏组件工作电压温度系数；
　　　t——光伏组件工作条件下的极端低温，单位为℃，一般取环境的极端低温；
　　　t'——光伏组件工作条件下的极端高温，单位为℃，一般取环境温度增加25℃或者直接取70℃；
　　　U_{DCmax}——并网逆变器输入直流侧最大电压；
　　　U_{mpptmin}——并网逆变器MPPT电压最小值；
　　　U_{mpptmax}——并网逆变器MPPT电压最大值；
　　　U_{oc}——光伏组件开路电压；
　　　U_{mp}——光伏组件最大（佳）工作电压；
　　　N——光伏组件串联数（N取整数）。

在同时满足式（5-2）和式（5-3）的条件下，可尽量选择光伏组件串数大的，这样可以减少直流汇流箱的个数。

注意：如果所给的参数中只有光伏组件开路电压温度系数，则光伏组件工作电压温度系数可用开路电压温度系数代替。

3. 光伏组件并联设计

（1）设计原则 光伏组件串的电气特性应一致；并联线路应尽可能短；采用专用的直流汇流箱；对于非晶体硅光伏组件，可采用专用的光伏连接器。

（2）光伏组件并联数量计算 光伏组件并联数量由并网逆变器的额定容量确定，即

$$N_{\text{并}} = \frac{\text{并网逆变器的额定容量}P_{\text{逆}}}{\text{光伏组件串功率}P_{\text{串}}} \tag{5-4}$$

4. 光伏阵列的安装方式和安装角度

（1）光伏阵列的安装方式 光伏阵列的安装方式可分为固定式和跟踪式。大中型集中

式光伏电站一般采用固定式。

（2）光伏阵列的安装角度　一般情况下，在无阴影遮挡时，固定光伏阵列按东西方向排列，北半球通常是正南朝向，南半球通常是正北朝向，即光伏阵列垂直面与正南方向夹角（方位角）为0°（北半球），才能获得年平均最大辐照量（或年平均最大发电量）。如果光伏阵列设置场所有屋顶、土坡、山地、建筑物结构及阴影等的限制时，则应考虑与设置场所的方位角一致，以求充分利用现有地形有效面积，并尽量避开周围建筑物、构筑物或树木产生的阴影。只要在正南±20°之内，都不会对发电量有太大影响。条件允许的话，应尽可能在偏西南20°之内，使发电量的峰值出现在中午稍过后某时，这样有利于在冬季多发电。

并网光伏发电系统光伏阵列最佳安装倾角还可用专业系统设计软件（如PVSYST软件）进行优化设计来确定，它应是并网光伏发电系统全年发电量最大时的倾角。

简便来讲，并网光伏发电系统光伏阵列倾角也可认为约等于当地纬度。

计算确定光伏阵列间距的一般原则是，冬至日当天上午9:00至下午3:00的时间段内，光伏阵列不应该被遮挡，可参见项目2中图2-129所示。d的大小为

$$d = \frac{0.707H}{\tan[\arcsin(0.648\cos\varphi - 0.399\sin\varphi)]} \quad (5-5)$$

式中　φ——安装光伏发电系统所在地区的纬度；

H——前排光伏组件最高点与后排光伏组件最低点的差距（即后排光伏组件的底边至前排遮挡物上边的垂直高度）。

5. 光伏阵列布置设计

光伏阵列应根据站区地形、设备特点和施工条件等因素合理布置。大、中型地面光伏电站的光伏阵列宜采用单元模块化的布置方式。

微视频　光伏阵列排布设计

地面光伏电站的光伏阵列布置应满足下列要求：

1) 固定式布置的光伏阵列、光伏组件安装方位角宜采用正南方向。
2) 光伏阵列各排、列的布置间距应保证每天上午9:00至下午3:00的时间段内前、后、左、右互不遮挡。
3) 光伏阵列内光伏组件串的最低点距地面的距离不宜低于300mm，并应考虑当地的最大积雪深度、洪水水位、植被高度等因素。

在光伏电站的设计中，光伏阵列的布置有两种方式：竖向布置和横向布置，如图5-2和图5-3所示。两种布置方式占地面积相同，但竖向布置安装方便，电线使用量也相对少些，因此在设计中多采用竖向布置。横向布置时，最上面的一组光伏组件安装比较麻烦，从而会影响施工进度，所以用得比较少一些，但横向布置可以提高一些发电量。

光伏电站在设计过程中，由于土地面积的限制，光伏阵列间距一般只考虑冬至日6h不遮挡。然而，6h之外，太阳辐照度仍是足以发电的。当辐照度≥50W/m²时，并网逆变器就可以向公共电网供电。因此，12月份的发电时间要大于6h以上。参照图5-4和图5-5所示的竖向布置被遮挡和横向布置被遮挡的情况，可知当光伏阵列竖向布置时，阴影会同时遮挡3个光伏组件串，3个旁路二极管若全部正向导通，则光伏阵列没有功率输出，3个旁路二极管若没有全部正向导通，则光伏阵列产生的功率会全部被遮挡的光伏组件串消耗，光伏阵列也没有功率输出。当光伏阵列横向布置时，阴影只遮挡1个光伏组件串，被遮挡的光伏组

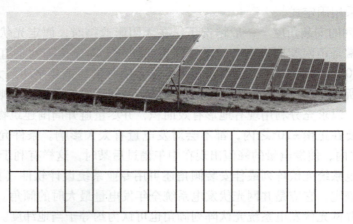

图 5-2 竖向布置

图 5-3 横向布置

件串对应的旁路二极管会承受正压而导通,这时被遮挡光伏组件串产生的功率全部被遮挡的光伏组件串消耗,同时旁路二极管正向导通,可以避免被遮挡的光伏组件串消耗未被遮挡的光伏组件串产生的功率,另外 2 个光伏组件串可以正常输出功率。

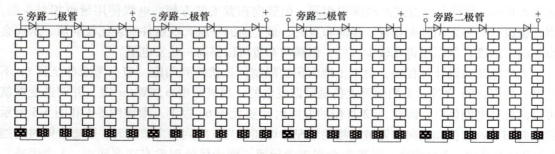

图 5-4 竖向布置被遮挡

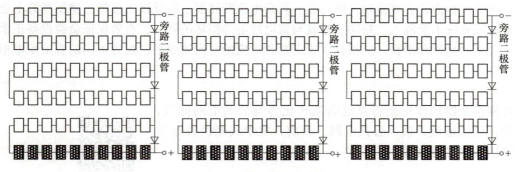

图 5-5　横向布置被遮挡

5.1.3　直流汇流设计

为了减少直流侧电缆的接线数量，提高发电效率，方便维护，提高可靠性，对于大型并网光伏发电系统，一般需要在光伏阵列与并网逆变器之间增加直流汇流装置（直流汇流箱和直流配电柜），直流汇流箱进行一次汇流，直流配电柜进行二次汇流。

1. 直流汇流箱的选型

直流汇流箱是保证光伏阵列有序连接和汇流功能的接线装置。该装置还能够保障光伏发电系统在维护、检查时易于分离电路，当光伏发电系统发生故障时减小停电的范围。集中式光伏发电系统一般选用带有监控功能且输入路数较多的直流汇流箱，图 5-6 所示为 16 路具有监控功能的直流汇流箱。其主要由箱体、直流熔断器、防反接二极管（可阻止光伏组件串间的反向电流）、直流断路器、浪涌保护器（SPD）、正极端子、负极端子和接地端子等组成。

2. 直流配电柜的选型

直流配电柜（见图 5-7）主要应用在大、中型光伏电站内，用来连接直流汇流箱与并网逆变器。并提供防雷及过电流保护、监测光伏阵列的单串电流、电压及避雷器状态和短路器状态。

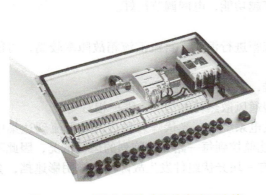

图 5-6　16 路具有监控功能的直流汇流箱

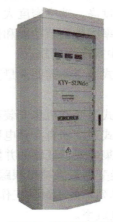

图 5-7　直流配电柜

直流配电柜内含有直流输入断路器、剩余电流断路器、防反接二极管、避雷器等主要器件，在保证系统不受漏电、短路、过载与雷电冲击等损坏的同时，有效保证负载设备正常运行，方便客户操作和维护。应根据工程需要和对应的并网逆变器，配置不同的直流配电柜。

5.1.4 并网逆变器选型

并网逆变器的作用是将直流电流转化为与公共电网同频、同相的正弦波电流，馈入公共电网。目前，集中式光伏发电系统大多用集中式逆变器。

微视频
集中式逆变器

1. 集中式逆变器简介

集中式逆变器（见图5-8）可将光伏阵列产生的直流电汇总转变为交流电后输送至变压器进行升压、并网。因此，集中式逆变器的功率都相对较大，一般在几百千瓦到几兆瓦，功率器件采用大电流IGBT，系统拓扑结构采用DC-AC一级电力电子器件变换、全桥逆变和工频隔离变压器的方式，防护等级一般为IP20，体积较大。

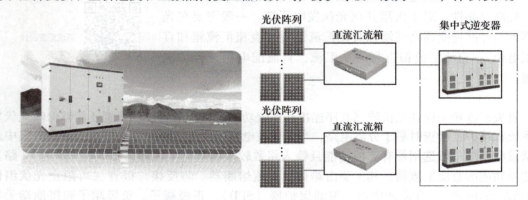

图5-8 集中式逆变器

（1）集中式逆变器优点

1）功率大，数量少，便于管理；使用元器件少，稳定性好，便于维护。

2）谐波含量少，电能质量高；各种保护功能齐全，安全性高。

3）集成度高，功率密度大，成本低。

4）有功率因数调节功能和低电压穿越功能，电网调节性好。

（2）集中式逆变器缺点

1）集中式逆变器需要大量直流汇流箱进行汇流，直流汇流箱故障率较高，可能会影响整个系统。

2）集中式逆变器机房安装部署困难，需要专用的机房和设备。

3）集中式逆变器自身耗电以及机房通风散热耗电量大，维护相对复杂。

4）使用集中式逆变器的并网光伏发电系统中，光伏阵列经过两次汇流到达集中式逆变器，集中式逆变器最大功率跟踪功能不能监控到每一路光伏阵列的运行情况，因此不可能使每一路光伏阵列都处于最佳工作点，当有一块光伏组件发生故障或者被阴影遮挡，会影响整个系统的发电效率。

5）集中式逆变器无冗余能力，如发生故障而停机，整个系统将停止发电。

（3）集中式逆变器适用范围　集中式逆变器一般用于日照均匀的大型厂房、荒漠光伏电站、地面光伏电站等大型光伏发电系统中，系统总功率大，一般是兆瓦级以上。

2. 集中式逆变器的木桶效应

如图 5-9 所示。集中式逆变器不可能使每一路光伏阵列都处于最佳工作点，当有一块光伏组件发生故障或者被阴影遮挡，会影响整个系统的发电效率（同一路光伏阵列下的所有光伏组件串都将受到最低输入功率光伏组件串的木桶效应的影响而降低输入功率，进而降低系统整体发电能力）。所以当光伏组件受到遮挡时，集中式逆变器会受到较大的影响，组串式逆变器只有被遮挡的一组光伏组件串会受到影响。正常情况下，各个光伏组件之间的安装间距、安装角度各异，一天中一定时间内不可避免会产生局部遮挡，特别是早晚时刻太阳高度角较低的时候，或者出现植被遮挡一些光伏组件时。若一个 500kW 光伏阵列的光伏组件使用一路 MPPT，会损失一定的发电量。该情况同样适用于当光伏阵列发生脏污、阴影、老化、升温和热斑的情况下，如图 5-10 所示。

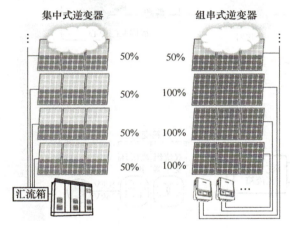

图 5-9　集中型逆变器电站的木桶效应

图 5-10　木桶效应适用的其他情况

3. 集中式光伏电站并网逆变器的选型

（1）集中式光伏电站逆变方案　集中式光伏电站逆变方案有两种，分别是集中式逆变方案和组串式逆变方案。

1）集中式逆变方案。集中式逆变方案如图 5-11 所示。该类集中式光伏电站将太阳能通过光伏组件转化为直流电，再通过直流汇流箱和直流配电柜将直流电送入集中式逆变器，集中式逆变器再将直流电转化为与公共电网同频率、同相位的交流电后经高压配电系统并入公共电网。

集中逆变方案的核心是选用集中式逆变器，集中式逆变器额定功率从 600kW 到 3000kW 不等。大部分集中式逆变器采用变压器设计或隔离变压器设计。在直流转交流阶段，可变直流电可以转换成与电网兼容的交流电。

2）组串式逆变方案。组串式逆变器凭借自身的多路 MPPT、高效发电、成本逐步降低等多个优点，在新建地面光伏电站的项目中得到广泛应用。组串式逆变器的性能、位置摆放也直接影响整个集中式光伏电站的发电效益。组串式逆变方案如图 5-12 所示。

组串式逆变器特点：

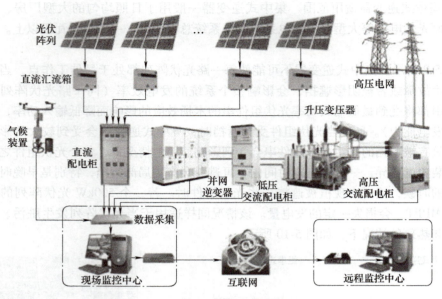

图 5-11　集中式逆变方案

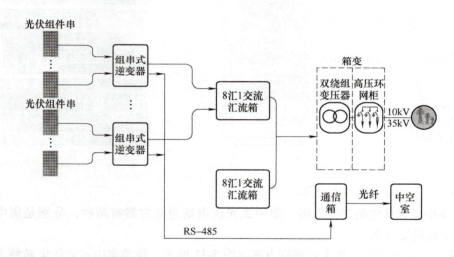

图 5-12　组串式逆变方案

1) 拓扑结构采用 DC-DC-BOOST 升压和 DC-AC 全桥逆变两级电力电子器件变换。

2) 功率开关管采用小电流的 MOSFET，器件损耗小，可采用自然散热或强制风冷的方式控制器件温度。

3) 防护等级一般为 IP65，体积较小，可室外挂式安装。

4) 每个组串式逆变器设 18~20 路 MPPT，每 1~2 个光伏组件串接入 1 路 MPPT，每 18~20 个光伏组件串对应 1 个组串式并网逆变器，光伏组件串间电压的差异不影响 MPPT，因此可以跟踪到每个光伏组件串的最大功率点，减少光伏组件串不匹配，理论上可提高发电量。因组串式逆变器可以精确实现 1~2 个光伏组件串的 MPPT，减小光伏组件串线缆距离差异、失配等原因导致的电压差异，理论上可以提高发电量和运行效益，所以越来越受到关注。随着电力电子元器件的价格进一步下调,组串式逆变器的竞争优势更加明显,而且组串式逆变器相比集中式逆变器,除了多路 MPPT 优势外,还能更精准地识别每个光伏组件串的故障,实现精准运维,大幅提升效率,因此应用场合也更加广泛。

组串式逆变方案又分为分散方案和集中方案,如图 5-13 和图 5-14 所示。

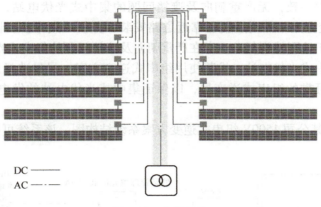

图 5-13　分散方案

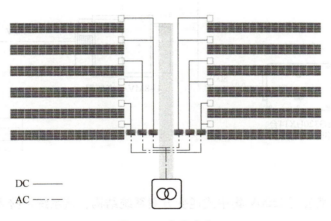

图 5-14　集中方案

分散方案将组串式逆变器分散布置在光伏阵列的道路两侧,就地进行逆变,再经过交流线缆汇流至升压变压器低压侧。为减少压降和损耗,组串式逆变器至升压变压器采用变截面的低压交流电缆。

集中方案将组串式逆变器进行集中布置,光伏阵列至组串式逆变器的线缆采用变截面的直流线缆,组串式逆变器至升压变压器低压侧采用母排(或电缆)连接。

集中方案相比传统的分散方案,具有以下优势:

1)线路损耗降低。集中方案使用的直流侧线缆更长,交流侧线缆更短,直流侧线缆的电晕损耗和无线电干扰损耗比交流线路更小,再加上直流侧线缆的输电电压比交流侧高,从而使直流侧线缆的损耗较交流侧损耗更低。故此方案带来的整体损耗也会更小。

2)通信链路更短、故障定位迅速。由于并网逆变器集中化安装,无论是使用 RS-485 还是 PLC 通信,其通信链路均非常短。并网逆变器到数据采集器之间的距离一般可以做到

20m 以内,大大提升了通信可靠性。

3) 方便运维。光伏电站大部分的设备数据记录工作需要到现场进行测量。组串式逆变器的集中方案,让其运维工作变得更加便捷,可及时发现故障问题,保障高效发电。

(2) 集中式光伏电站并网逆变器的选型方案 对于地形变化幅度较缓,局部地形较为平坦,光伏阵列朝向一致,无严重朝向及遮挡问题的集中式光伏电站,推荐采用具有多路 MPPT 的集中式逆变方案,并网逆变器靠近道路安装,方便后期维护,同时降低运营成本,提高并网性能;对于地形特别复杂,存在严重朝向及遮挡问题的集中式光伏电站,或光伏阵列朝向不一致的集中式光伏电站,推荐使用组串式逆变方案,尽量选择质量最小、可超配、散热性能强、安全可靠的组串式逆变器,以保证集中式光伏电站的发电量,减少安装维护难度。

图 5-15 所示为某公司 1500V 组串式逆变方案系统结构图,该系统可接入 35kV 及以上电压等级的公共电网。

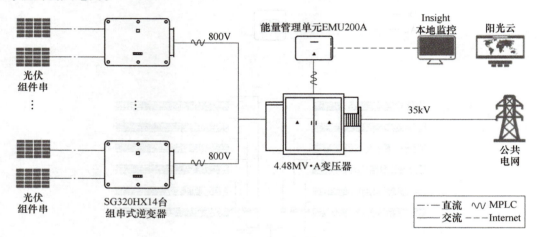

图 5-15 1500V 组串式逆变方案系统结构图

图 5-16 所示为某公司 1500V 集中式逆变方案系统结构,该系统可接入 35kV 及以上电压等级的公共电网。

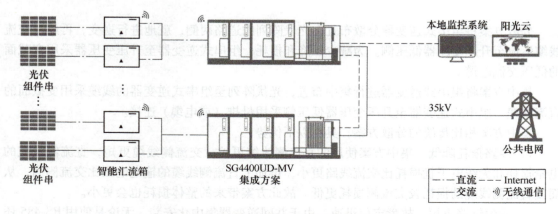

图 5-16 1500V 集中式逆变方案系统结构图

(3) 并网逆变器的选型

1) 容量匹配设计。并网光伏发电系统设计中要求光伏阵列与所接并网逆变器的功率容量相匹配，一般的设计思路为

光伏阵列功率＝光伏组件标称功率×光伏组件串联数×光伏组件并联数

在容量设计中，并网逆变器的最大输入功率应近似等于光伏阵列功率，以实现并网逆变器资源的最大化利用，也有助于提高并网逆变器的转换效率。

2) MPPT电压范围与光伏阵列电压匹配。根据光伏阵列的输出特性，光伏阵列存在功率最大输出点，并网逆变器具有在额定输入电压范围内自动跟踪最大功率点的功能，因此光伏阵列的输出电压应处于并网逆变器MPPT电压范围以内。

光伏阵列电压＝光伏组件电压×光伏组件串联数

一般的设计思路是，光伏阵列的最大工作电压略大于并网逆变器的MPPT电压中间值，这样可以达到MPPT的最佳效果。

3) 最大输入电流与光伏阵列输出电流匹配。光伏阵列最大输出电流应小于并网逆变器最大输入电流。为了减少光伏阵列到并网逆变器过程中的直流损耗，以及防止电流过大使并网逆变器过热或出现电气损坏，并网逆变器最大输入电流值与光伏阵列最大输出电流值的差值应尽量大一些。

光伏阵列最大输出电流＝光伏组件短路电流×光伏组件并联数

4) 转换效率。并网逆变器的转换效率一般分为最大效率和欧洲效率，通过加权系数修正的欧洲效率更为科学。并网逆变器在其他条件满足的情况下，转换效率越高越好。

5) 配套设备。并网光伏电站是完整的体系，并网逆变器是重要的组成部分，与之配套的相关设备主要是配电柜和监控系统。

并网光伏电站的监控系统包括硬件和软件，根据并网光伏电站的自身特点需要而量身定做，一般大型的并网逆变器厂家都针对自己的并网逆变器专门开发了一套监控系统，因此在并网逆变器选型过程中，应考虑相关的配套设备是否齐全。

6) 质量。应该优先选择一些质量比较好的并网逆变器。

5.1.5 交流配电柜选型

交流配电柜（见图5-17）的作用是将并网逆变器输出的交流电接入后，经过断路器接入公共电网，以保证系统的正常供电，同时还能对线路电能进行计量、保护。

微视频
交流配电柜选型

1. 交流配电柜的组成

交流配电柜主要由开关类电器（如断路器、转换开关、交流接触器等）、保护类电器（如熔断器、避雷器、剩余电流断路器等）、测量类电器（如电压表、电流表、电能表、交流互感器等）以及指示灯、母线排等组成。

2. 交流配电柜的主要功能

交流配电柜是在光伏发电系统中连接光伏逆变器与交流负载的，用于接受、调度和分配电能的电力设备，它的主要功能如下。

1) 电能调度。在光伏发电系统中，有时需要采用光伏/市电互补、光伏/风力互补和光伏/柴油机互补等形式作为光伏发电系统发电量不足时的补充或者应急使用等，因此交流配

电柜应具有根据需要对各种电力资源进行适时调度的功能。

2）电能分配。交流配电柜要对不同的负载线路各自的专用开关进行切换，以控制不同负载和用户的用电量与用电时间。

3）保证供电安全。交流配电柜内设有防止线路短路和过载、防止线路漏电和过电压的保护开关和器件，如断路器、熔断器、剩余电流断路器和过电压继电器等，线路一旦发生故障，能立即切断供电，保证供电线路及人身安全。

4）显示参数和监测故障。交流配电柜要具有三相或单相交流电压、电流、功率和频率及电能消耗等参数的显示功能，以及故障指示信号灯、声光报警器等装置。

3. 交流配电柜的分类

交流配电柜按照负载功率大小，分为大型配电柜和小型配电柜；按照使用场所的不同，分为户内型配电柜和户外型配电柜；按照电压等级不同，分为低压配电柜和高压配电柜。

4. 交流配电柜的选型

中小型光伏发电系统一般采用低压供电和输电方式，选用低压配电柜就可以满足输电和电力分配的需要。大型光伏发电系统大都采用高压供配电装置和设施输送电力，并入公共电网，因此要选用符合大型光伏发电系统需要的高压配电柜和升、降压变压器等配电设施。

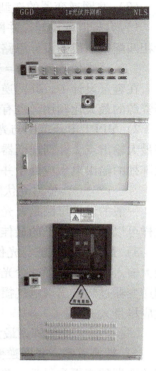

图 5-17　交流配电柜实物图

交流配电柜一般可以由并网逆变器生产厂家或专业厂家设计生产并提供成套产品。当没有成套产品提供或产品不符合系统要求时，就要根据实际需要自己设计制作了。

无论是选购或者设计生产光伏发电系统用交流配电柜，都要符合下列各项要求。

1）选型和制造都要符合国家标准要求，配电和控制回路都要采用成熟可靠的电子线路和电力电子器件。

2）要求操作方便、运行可靠、双路输入时切换动作准确。

3）发生故障时能够准确、迅速切断事故电流，防止故障扩大。

4）在满足需要、保证安全性能的前提下，尽量做到体积小、质量小、工艺好、制造成本低。

5）当在高海拔地区或较恶劣的环境条件下使用时，要注意加强散热，并在设计时对低压电气元件的选用留有一定余量，以确保可靠性。

6）交流配电柜的结构应为单面或双面门开启结构，以方便维护、检修及更换电气元件。

7）交流配电柜要有良好的保护接地系统。主接地点一般焊接在交流配电柜下方的柜体骨架上，前后柜门和仪表盘等都应有接地点与柜体相连，以构成完整的接地保护，保证操作及维护检修人员的安全。

8）交流配电柜还要具有过载或短路的保护功能。当电路有过载或短路等故障发生时，相应的断路器应能自动跳闸或熔断器应能熔断，以断开输出。

5.1.6 光伏电站中变压器的选型

升压变压器、隔离变压器作为光伏并网发电系统中的关键设备之一,其合理的选型设计,对提高光伏发电系统的效率、降低运营成本起到了至关重要的作用。

1. 光伏电站中的特殊变压器

(1) 分裂变压器 分裂变压器如图 5-18 所示。分裂变压器和普通变压器的区别在于:它的低压绕组中有一个或几个绕组分裂成额定容量相等的几个支路,这几个支路之间没有电气联系,仅有较弱的磁联系,而且各支路之间有较大的阻抗。目前应用较多的是双绕组双分裂变压器,它有一个高压绕组和两个分裂的低压绕组,分裂绕组的额定电压和额定容量都相同。在应用分裂变压器对两段母线供电时,若一段母线发生短路,除能有效地限制短路电流外,还能使另一段母线上的电压保持一定水平,不致影响用户的运行。

光伏升压变压器的低压侧分裂成两个容量相同,连接组别和电压等级也相同的绕组,分别连接一组光伏逆变器。采用分裂变压器主要是为了限制短路电流,同时减少变压器台数。

(2) 隔离变压器 隔离变压器(见图 5-19)属于安全电源,其主要作用是:使一次侧与二次侧的电气完全绝缘,也使该回路隔离,起到安全保护作用;利用隔离变压器铁心的高频损耗大的特点,抑制高频杂波传入控制回路。

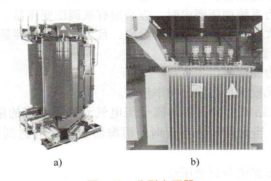

图 5-18 分裂变压器 　　　　图 5-19 隔离变压器
a) 干式 b) 油浸式

2. 变压器规格型号选型

(1) 变压器的容量选取 民用和小工业用电的功率因数一般为 0.85,大工业用电的功率因数为 0.9。

$$变压器的容量(视在功率) = 有功功率/功率因数$$

(2) 变压器的电压选取 根据光伏逆变器输出电压来选择变压器的一次电压值,根据用电设备选择二次电压值。

(3) 变压器的相数选取 根据电源、负载,选择变压器的相数,是单相还是三相。

(4) 变压器的联结组别选取 变压器三相绕组有星形联结、三角形联结与曲折联结等三种接法。根据《油浸式电力变压器技术参数和要求》(GB/T 6451—2015)和《干式电力变压器技术参数和要求》(GB/T 10228—2023)规定,配电变压器可采用 Dyn11 联结。其中

D 表示一次绕组为三角形联结，Y 表示二次绕组星形联结，n 表示引出中性线，11 表示二次绕组的相位滞后一次绕组 330°（11×30°），即采用时钟表示方法，如假设一次绕组为 12 点位置，那么二次绕组就在 11 点位置，夹角为 30°。

（5）变压器的负载损耗、空载损耗和阻抗电压　考虑光伏发电的特殊性（即白天发电），不论发电装置是否输出功率，只要变压器接入系统，变压器始终产生空载损耗。因此要求变压器的负载损耗尽量低，若变压器夜间运行，则要求空载损耗也要低。

（6）变压器的工作环境　变压器的工作地点干净、无粉尘，且其容量又不是很大，就可以选择干式变压器，否则就应该选择油浸式变压器。

干式变压器特点是体积小、质量小、安装容易、维修方便、结构简单、没有火灾和爆炸危险等。

油浸式变压器的绕组是浸在变压器油中的，其绝缘介质就是油，冷却方式有自冷、风冷和强迫油循环冷却。其优点是冷却效果好，可以满足大容量需要；气体继电器可以及时反映出绕组的故障，保证系统的稳定运行，不足之处是需要经常巡视，关注油位的变化，缺油（油的作用是冷却和绝缘）是件很危险的事情。

从低噪、节能、防火、节省土建造价、节省运行维护管理费以及确保长达 30 年的使用寿命等要求来看，干式变压器显现出明显的优越性。如条件允许建议选择干式变压器。

3. 升压变压器选择原则

（1）光伏电站升压站主变压器选择原则
1）应优先选用自冷式、低损耗的电力变压器。
2）当无励磁调压变压器不能满足电力系统调压要求时，应采用有载调压变压器。
3）主变压器容量可按光伏电站的最大连续输出容量进行选取，且宜选用标准容量。

（2）光伏阵列内就地升压变压器选择原则
1）应优先选用自冷式、低损耗的电力变压器。
2）升压变压器容量可按光伏阵列单元模块最大输出功率选取。
3）可选用高压/低压预装式箱式变电站或由变压器与高低压电气元件等组成的敞开式设备。对于在沿海或风沙大的光伏电站，当采用户外布置时，沿海防护等级应达到 IP65，风沙大的光伏电站防护等级应达到 IP54。
4）就地升压变压器可采用双绕组变压器或分裂变压器。
5）就地升压变压器宜选用无励磁调压变压器。

光伏电站及其升压站的过电压保护和接地应符合《交流电气装置的过电压保护和绝缘配合》（DL/T 620）的规定。光伏阵列场地内应设置接地网，接地网除采用人工接地极外，还应充分利用光伏阵列支架和基础。光伏阵列接地应连续、可靠，接地电阻应小于 4Ω。

5.1.7　计算机监控系统设计

计算机监控系统（见图 5-20）的主要作用是监控整个光伏电站的运行状况（包括光伏阵列的运行状态、光伏逆变器的工作状态、整个系统的工作电压和电流等数据），还可以根据需要将相关数据直接发送至互联网，以便远程监控光伏电站的运行情况。

1. 直流汇流箱采集方案

主要通过直流汇流箱中的检测电路实现光伏阵列电流的检测，并实现对光伏组件串工作状态的监控，也可以对直流汇流箱内的避雷器、断路器状态等进行监控。

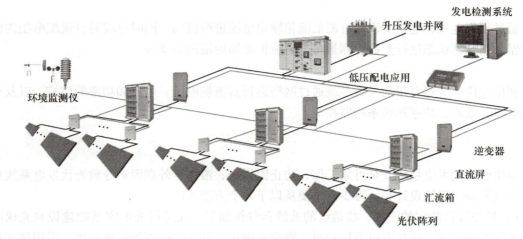

图 5-20 光伏发电监控系统示意图

2. 光伏绝缘监测方案

在光伏发电系统中，高压直流电的正负母线都是浮地的。由于光伏发电系统直流输入、输出回路众多，难免会出现绝缘损坏等情况，当单点绝缘下降故障发生时，由于没有形成短路回路，并不影响用电设备的正常工作，此时仍可继续运行，但若不及时处理，一旦出现两点接地故障，将可能造成直流电源短路、输出熔断器熔断和开关烧毁，此时光伏逆变器可能会出现故障，严重影响机房内其他设备的安全运行。绝缘下降还会给现场运行维护人员的人身安全造成威胁。另外，直流配电柜内直流输入、输出回路非常多，为方便运维，也有必要及时有效地监测和查找出绝缘下降的具体支路。因此，光伏发电系统机房的高压直流供电部分，必须要提供可靠有效的绝缘监测方案来监测整个系统的正常运行，如图 5-21 所示。光伏绝缘监测系统可进行特定的循环测量，只有当所有测量循环周期的结果都低于设定阈值的时候，设备才会介入干预，从而避免频繁跳闸和光伏发电系统中的其他问题。此类系统有两种干预阈值，一种是预警，一种是报警。

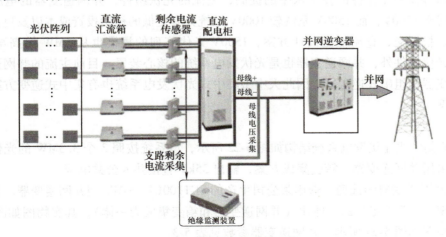

图 5-21 光伏绝缘检测方案

3. 直流汇流箱和配电柜采集方案

通过采集电压、电流实现对直流汇流箱输出电流进行监测，同时也应对直流配电柜内的避雷器、断路器状态进行监控，测量每个直流汇流箱的输出功率等。

4. 光伏逆变器采集方案

利用光伏逆变器自带的采集系统通过网络进行直流侧电压、电流和功率的监控，以及交流侧电压、电流、功率和频率的监控等。

5.1.8 接地及防雷系统设计

为保证光伏发电系统安全可靠工作，防止因雷击、浪涌等外在因素导致光伏发电系统损坏，接地及防雷系统设计必不可少，主要从以下几个方面考虑：

1) 接地线是防雷的关键，接地线的选址和制作如下。在进行配电室基础建设和光伏阵列基础建设的同时，选择附近土层较厚、潮湿的地点，挖 1~2m 深的接地线坑，采用截面积大于 40mm² 的扁钢，添加降阻剂并引出接地线，引出线应采用截面积 10mm² 铜芯电缆，接地电阻应小于 4Ω。

2) 应在配电室附近建一座避雷针，高 15m，并单独做接地线，方法同上。

3) 直流侧防雷措施。光伏组件应保证良好的接地，光伏阵列连接电缆应接入直流防雷汇流箱，光伏阵列在汇流后应再接直流防雷配电柜，经过多级防雷装置可有效地避免雷击导致设备的损坏。

4) 交流侧防雷措施。每台光伏逆变器的交流输出应接入交流配电柜，由此可有效地避免雷击和电网浪涌导致设备的损坏。

5) 所有机柜都要良好地接地。

5.1.9 10MW 集中式光伏发电系统设计过程

随着光伏发电基地的建设，集中式光伏发电项目的规模越来越大。同时由于光伏组件、并网逆变器等设备元器件的技术水平的提高，主流的光伏组件、并网逆变器的电压等级从 1000V 提高至 1500V，而 1500V 系统较 1000V 系统具有更低的初始投资成本以及更高的系统发电效率。根据交、直流汇流设计方案，1500V 光伏阵列的规模也从 1MW 提高至 3.5MW 左右。除光伏组件外，并网逆变器也是光伏发电系统的核心装置，目前主流的并网逆变器为集中式逆变器和组串式逆变器。因此大中型集中式光伏发电系统也有集中式逆变方案和组串式逆变方案。

1. 集中式逆变方案

10MW 集中式光伏发电系统结构如图 5-22 所示，该系统按照 3 个 3.3MW 的光伏阵列计算，并且采用并网逆变器、箱变集成方案，输出 35kV 直接并入公共电网。

（1）并网逆变器的选型　选用某公司生产的 SG1100UD×3-MV 型并网逆变器。该并网逆变器可实现"逆""变"的一体化（并网逆变器和箱变集成为一体），其实物图如图 5-23 所示，电路框图如图 5-24 所示，并网逆变器参数见表 5-3。

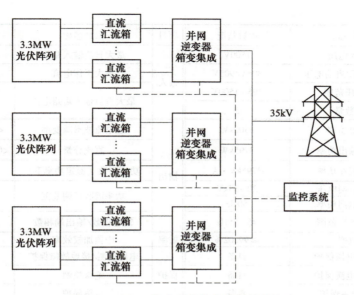

图 5-22　10MW 集中式光伏发电系统结构图

图 5-23　SG1100UD×3-MV 型并网逆变器实物图

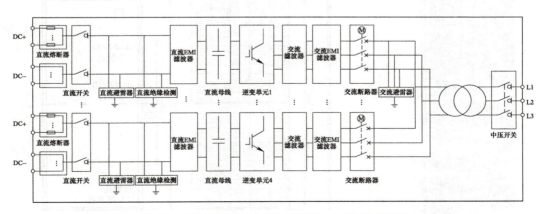

图 5-24　SG1100UD×3-MV 型并网逆变器电路框图

表5-3 SG1100UD×3-MV型并网逆变器技术参数

项目	参数名称	参数情况	项目	参数名称	参数情况
输入	最大输入电压	1500V	输入	最大直流输入路数	15
	最小输入电压/启动电压	895V/905V		最大工作电流	3×1435A
	MPPT电压范围	895~1500V		最大直流输入短路电流	3×1500A
	MPPT数量	3			
输出	额定输出功率	3300kW	输出	总电流波形畸变率	<3%（额定功率时）
	最大交流输出功率	3795kW		直流分量	<0.5%（额定功率时）
	最大输出视在功率	3795kV·A		功率因数（额定功率下）	>0.99
	额定公共电网电压	20~35kV		功率因数可调范围	0.8（超前）~0.8（滞后）
	额定公共电网频率	50Hz			
	公共电网频率范围	45~55Hz		馈电相数/输出端相数	3/3
效率	最大效率	≥99.02%	效率	中国加权效率	≥98.55%
保护	交/直流过电压保护	具备	保护	电网监测/接地故障保护	具备
	交/直流过电流保护	具备		绝缘检测	具备
	交/直流防雷保护	具备		过热保护	具备
其他功能	PID保护/PID修复	具备/选配	其他功能	夜间SVG功能	选配
	夜间休眠模式	具备		软开、关机	具备
常规数据	尺寸（宽×高×深）	5900mm×2400mm×2990mm	常规数据	质量	11t
	防护等级	IP65		辅助电源	2kV·A
	冷却方式	智能强制风冷		通信接口	标准：RS-485、以太网
	工作温度范围	-30~60℃（>40℃时降额运行）		工作温度变化率	0~100%
	最大工作海拔	5000m			

（2）光伏组件的选型 选用某公司生产的TSM-DEG19/550W型光伏组件，其实物和外形尺寸如图5-25所示，光伏组件技术参数见表5-4。该光伏组件基于210mm硅片、PERC单晶电池技术，采用密度板型设计，功率为550W，转换效率为21.0%。

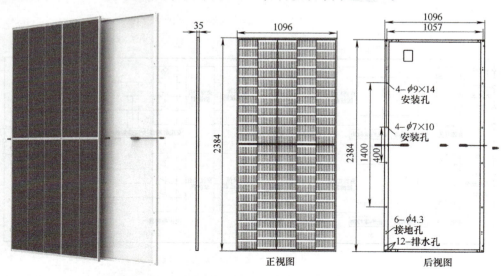

图5-25 TSM-DEG19/550W型光伏组件实物和外形尺寸

表 5-4 TSM-DEG19/550W 型光伏组件技术参数

项目	参数名称	参数情况	项目	参数名称	参数情况
电气参数	最大输出功率	550W	机械参数	太阳能电池片型号	单晶 210mm×210mm
	最大工作电压	31.6V		太阳能电池片数量	110 个
	最大工作电流	14.40A		产品尺寸	2384mm×1096mm×35mm
	开路电压	37.9V		产品质量	28.6kg
	短路电流	18.52A		玻璃	3.2mm，高透、AR涂层热强化玻璃
	转换效率	21.0%		边框材料	35mm 铝边框
	工作温度	−40~85℃	温度参数	额定工作温度	43℃（±2℃）
	最大系统电压	DC 1500V		最大功率温度系数	−0.34%℃$^{-1}$
	最大系列熔断器	30A		开路电压温度系数	−0.25%℃$^{-1}$
				短路电流温度系数	0.04%℃$^{-1}$

（3）光伏阵列设计　3.3MW 光伏阵列，共需要 TSM-DEG19/550W 型光伏组件 3300000/550＝6000（块）。

若不考虑温度对光伏组件开路电压的影响，光伏组件串联数有

$$\frac{U_{\text{DCmin}}}{U_{\text{mp}}} \leqslant N \leqslant \frac{U_{\text{DCmax}}}{U_{\text{oc}}}$$

则有

$$\frac{895}{31.6} \leqslant N \leqslant \frac{1500}{37.9}$$

即 $28.32 \leqslant N \leqslant 39.58$。

若考虑温度对光伏组件电压的影响，把相关数据（光伏组件工作电压温度系数取 $-0.25\%℃^{-1}$，极端低温取环境温度 $-10℃$，极端高温取 $70℃$）代入

$$\frac{U_{\text{mpptmin}}}{U_{\text{mp}}[1+(t'-25)K'_{\text{v}}]} \leqslant N \leqslant \frac{U_{\text{mpptmax}}}{U_{\text{mp}}[1+(t-25)K'_{\text{v}}]}$$

有

$$\frac{895}{31.6 \times [1+(70-25) \times (-0.25\%)]} \leqslant N \leqslant \frac{1500}{31.6 \times [1+(-10-25) \times (-0.25\%)]}$$

即 $31.91 \leqslant N \leqslant 43.65$，且有

$$N \leqslant \frac{U_{\text{DCmax}}}{U_{\text{oc}}[1+(t-25)K_{\text{v}}]} = \frac{1500}{37.9 \times [1+(-10-25) \times (-0.25\%)]} \approx 36.39$$

综合 $31.91 \leqslant N \leqslant 43.65$ 和 $N \leqslant 36.39$，N 取 35，即每串有 35 个光伏组件（选择组件串数大的可以减少直流汇流箱个数）。

3.3MW 光伏阵列共需要光伏组件串为 6000/35≈171.43（串），这里取 172 串。因此光伏阵列容量为 172×35×550W＝3 311 000W，即 3.311MW。

10MW 集中式光伏发电系统则需用 516 串。系统总容量 516×35×550W＝9 933 000W，即 9.933MW。

设计中采用每 3.3MW 作为一个光伏阵列,共有 3 个光伏阵列。经计算最终确定的光伏阵列串联数目、容量及光伏组件配置见表 5-5。2 个组件串形成一个方阵,可安装在一组支架上,共需 90 组支架。光伏阵列的最佳倾角为 30°,方位角为正南方向,支架采用固定安装形式。

表 5-5 光伏阵列串联数目、容量及光伏组件配置

光伏阵列容量/kW	光伏组件型号	光伏阵列组件串数目	光伏阵列组件串并联数目	需要光伏组件数(块)	计算光伏阵列容量/kW
3300	TSM-DEG19/550W	35	172	6000	3311
10000	TSM-DEG19/550W	35	516	18000	9933

(4) 直流汇流箱的选型 本系统选用某公司生产的 PVS-16MH 型智能汇流箱,其实物图如图 5-26 所示,参数见表 5-6。

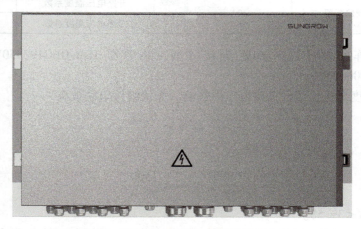

图 5-26 PVS-16MH 型智能汇流箱实物图

表 5-6 某公司生产的 PVS-16MH 型智能汇流箱参数

参数名称	参数情况	参数名称	参数情况
最大输入电压	1500V	尺寸(宽×高×深)	860mm×530mm×190mm
最大输入路数	16	外壳材料	金属
支路最大允许输入电流	21A	光伏专用防雷模块	标配
最大输出电流	336A	避雷器失效监测	标配
输入电缆截面积	4~6mm²	光伏组件供电	标配
输出电缆截面积	120~140mm²	RS-485 通信	标配
防护等级	IP65	开关状态监测	标配
环境温度	-35~60℃	并网拉弧保护	选配
工作相对湿度范围	0~95%	智能光伏组件串诊断	选配

3.3MW 光伏阵列共需要直流汇流箱数目为 172/16 个 = 10.75 个，这里取 11 个，所以 10MW 集中式光伏发电系统需用 33 个直流汇流箱。

2. 组串式逆变方案

组串式逆变方案如图 5-27 所示，主要包括光伏阵列、组串式逆变器和升压变压器等。

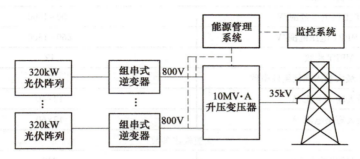

图 5-27 组串式逆变方案

（1）组串式逆变器的选型　这里选用某公司生产的 SG320HX 型并网逆变器，其实物图如图 5-28 所示。电路框图如图 5-29 所示，该型逆变器参数见表 5-7。10MW 集中式光伏发电系统共需要 32 个 SG320HX 型并网逆变器。

图 5-28 SG320HX 型并网逆变器实物图

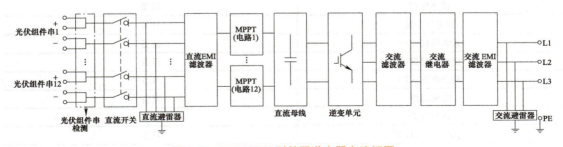

图 5-29 SG320HX 型并网逆变器电路框图

表 5-7 SG320HX 型并网逆变器技术参数

直流输入参数	
最大直流输入电压/V	1500
启动电压/最小输入电压/V	500/550
额定输入电压/V	1080
MPPT 工作电压范围/V	500~1500
满载 MPPT 电压范围/V	860~1300
MPPT 路数	12
每路 MPPT 最大输入光伏组件串数	2
最大输入电流/A	12×40
最大短路电流/A	12×60
交流输出参数	
额定输出功率/kW	320
最大输出功率/kW	352
最大输出视在功率/kV·A	352
最大输出电流/A	254
额定输出电压/V	3/PE,800
公共电网电压范围/V	640~920
公共电网额定频率/Hz	50/60
公共电网频率范围/Hz	45~55/55~65
总电流波形畸变率	<3%（额定功率下）
直流分量	<0.5%
功率因数	≥99.01%
功率因数可调范围	0.8 超前~0.8 滞后
馈电相数/输出端相数	3/3
效率	
最大效率	99.01%
中国加权效率	98.52%
保护	
孤岛保护	具备
低电压穿越	具备
直流反接保护	具备
交流短路保护	具备
剩余电流保护	具备
电网监测	具备
直流开关	具备
光伏组件串检测	具备
PID 保护及修复	选配
浪涌保护	直流二级/交流二级

（续）

通用参数	
尺寸（宽×高×深）	1136mm×870mm×361mm
质量/kg	≤116
安装方式	壁挂式
隔离方式	无变压器
防护等级	IP66
夜间自耗电/W	<6
工作温度范围/℃	−30~60
工作相对湿度范围	0~100%
冷却方式	智能强制风冷
最高工作海拔/m	5000
显示	LED，Bluetooth +APP
通信方式	RS-485
直流端子类型	MC4-Evo2
交流端子类型	OT/DT 压接端子（最大 400mm²）
符合标准	IEC 62109-1，IEC 62109-2，IEC 61727，IEC 62116，GB/T 19964，NB/T 32004，CGC/GF 035，CNCA/CTS 0002，Q/GDW 1617，GB/T 32826，GB/T 32892，GB/T 37408

（2）光伏组件串的设计　光伏组件选用某公司生产的 TSM-DE19/550W 型光伏组件，其技术参数见表 5-4。整个集中式光伏发电系统为 10MW，则共需 10000/0.55 块 ≈18182 块光伏组件。

若考虑温度对光伏组件电压的影响，把相关数据（光伏组件工作电压温度系数取 −0.25%/℃，极端低温取环境温度 −10℃，极端高温取 70℃）代入

$$\frac{U_{\mathrm{mpptmin}}}{U_{\mathrm{mp}}[1+(t'-25)K'_{\mathrm{v}}]} \leqslant N \leqslant \frac{U_{\mathrm{mpptmax}}}{U_{\mathrm{mp}}[1+(t-25)K'_{\mathrm{v}}]}$$

有

$$\frac{860}{31.6\times[1+(70-25)\times(-0.25\%)]} \leqslant N \leqslant \frac{1300}{31.6\times[1+(-10-25)\times(-0.25\%)]}$$

即 31.10≤N≤38.83，且有

$$N \leqslant \frac{U_{\mathrm{DCmax}}}{U_{\mathrm{oc}}[1+(t-25)K_{\mathrm{v}}]} = \frac{1500}{37.9\times[1+(-10-25)\times(-0.25\%)]} \approx 36.39$$

综合 31.10≤N≤38.83 和 N≤36.39，N 取 35，即每串有 35 个光伏组件。

整个系统共有 18182/35 串 ≈520 串，每个逆变器模块输入 520/32 串 ≈17 串。SG320HX 型并网逆变器共有 12 路 MPPT 输入（每路 MPPT 最大输入光伏组件串数为 2），需要 5 路 MPPT 输入接 2 个光伏组件串，7 路 MPPT 输入接 1 个光伏组件串。

整个系统装机容量为 17×32×35×0.55kW=10472kW，即 10.472MW。

（3）升压变压器的选型　SG320HX 型并网逆变器额定输出电压为 800V，并网电压为

35kV，所以选择输入电压为800V、输出电压为35kV，额定容量为10MV·A的升压变压器。

任务 5.2　10MW 集中式光伏发电系统施工

任务目标

1. 能力目标

1）能完成光伏阵列支架和光伏组件的安装。
2）能完成直流汇流箱的安装。
3）能完成光伏逆变器的安装。
4）能完成升压变压器的安装。

2. 知识目标

1）了解地面光伏电站光伏阵列支架的基础形式及优缺点。
2）掌握光伏阵列支架的安装方法。
3）掌握光伏组件的安装方法。
4）掌握直流汇流箱的安装方法。
5）掌握光伏逆变器的安装方法。
6）掌握升压变压器的安装方法。

3. 素质目标

1）培养质量与成本意识。
2）培养实事求是、精益求精的精神。
3）培养正确的劳动价值观、积极的劳动精神和良好的劳动品质。

5.2.1　光伏阵列支架安装

1. 地面光伏电站光伏阵列支架的基础形式

地面光伏电站光伏阵列支架的基础形式如图 5-30 所示。

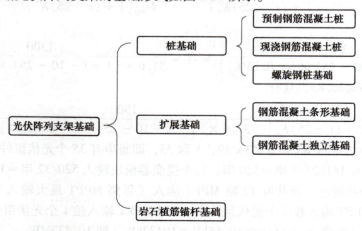

图 5-30　地面光伏电站光伏阵列支架的基础形式

2. 各种基础简介

（1）预制钢筋混凝土桩 预制钢筋混凝土桩（见图 5-31）采用直径约 300mm 的预应力混凝土管桩或截面尺寸约 200mm×200mm 的预制钢筋混凝土方桩打入土中而成，顶部预留钢板或螺栓与上部支架前后立柱连接。

优点：可批量制作，施工更为简单、快捷；施工时不存在填挖方，仅需简单场平即可。

缺点：造价相对较高；采用静压或锤击设备将桩体挤压入土内时，桩体可能会引发灌注

图 5-31 预制钢筋混凝土桩

桩断桩、缩颈等质量事故，需对桩顶采用钢筋网加固，这会增加造价，且垂直度不易保证。

适用环境：多用于淤泥质土、黏性土、填土和湿陷性黄土等。

（2）现浇钢筋混凝土桩 现浇钢筋混凝土桩如图 5-32 所示，采用直径约 300mm 的圆形现场灌注短桩，桩入土的长度约 2m（桩入土的长度也可根据土层力学性质决定），露出地面 300~500mm，顶部预埋钢板或螺栓，以便与前、后立柱相连。这种基础施工过程简单，速度较快，先在土层中成孔，然后插入钢筋，再向孔内灌注混凝土即可。

优点：成孔较为方便，可以根据地形调整基础顶面标高，顶面标高易控制，钢筋混凝土用量小，开挖量小，节约材料，造价较低，施工速度快，对原有植被破坏小。

缺点：对土层的要求较高，仅适用于有一定密实度的粉土或可塑、硬塑的粉质黏土，不适用于松散的砂性土，土质较硬的鹅卵石或碎石可能存在不易成孔的问题。

图 5-32 现浇钢筋混凝土桩

施工流程参见图 5-33 和图 5-34 所示。

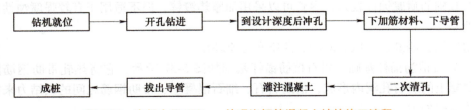

图 5-33 直径大于 600mm 的现浇钢筋混凝土桩的施工流程

（3）螺旋钢桩基础 螺旋钢桩基础如图 5-35 所示。即在光伏阵列支架的前后立柱下面

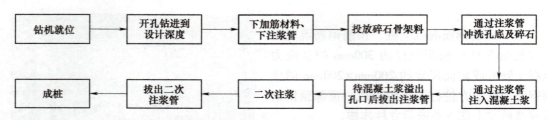

图 5-34 直径小于 400mm 的现浇钢筋混凝土桩的施工流程

采用带螺旋叶片的热镀锌钢管桩,旋转叶片可大可小,可连续可间断,旋转叶片与钢管之间采用连续焊接。

施工过程中采用专业机械将其旋入土体中。

安装过程:在安装场地测量好距离,直接用液压打桩机(见图 5-36)将钢管桩打入地下,螺旋钢桩基础上部露出地面,与上部支架之间采用螺杆连接。通过钢管桩桩侧与土壤之间的侧摩擦阻力,尤其是旋转叶片与土体之间的咬合力抵挡上拔力及承受垂直载荷,利用桩体、螺旋叶片与土体之间的桩土相互作用抵抗水平负载。

图 5-35 螺旋钢桩基础　　　　图 5-36 液压打桩机

优点:此种方式具有施工速度快、适应性强、性价比高、不受季节气温等限制、拔除方便、不影响安装等优点。

缺点:用钢量较大,且需要专门的施工机械,造价相对较高;基础水平承载能力与土层的密实度密切相关,要求土层具有一定的密实性,特别是接近地面的浅土层不能够太松散;螺旋钢桩基础的耐腐蚀性较差,尽管可以采用加厚热镀锌,但不适用于有较强腐蚀性的地基及岩石地基。

适用环境:沙漠、草原、滩涂、戈壁和冻土环境。

(4)岩石植筋锚杆基础　岩石植筋锚杆基础如图 5-37 所示,它将热轧带肋钢筋固定于灌细石混凝土的岩石孔洞内形成,借助岩石、细石混凝土、带肋钢筋之间的黏结力来抵抗上部结构传来的外力。

适用环境:适用于直接建设在基岩上的,以及承受拉力及水平力较大的建筑物的基础。

(5)条形混凝土基础　参见 3.2.1 节中的内容。

图 5-37 岩石植筋锚杆基础

(6) 钢筋混凝土独立基础　钢筋混凝土独立基础如图 5-38 所示。在光伏阵列支架的前后立柱下面分别设置钢筋混凝土独立基础，它由基础底板（垫层）与底板上面的基础短柱组成。短柱顶部设置预埋件（钢板或地脚螺栓）与上部的光伏阵列支架相连。基础地板上覆土，用基础自重和基础覆土重力共同抵抗环境负载导致的上拔力，用较大的基础底面积来分散光伏阵列支架向下的垂直负载，用基础底面和土壤之间的摩擦力以及基础侧面和土壤之间的阻力来抵挡水平负载。

优点：传力途径明确，受力可靠，适用范围广，施工无需专门的施工机械，抗水平负载的能力最强，抗洪抗风。

缺点：所需的钢筋混凝土工程量大，人工多，土方开挖及回填量大，施工周期长，对环境的破坏力大。这种基础的局限性太大，在当今的光伏电站中已经很少使用。

另外一种做混凝土基础的方式，就是直接将光伏阵列支架和混凝土浇筑在一起，如图 5-39 所示。此种方式省去了做螺栓连接固定的时间，但是浇筑时对支撑柱的定位精度要求较高。此种方式也具有强度好、精度高和对地面适应性强等优点。

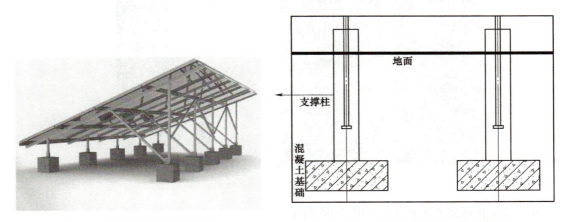

图 5-38 钢筋混凝土独立基础　　图 5-39 直接浇筑混凝土的示意图

3. 光伏阵列支架的安装

(1) 土建工程　必须按施工图设计要求的位置设置光伏阵列支架的基础，其强度应满足抗恶劣环境的要求，不应发生沉降和变形，且水平和垂直度满足设计要求。其施工步骤如下：

1）按图样要求进行画线定位，如图 5-40 所示。
2）用大型机械设备进行基坑开挖，如图 5-41 所示。
3）进行基础施工，如图 5-42 所示。

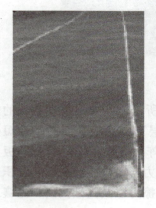  

图 5-40　画线定位　　　　　图 5-41　基坑开挖　　　　　图 5-42　基础施工

（2）光伏阵列支架的安装步骤

1）根据施工图样要求，画线确定立柱安装位置，保证立柱整齐划一。

2）在确定的位置使用专用电锤钻打孔，按照规格选择钻头尺寸，根据锚栓尺寸确认钻孔深度，如图 5-43 所示，并将膨胀螺栓打入孔中。

3）将光伏阵列支架底座固定在膨胀螺栓上或者预埋的螺栓上，如图 5-44 所示。

图 5-43　电锤钻打孔　　　　　　　　图 5-44　固定支架底座

4）将立柱固定在底座上，如图 5-45 所示。

5）将主梁通过槽钢锁扣和六角螺栓连接，安装主梁如图 5-46 所示，采用拉线方式，调节并确保高度一致。

6）通过专用内六角螺栓安装次梁，如图 5-47 所示。

7）安装边扣夹和中扣夹，如图 5-48 所示。将边扣夹滑入槽钢，用槽钢锁扣固定到槽钢上；将中扣夹滑入槽钢，用槽钢锁扣固定到槽钢上。

图 5-45　固定立柱

图 5-46　安装主梁

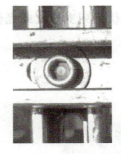
图 5-47　安装次梁

图 5-48　安装边扣夹和中扣夹

5.2.2　光伏组件安装

1. 光伏组件检验

光伏组件检验合格后，才能进行光伏组件的安装。光伏组件应无变形，其玻璃应无损坏、划伤和裂纹；测量光伏组件在阳光下的开路电压，其输出端与正负标识应吻合。光伏组件背面应无划伤毛刺等；单块光伏组件的开路电压应符合铭牌上规定电压值。

2. 光伏组件安装步骤

安装时应自下而上先安装两端的四块光伏组件，校核尺寸、水平度，确认对角线方正后拉通线安装中间的光伏组件，如图 5-49 所示，此时应先安装上排光伏组件，再安装下排光伏组件。每块光伏组件与横梁的固定采用四个压块，旁边为两个单压块，中间为两个双压块，压块螺栓片必须与横梁的 C 型钢卷边槽平稳咬合，使结合紧密端正，光伏组件受力均匀。

安装过程中必须轻拿轻放以免破坏表面的保护玻璃。光伏组件的安装必须做到横平竖直，间隙均匀，表面平整，固定牢靠。同光伏阵列内的光伏组件边线应保持一致。注意光伏组件的接线盒的方向，应采用"头对头"的安装方式，汇线位置应刚好在中间，以便施工。

3. 光伏组件分区原则

每个厂家生产的相同峰值的光伏组件应安装在同一个光伏阵列区；不足一个光伏阵列的相同峰值的光伏组件应保证一个直流汇流箱对应的光伏组件同厂同峰值功率。这样安装光伏组件可以最大限度地提升整个光伏电站的发电量。

图 5-49 光伏组件安装

5.2.3 直流汇流箱安装

以 PVS-16MH 型直流汇流箱安装为例。

为方便后期维护，可选择合适的高度将直流汇流箱安装在光伏阵列支架上或光伏组件背面。

1. 机械安装

1) 如图 5-50 所示，在光伏组件背面做标记，并打孔。

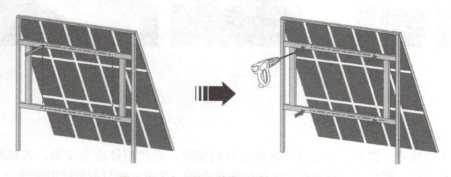

图 5-50 在光伏组件背面做标记，并打孔

2) 如图 5-51 所示，将直流汇流箱与光伏组件支架固定，推荐紧固扭矩为 $(51\pm0.7)\mathrm{N\cdot m}$。

2. 电气连接

（1）输入接线　对于使用 MC4 插接器的直流汇流箱可以参考项目 3 技能拓展中 MC4 接头的制作。

（2）输出接线

1) 将线号为"DC+"的线缆穿过"OUTPUT DC（+）"防水端子，长度应留有适当的余量。

2) 参考图 5-52 所示，剥开线缆的防护层、绝缘层，露出导线的铜芯部分 25~35mm，将线缆压接到合适的 DT 端子上，使用热缩管套紧。

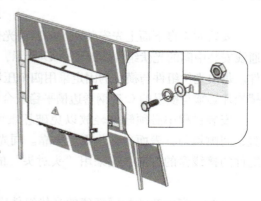

图 5-51 将直流汇流箱与光伏组件支架固定

项目 5　10MW 集中式光伏发电系统设计、施工与运行维护

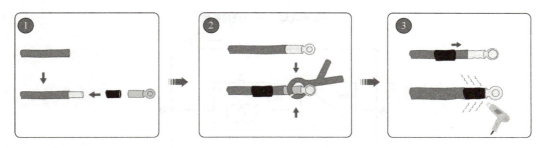

图 5-52　输出接线

3）将已压接的 DT 端子，固定至输出端子上。

直流汇流箱的具体安装过程详见生产商提供的安装手册。

5.2.4　光伏逆变器安装

以 SG1100UD×3-MV 型并网逆变器的安装为例。

1. 机械安装

如图 5-53 所示，用起重机将产品吊至安装位置。

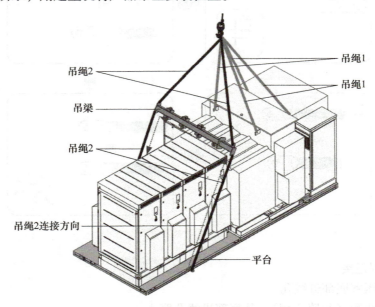

图 5-53　用起重机将产品吊至安装位置

2. 电气连接

并网逆变器接线概览图如图 5-54 所示。

（1）直流侧连接

1）将线缆引入进线孔，进入逆变单元直流接线区域，标记线缆极性。

2）如图 5-55 所示，使用剥线钳剥去线缆防护层，露出铜芯部分。

3）使用 OT/DT 端子压接，安装热缩管，使用热风枪加热。

4）使用 M16×45 螺栓，将 OT/DT 端子固定至接线孔，紧固扭矩为 119~140N·m。

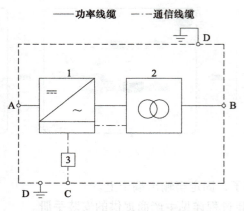

图 5-54 并网逆变器接线概览图

1—逆变单元　2—变压器　3—配电柜

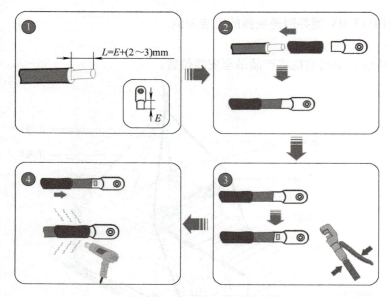

图 5-55 直流侧连接步骤

(2) 交流侧连接

1) 打开高压室底部进线孔。

2) 将外部线缆（每路 3 相），从底部进线孔穿入。

3) 参考变压器附带的电缆头安装指导说明，制作端子并连接紧固。

3. RS-485 通信连接

以接入其中一路端子为例。

1) 使用剥线钳剥开 RS-485 双绞屏蔽线。

2) 如图 5-56 所示，使用螺钉旋具压紧端子正上方的弹片；将剥开的线缆插入对应的接线孔；松开螺钉旋具，弹片归位并压紧线缆。

SG1100UD×3-MV 的具体安装过程详见生产商提供的安装手册。

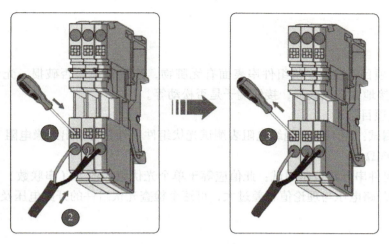

图 5-56　RS-485 通信连接

5.2.5　升压变压器的安装

升压变压器本体及附件的安装应遵守制造厂在安装装配图、安装使用说明书中的规定。

任务 5.3　10MW 集中式光伏发电系统运行维护

 **任务目标**

1. 能力目标

1) 系统调试前能完成光伏组件串、直流汇流箱、直流配电柜、光伏逆变器、升压变压器和接地系统的检测。

2) 能做好系统调试前的准备工作,能进行系统调试。

3) 能对光伏阵列支架、光伏组件串、直流汇流箱、直流配电柜、光伏逆变器、交流配电柜、电缆等设备进行日常维护。

2. 知识目标

1) 掌握系统调试前光伏组件串、直流汇流箱、直流配电柜、光伏逆变器、升压变压器和接地系统的检测内容和方法。

2) 掌握系统调试方法(供电操作顺序)。

3) 掌握系统运行监测和巡视内容。

4) 掌握对光伏阵列支架、光伏组件串、直流汇流箱、直流配电柜、光伏逆变器、交流配电柜、电缆等设备进行日常维护的内容和方法。

3. 素质目标

1) 培养质量与成本意识。

2) 培养实事求是、精益求精的精神。

3) 培养正确的劳动价值观、积极的劳动精神和良好的劳动品质。

5.3.1 系统调试前检测

1. 光伏组件串检测

（1）检查项目　检查光伏组件串表面有无脏物，连接电缆是否破损，光伏阵列支架有无腐蚀生锈，接地线有无破损，接地端子是否松动等。

（2）测试项目

1）绝缘测试：用1000V绝缘电阻表测试光伏组件串外壳与输出绝缘电阻（测试1min），此值应大于10MΩ。

2）光伏组件串开路电压测试：此值应等于单个光伏组件的N（串联数）倍。若测得光伏组件串两端开路电压与理论值相差过大，可逐个检查光伏组件的开路电压及连接情况，排除故障。

2. 直流汇流箱的检测

（1）检查项目　检查箱体表面有无破损、生锈，连接电缆有无破损，接线端子是否松动，开关动作是否灵活，防雷模块是否正常。

（2）测试项目　主要进行绝缘电阻测试。断开避雷器，用1000V绝缘电阻表测试正负极与外壳间的绝缘电阻值（测试1min），此值应大于10MΩ。

3. 直流配电柜的检测

（1）检查项目　检查柜体表面有无破损、生锈，连接电缆有无破损，接地端子是否牢固，各开关动作是否灵活，防雷模块是否正常。

（2）测试项目

1）绝缘电阻测试：断开避雷器，用1000V绝缘电阻表测试柜体外壳与地之间的绝缘电阻值（测试1min），此值应大于10MΩ。

2）开路输入电压测试：此电压应与光伏组件串开路电压一致。

4. 光伏逆变器的检测

（1）检查项目　检查柜体表面有无破损、生锈，连接电缆有无破损，连接端子是否牢固，接线是否正确，接地线是否破损，接地端子是否牢固，辅助电源连接是否正确，光伏逆变器自检是否正常，各开关动作是否灵活，防雷模块是否正常。

（2）测试项目

1）绝缘电阻测试：断开避雷器，用1000V绝缘电阻表测试直流输入线与外壳之间的绝缘电阻值（测试1min），此值应大于2MΩ。

2）直流侧开路电压：此电压应与光伏组件串开路电压一致。

3）交流侧输出电压：交流侧输出电压为310V左右。

5. 升压变压器的检测

（1）检查项目　检查升压变压器表面有无破损、温度、过载保护开关动作是否正常。

（2）测试项目　主要进行绝缘电阻测试。断开避雷器，高压侧用2500V绝缘电阻表测试绕组与地之间的绝缘电阻值（测试1min），此值应大于10 MΩ；低压侧用2500V绝缘电阻表测试绕组与地之间的绝缘电阻值（测试1min），此值应大于10MΩ。

6. 接地系统的检测

（1）检查项目　检查电缆有无破损，电缆铠甲是否接地，接地线制作是否符合规范，各设备与地之间的接地线是否连接牢固。

(2) 测试项目　测试接地电阻是否满足要求。

5.3.2　系统调试

1. 调试前准备工作

1) 系统调试前，应具备设备平面布置图、接线图、安装图、系统图以及其他必要的技术文件。

2) 调试负责人必须由有资格的专业技术人员担任，所有调试人员应职责明确，按照调试要求调试准备。

3) 调试前应按设计要求查验设备的规格、型号、数量及备品备件等。

4) 设备在通电前要注意供电的电压、极性及相位等。

5) 检查所有设备的开关全都设置在断路位置。

2. 供电操作顺序

（1）合闸顺序

合上光伏阵列直流汇流箱开关→检查直流配电柜直流输入电压→合上升压变压器低压侧开关→合上光伏逆变器辅助电源开关→合上光伏逆变器直流输入开关→合上直流配电柜输出开关→合上光伏逆变器交流输出开关。

（2）断电顺序

分断光伏逆变器交流输出开关→分断光伏逆变器直流输入开关→分断直流配电柜输出开关→分断光伏逆变器辅助电源开关→分断升压变压器低压侧开关。

（3）紧急时的断电顺序

分断光伏逆变器辅助电源开关→分断光伏逆变器交流输出开关→分断直流配电柜直流输出开关→根据情况分断升压变压器开关或交流配电柜开关→排除故障（注意：升压变压器停电放电后才能进行检查）。

5.3.3　系统运行

光伏发电系统运行时，主要应做好以下工作。

1) 监视光伏电站设备的主要运行参数、统计光伏电站发电量和接受电网调度指令。光伏电站的监测如图 5-57 所示。

2) 巡视检查光伏电站设备的状态，检查光伏组件、光伏阵列支架的完好和污染程度，检查电气设备的运行情况。光伏电站的巡视检查如图 5-58 所示。

3) 根据电网调度指令和检修工作的要求，进行电气设备停送电倒闸操作。

5.3.4　系统维护

1. 光伏组件和光伏阵列支架的维护

1) 应保持光伏组件表面的清洁。应使用干燥或潮湿的柔软洁净的布料擦拭光伏组件，如图 5-59 所示。或先用清水冲洗，然后用干净的纱布将水迹擦干。一般应至少每月清洁一次。严禁使用腐蚀性溶剂或用硬物擦拭光伏组件。应在辐照度低于 $200W/m^2$ 的情况下清洁光伏组件，不宜使用与光伏组件温差较大的液体清洗光伏组件。遇到风沙和积雪后，应及时进行清洁。

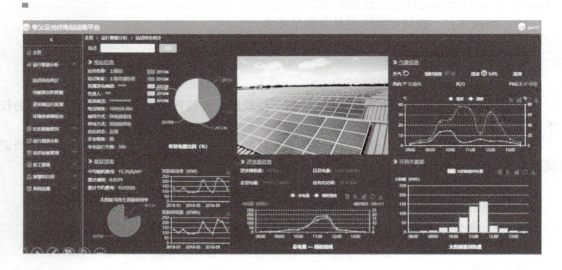

图 5-57 光伏电站的监测

图 5-58 光伏电站的巡视检查

图 5-59 光伏组件表面的清洁

2)应定期检查光伏组件,若发现下列问题,则应立即调整或更换光伏组件。
① 光伏组件存在玻璃破碎、背板灼焦、明显的颜色变化等。

② 在光伏组件中，存在与光伏组件边缘或任何电路之间连通通道的气泡。

③ 光伏组件接线盒变形、扭曲、开裂或烧毁，接线端子无法良好连接。

3) 使用金属边框的光伏组件，边框和光伏阵列支架应结合良好，两者之间的接触电阻应不大于 4Ω，边框必须有牢固支撑。要定期检查光伏阵列支架有无腐蚀，并根据当地具体条件定期进行油漆。光伏阵列支架应良好接地，其所有螺栓、焊缝和连接处应牢固可靠并接地。

4) 光伏阵列周围环境。值班人员应注意光伏阵列周围有没有新生长的树木、新立的电杆等遮挡太阳光的地物，以免影响光伏组件充分地接收太阳光。一经发现，要报告光伏电站负责人，及时加以处理。

2. 直流汇流箱的维护

1) 直流汇流箱不得存在变形、锈蚀、漏水和积灰的现象，箱体外表面的安全警示标志应完整无破损，箱体上的防水锁起闭应灵活。

2) 直流汇流箱内各个接线端子不应出现松动、锈蚀现象。

3) 应定期检查熔断器，若发现熔断器开路，则应及时更换相同规格的熔断器。

4) 直流母线输出的正、负极对地的绝缘电阻应大于 2MΩ。

5) 直流母线输出端配备的直流断路器的分断功能应灵活、可靠。

6) 直流汇流箱内的避雷器应有效。为防止防雷模块失效，应对其工作状态做定期的检查。特别是雷电过后，应及时检查。如发现面板上的故障指示灯由"绿色"变为"红色"时，应及时与销售商或生产商联系。

3. 直流配电柜的维护

1) 直流配电柜不得存在变形、锈蚀、漏水和积灰的现象，箱体外表面的安全警示标志应完整无破损，箱体上的防水锁开起应灵活。

2) 直流配电柜内各个接线端子不应出现松动、锈蚀现象。

3) 直流母线输出的正、负极对地的绝缘电阻应大于 2MΩ。

4) 直流配电柜的直流输入接口与直流汇流箱的连接应稳定可靠。

5) 直流配电柜的直流输出与光伏逆变器直流输入端的连接应稳定可靠。

6) 直流配电柜内的直流断路器动作应灵活，性能应稳定可靠。

7) 直流母线输出侧配置的避雷器应有效。

4. 光伏逆变器的维护

1) 光伏逆变器的结构和电气连接应保持完整，不应存在锈蚀、积灰等现象，散热环境应良好，光伏逆变器运行时不应有较大振动和异常噪声。

2) 光伏逆变器上的警示标志应完整无破损。

3) 光伏逆变器中的逆变模块、电抗器、变压器的散热风扇应能根据温度自行起动和停止，散热风扇运行时不应有较大振动及异常噪声，如有异常情况应断电检查。

4) 定期将交流输出侧（网侧）断路器断开一次（光伏逆变器此时会立即停止向公共电网馈电）。

5. 交流配电柜的维护

1) 确保交流配电柜的金属架与基础型钢应用镀锌螺栓完好连接，且防松零件齐全。

2) 母线接头应连接紧密，无变形，无放电变黑痕迹，绝缘无松动和损坏，连接螺栓紧固无生锈。

3) 把各分开关柜从抽屉柜中取出,紧固各接线端子。检查电流互感器、电流表和电能表的安装和接线,手柄操作机构应灵活可靠,紧固断路器进出线,清洁柜内和柜后引出线处的灰尘。

4) 检验柜、屏、台、箱、盘间线路、线间和线对地间的绝缘电阻值,馈电线路的绝缘电阻值必须大于 0.5MΩ;二次回路的绝缘电阻值必须大于 1 MΩ。

6. 电缆的维护

1) 电缆不应在过载的状态下运行,电缆的铅包不应出现膨胀、龟裂等现象。

2) 电缆在进出设备处应封堵完好,不应存在直径大于 10mm 的孔洞,否则应用防火堵泥封堵。

3) 在电缆对设备外壳压力、拉力过大的部位,其支撑点应完好。

4) 电缆保护管口不应有穿孔、裂缝和显著的凹凸不平,内壁应光滑,金属电缆管不应有严重锈蚀,不应有毛刺、硬物和垃圾,如有毛刺,在锉光后应用电缆外套包裹并扎紧。

5) 应及时清理室外电缆井内的堆积物、垃圾;如电缆外皮损坏,应进行处理。

6) 检查室内电缆明沟时,要防止损坏电缆;确保支架接地与沟内散热良好。

7) 直埋电缆线路沿线的标桩应完好无缺,路径附近地面应无挖掘,确保沿路径地面上无堆放重物、建材及临时设施,无腐蚀性物质排泄;确保室外露地面电缆保护设施完好。

8) 确保电缆沟或电缆井的盖板完好无缺;沟道中不应有积水或杂物;确保沟内支架牢固,无锈蚀和松动现象;铠装电缆外皮及铠装不应有严重锈蚀。

9) 对多根并列敷设的电缆,应检查其电流分配和电缆外皮的温度,防止因接触不良而引起电缆烧毁。

10) 确保电缆终端接地良好,绝缘套管完好、清洁、无闪络放电痕迹;确保电缆相色明显。

习题

现有徐州某河滩地约 700 亩(1 亩=666.67m²),设计容量为 20MW 的并网光伏发电系统,采用 35kV 并网。

1) 完成该系统的设计与选型。要有具体设计或计算过程,且要有选择依据,并通过网络查询相关型号。

2) 完成该系统的施工、测试、运行和维护方案。

参 考 文 献

[1] 郑军，胡东升．光伏电站的防雷接地技术［J］．民营科技，2011(3)：51.
[2] 吴国楚．独立光伏电站的防雷设计［J］．可再生能源，2010，28(4)：106-107.
[3] 王厦楠．独立光伏发电系统及其MPPT的研究［D］．南京：南京航空航天大学，2008.
[4] 李兵．基于UC3906的免维护铅酸蓄电池智能充电器的设计［J］．机械工程师，2015(11)：94-95.
[5] 刘松，杨鹏．太阳能光伏发电系统控制器的设计［J］．江苏电器，2008(12)：18-20.
[6] 任新兵．太阳能光伏发电工程技术［M］．北京：化学工业出版社，2012.
[7] 杨贵恒，强生泽，张颖超，等．太阳能光伏发电系统及其应用［M］．北京：化学工业出版社，2011.
[8] 刘靖．光伏技术应用［M］．北京：化学工业出版社，2016.
[9] 秦鸣峰．蓄电池的使用与维护［M］．北京：化学工业出版社，2011.
[10] 车利军，蒙丽琴．太阳能光伏电池组件设计选型［J］．内蒙古科技与经济，2010(19)：115-116.
[11] 吴国楚．离网光伏电站蓄电池的选型及容量设计［J］．蓄电池，2010(2)：76-78.
[12] 杨杰，王素美．3kW屋顶并网光伏发电系统的设计方案［J］．能源研究与利用，2012(2)：32-33.
[13] 周志敏，纪爱华．离网太阳能发电系统设计与施工技术［M］．北京：电子工业出版社，2012.
[14] 段万普．蓄电池的使用与维护［M］．北京：电子工业出版社，2011.
[15] 马季．大型并网光伏电站防雷研究［J］．太阳能，2011(17)：29-31.
[16] 高立刚，田莉莎，张堃，等．大型光伏电站组串式逆变器布置方案分析［J］．西北水电，2021(2)：96-99.
[17] 廖东进，房庆园，闫树兵，等．光伏发电技术及应用［M］．北京：机械工业出版社，2020.
[18] 詹新生，张江伟．光伏发电系统设计、施工与运维［M］．北京：机械工业出版社，2017.
[19] 谢军．太阳能光伏发电技术［M］．北京：机械工业出版社，2018.
[20] 李英姿．太阳能并网光伏发电系统设计与应用［M］．北京：机械工业出版社，2022.
[21] 张清小，葛庆．光伏电站运行与维护［M］．北京：中国铁道出版社，2016.
[22] 王卫卫．太阳能光伏发电技术项目教程［M］．北京：机械工业出版社，2019.
[23] 黄建华．光伏发电系统规划与设计［M］．北京：中国铁道出版社，2019.
[24] 胡昌吉，孙韵琳，屈柏耿，等．并网光伏发电系统设计与施工［M］．北京：机械工业出版社，2017.
[25] 马铭遥．光伏发电系统智能化故障诊断技术［M］．北京：机械工业出版社，2022.
[26] 周宏强，王素梅，高吉荣．光伏电站的运行维护［M］．北京：机械工业出版社，2020.

参考文献